新型工业化·新计算·人工智能系列

ARTIFICIAL INTELLIGENCE

Python机器学习与项目实践

唐明伟　胡　节　陈晓亮/主　编
唐　骐　蒙科竹　王刘萱/副主编
温　雅　曾晟珂　夏梅宸/参　编

電子工業出版社
Publishing House of Electronics Industry
北京·BEIJING

内 容 简 介

本书以 Python 为主要编程语言，致力于帮助读者深入了解机器学习的核心概念与理论，并通过实际项目实践加深对概念的理解。首先，本书从机器学习的基础概念开始，介绍了常见的典型线性模型、前馈神经网络、卷积神经网络、循环神经网络和图神经网络等算法。通过清晰的实例和案例，读者可以逐步掌握回归、分类、聚类等机器学习任务的关键原理和技术。随后，本书着重介绍项目实践，通过机器学习模型的应用案例，引导读者将理论知识转化为实际项目，包括数据清理、特征工程、模型选择和调优等内容。本书强调实用性，涵盖各种常见的机器学习库和框架。通过实例演示和代码示范，读者可以迅速入门，并在实际项目中灵活运用。此外，本书关注新的机器学习趋势和发展，包括深度学习、自然语言处理和计算机视觉等热门领域，读者阅读本书能够了解行业内新的技术进展，为学习和职业发展保持敏锐的洞察力。

本书既可作为高等学校大学计算机类课程的教材，也可作为机器学习项目实践培训或自学教材，还可作为广大初级、中级计算机用户的自学参考书。

图书在版编目（CIP）数据

Python 机器学习与项目实践 / 唐明伟，胡节，陈晓亮主编. -- 北京 : 电子工业出版社，2024. 11.
ISBN 978-7-121-48786-6

Ⅰ. TP312.8

中国国家版本馆 CIP 数据核字第 2024D8X421 号

责任编辑：戴晨辰
印　　刷：河北鑫兆源印刷有限公司
装　　订：河北鑫兆源印刷有限公司
出版发行：电子工业出版社
北京市海淀区万寿路 173 信箱　　邮编：100036
开　　本：787×1092　1/16　印张：13.25　字数：331 千字
版　　次：2024 年 11 月第 1 版
印　　次：2024 年 11 月第 1 次印刷
定　　价：59.00 元

凡所购买电子工业出版社图书有缺损问题，请向购买书店调换。若书店售缺，请与本社发行部联系，联系及邮购电话：（010）88254888，88258888。

质量投诉请发邮件至 zlts@phei.com.cn，盗版侵权举报请发邮件至 dbqq@phei.com.cn。

本书咨询联系方式：dcc@phei.com.cn。

前言

尊敬的读者，很高兴你能看到这本机器学习教材！机器学习是一门迅速发展的科学，它已经在各个行业产生了深远的影响，从医疗保健到金融、交通、娱乐等。通过机器学习，我们可以让计算机从数据中学习和发现模型，从而提供有关未来的预测和决策。

本书的目标是为读者提供一种全面的介绍，从基本概念到高级技术，帮助读者理解和应用机器学习。无论是学生、研究人员，还是工业界的专业人士，我们相信本书都会为你提供丰富的知识和实践经验。

我们假设读者已经具备一定的数学和编程基础，尽管如此，我们仍会尽力使用简单的语言和直观的示例来解释复杂的概念，以确保尽可能多的读者都能从本书中受益。

机器学习的核心思想是让计算机通过学习数据来改进性能。本书介绍了各种机器学习算法和技术，如监督学习、无监督学习、强化学习等；介绍了常用的机器学习模型，如线性回归、决策树、支持向量机、神经网络等，并讨论了它们的原理、优缺点及适用场景。此外，本书还介绍了机器学习的关键概念，如特征工程、模型评估与选择、过拟合与欠拟合等。本书讨论了数据预处理和特征选择的技术，以及交叉验证和调参的方法，还讨论了如何处理不平衡数据、处理缺失值和异常值，以及处理文本、图像和时间序列数据的特殊技术。除理论知识外，本书还提供大量实际案例和实验，帮助读者将所学应用到实际问题中。本书使用流行的机器学习库和工具，如 Python 的 Scikit-learn 和 PyTorch，来演示实现机器学习模型的实际步骤。

最后，要强调的是，机器学习是一个不断发展的领域，新的算法和技术不断涌现，本书仅能帮助读者入门，我们鼓励读者继续深入学习和探索机器学习的前沿技术。希望本书能够为读者打下坚实的基础，激发读者对机器学习的兴趣，并成为读者在探索和实践中的指南。

本书包含配套教学资源，读者可登录华信教育资源网注册后免费下载。

本书难免存在一些不足之处，敬请读者多提宝贵意见和建议。

作　者

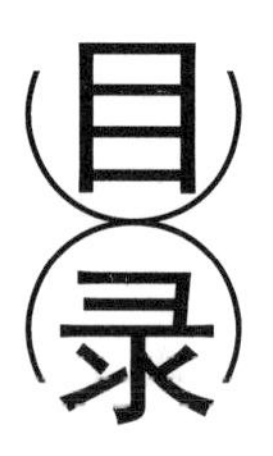

目录

第 1 章　绪论

1.1　引言

近年来，人工智能蓬勃发展，与各种应用场景深入融合，给人们的生活、学习和工作带来便捷。在计算机视觉系统中，车牌识别、人脸识别和安防广泛应用；在语音应用领域，手机语音助手 Siri、Voice Search 及语音翻译等工具纷纷问世；大数据应用能够根据客户的兴趣进行内容推荐，预测股票市场行情等。

那么，如何实现这些应用场景呢？机器学习便是其中一条可行途径，是实现人工智能的有效方式。许多研究者认为，机器学习是迈向达到人类水平的人工智能的最佳途径。机器学习领域涵盖了众多算法，这些算法使得计算机能够自动学习数据并做出预测。将人工智能比作人类的大脑，那么机器学习就相当于人类通过大量数据进行认知学习的过程。下面对机器学习进行简要介绍。本章思维导图如图 1-1 所示。

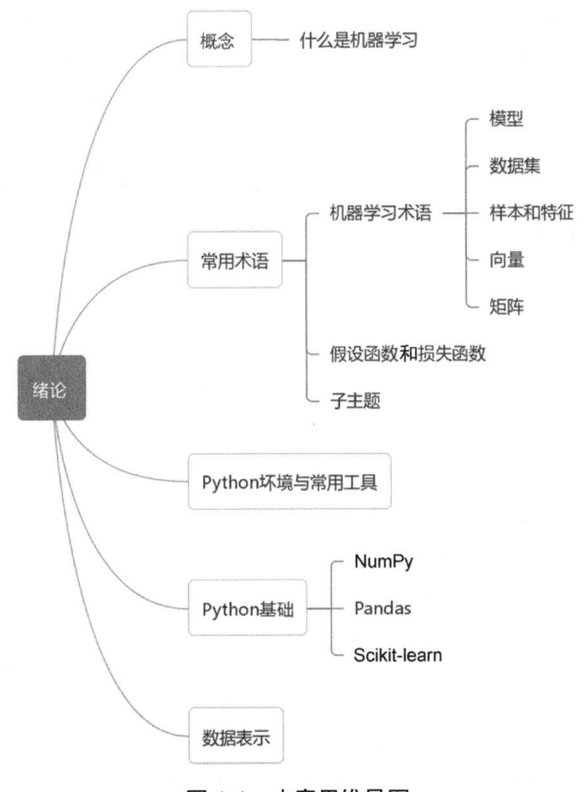

图 1-1　本章思维导图

1．标签、特征及样本

标签（Label）是我们要预测的内容。它可以是各种信息，如未来的小麦价格、图片中展示的动物类型、音频剪辑的含义，或者其他任何相关信息。

特征（Feature）是与其他事物明显区分的显著特点，也就是机器学习模型的输入变量。一个简单的机器学习项目可能只使用单个特征，而复杂的机器学习项目可能使用数百万个特征。以垃圾邮件检测器为例，这些特征可能包括电子邮件中的单词、发件人的地址、发送电子邮件的时间等。通常，我们用一个 D 维向量 $\boldsymbol{x}=\left[x_1,x_2,\cdots,x_D\right]^{\mathrm{T}}$ 表示电子邮件的所有特征，这个向量被称为特征向量（Feature Vector），其中每个维度表示一个特征。电子邮件的标签通常用标量 y 表示。

样本（Sample）是特定事物数据的实例。我们将样本分为有标签样本和无标签样本。有标签样本包含特征和标签信息。在垃圾邮件检测器示例中，有标签样本指用户明确标签为“垃圾邮件”或“非垃圾邮件”的个别电子邮件。我们使用有标签样本来训练模型。无标签样本只包含特征信息，没有标签信息。在使用有标签样本训练模型之后，我们将使用该模型来预测无标签样本的标签。在垃圾邮件检测器中，无标签样本指用户尚未添加标签的新电子邮件。

2．数据集

一组样本构成的集合被称为数据集（Data Set），在许多领域中也常称为语料库。数据集通常被分为两个部分：训练集和测试集。

训练集（Training Set）包含用于模型训练的数据样本，也被称为训练样本（Training Sample）。通过使用训练集，模型能够学习数据的模式和规律，以便进行准确的预测或分类。

测试集（Test Set）用于评估最终模型的性能好坏，也被称为测试样本（Test Sample）。测试集是模型从未见过的数据样本，用于模拟实际应用场景中的情况。通过在测试集上进行预测或分类，我们可以评估模型在未知数据上的表现，并对其准确性和泛化能力进行验证。

通过将数据集划分为训练集和测试集，我们能够有效地训练和评估机器学习模型，以便选择和优化模型。

3．模型

模型（Model）是一种算法的表示，用于定义特征和标签之间的关系。例如，垃圾内容检测模型可能会将某些特征与“垃圾内容”紧密相关联。在机器学习任务中，一个样本（Sample）由输入 x 和对应的输出 y 组成。假设存在一个未知的真实映射函数来描述 x 和 y 之间的关系，机器学习的目标是找到一个模型来近似这个真实映射函数。

我们很难知道真实映射函数的具体形式。通常只能先根据经验来假设一个函数集 f，称为假设空间（Hypothesis Space），然后通过观测其在训练集上的特性，从中选择一个理想的假设（Hypothesis）$f^*\in f$。假设空间 f 通常为一个参数化的函数族 $f=\{f(\boldsymbol{x};\boldsymbol{\theta})\mid\boldsymbol{\theta}\in\mathbb{R}^D\}$，其中 $f(\boldsymbol{x};\boldsymbol{\theta})$ 是参数 $\boldsymbol{\theta}$ 的函数，也称为模型（Model），D 为参数的数量。常见的假设空间可以分为线性假设空间和非线性假设空间两种，对应的模型分别称为线性模型和非线性模型。

线性模型：线性模型的假设空间为一个参数化的线性函数族，即

$$f(\boldsymbol{x};\boldsymbol{\theta})=\boldsymbol{\omega}^{\mathrm{T}}\boldsymbol{x}+b$$

式中，参数$\boldsymbol{\theta}$包含权重（Weight）向量$\boldsymbol{W}$和偏置（Bias）b。

非线性模型：可以写为多个非线性基函数$\phi(\boldsymbol{x})$的线性组合

$$f(\boldsymbol{x};\boldsymbol{\theta})=\boldsymbol{\omega}^{\mathrm{T}}\phi(\boldsymbol{x})+b$$

式中，$\phi(\boldsymbol{x})=\left[\phi_1(\boldsymbol{x}),\phi_2(\boldsymbol{x}),\cdots,\phi_K(\boldsymbol{x})\right]^{\mathrm{T}}$为$K$个非线性基函数组成的向量；参数$\boldsymbol{\theta}$包含权重向量$\boldsymbol{W}$和偏置$b$。如果$\phi(\boldsymbol{x})$本身为可学习的基函数，如

$$\phi_k(\boldsymbol{x})=h\left(\boldsymbol{\omega}_k^{\mathrm{T}}\phi'(\boldsymbol{x})+b_k\right),\ \forall 1\leqslant k\leqslant K$$

式中，$h(\cdot)$为非线性函数；$\phi'(x)$为另一组基函数；$\boldsymbol{\omega}_k$和b_k为可学习的参数。这样$f(\boldsymbol{x};\boldsymbol{\theta})$就等价于神经网络模型。

在模型的生命周期中，可以将其分为两个主要阶段：训练阶段和推断阶段。

训练阶段是创建或学习模型的过程。在这个阶段，我们向模型展示有标签样本，让模型逐渐学习特征和标签之间的关系。通过反复迭代的优化算法，模型会调整自身的参数，以使其能够更准确地预测或分类数据。训练的目标是使模型能够从训练数据中学习到一般化的模式和规律，以便在未知数据上进行准确的推断。

推断阶段是将经过训练的模型应用于无标签样本的过程。在这个阶段，我们使用训练好的模型来进行有用的预测或分类。模型会根据之前学到的特征和标签之间的关系，对新的无标签样本进行预测。推断阶段是模型应用于实际场景中的阶段，通过将模型应用于未见过的数据，我们可以获得模型的预测能力和性能评估。

训练阶段和推断阶段是模型生命周期中的两个关键阶段，通过训练阶段，模型能够从数据中学习，并提取出关键的模式和规律。推断阶段则是将训练得到的模型应用于实际场景中，使其能够对新的数据进行预测或分类。这两个阶段相互依赖，共同构成了模型的完整生命周期。

4. 向量

向量是线性代数中的基本概念，也是机器学习中的基础数据表示形式之一。在机器学习中，向量常用于表示数据样本和特征。

向量在机器学习中的应用非常广泛。例如，在文本处理任务中，将文本分词后可以使用向量来表示每个词的出现次数，或者使用词嵌入技术将词转换为连续的向量表示。这样可以将文本表示为一组向量的集合，从而方便计算机对文本进行处理和分析。

向量的优势之一是其适用于高维空间中的表示和处理。在机器学习中，往往需要处理大量的特征，而这些特征可以被表示为一个高维向量。通过在高维空间中进行计算和操作，机器学习模型可以更好地捕捉数据的复杂性和模式，从而提高学习和预测的准确性。

此外，向量的概念还为许多机器学习中的重要概念提供了基础。例如，投影操作可以将向量映射到其他空间中的子空间，降维则是将高维向量表示转换为低维向量表示的过程。这

些概念和技术在特征选择、特征提取和数据可视化等任务中起着重要的作用。

因此，向量在机器学习中扮演着重要的角色，它们提供了一种有效的数据表示形式，使得机器学习算法能够对数据进行建模和分析。

在 $\mathbb{R}^n$（$\mathbb{R}^n$ 表示 n 个有序实数二元组构成的空间。例如，$\mathbb{R}^2$ 表示有序实数二元组 (x_1, x_2) 构成的空间，即 $\mathbb{R}^n = \{(x_1, x_2, \cdots, x_n) \mid x_1, x_2, \cdots, x_n \in \mathbb{R}\}$）空间中定义的向量 $\boldsymbol{V}$，可以用一个包含 n 个实数的有序集来表示，即 $\boldsymbol{V} = \begin{bmatrix} \upsilon_1 \\ \upsilon_2 \\ \vdots \\ \upsilon_n \end{bmatrix}$，这个有序集中的每个元素称为向量的分量。例如，一个 $\mathbb{R}^2$ 空间中的向量 $\begin{bmatrix} 1 \\ 2 \end{bmatrix}$，有些地方也会用 $(2,1)$ 或 $\langle 2,1 \rangle$ 这样的形式来表示。向量的长度被定义为 $\|\boldsymbol{V}\| = \sqrt{\upsilon_1^2 + \upsilon_2^2 + \cdots + \upsilon_n^2}$，长度为 1 的向量称为单位向量，向量在机器学习中也常称为张量。

5．矩阵

在图像处理、人工智能等领域，使用矩阵来表示和处理数据十分常见。矩阵是人为约定的一种数据的表示方法。一个矩阵的举例：$\boldsymbol{A}_{2\times 3} = \begin{bmatrix} 4 & 2 & 1 \\ 5 & 1 & 3 \end{bmatrix}$，其中矩阵 $\boldsymbol{A}$ 的下标 2×3 表示 $\boldsymbol{A}$ 是一个 2 行 3 列的矩阵。如果要表示第 2 行的第 3 个元素 3，则可以使用 $\boldsymbol{A}[2,2]$ 来表示。矩阵在机器学习中常称为二维张量。

1.2 概念

1.2.1 什么是机器学习

在机器学习中，我们确实可以赋予机器学习的能力，使其从数据中学习并掌握规律。机器学习的目标是利用大量的数据，让机器能够通过训练的方式从中学习，并应用所学到的知识进行预测、分类或其他任务。

机器学习是一种通过数学模型和算法从观测数据中学习规律的方法。首先，我们需要将现实生活中的问题转化为数学问题，定义问题的目标和特征。然后，我们使用机器学习算法对数据进行训练，通过调整模型的参数或结构，使其能够拟合数据中的规律和模式。训练的过程涉及优化算法和统计模型的选择，以使模型能够在训练数据上达到较好的性能。

通过机器学习，我们可以建立各种功能的模型，如垃圾邮件识别系统。在这个例子中，我们可以使用大量的邮件数据，其中包含正常邮件和垃圾邮件的标签。通过训练模型，机器可以学习到邮件的特征与其所属类别之间的关系，从而实现自动过滤垃圾邮件的功能。

机器学习是人工智能的重要组成部分，它利用数据和算法来让机器具备学习的能力。通过机器学习，机器可以从数据中发现模式、做出预测、做出决策，并完成各种任务。因此，机器学习在现实生活中具有广泛的应用，并为解决实际问题提供了一种有效的方法。图 1-2 展示了机器学习的基本思路。

图 1-2 机器学习的基本思路

1.2.2 机器学习的流程

机器学习解决问题的通用流程包括问题建模、特征工程、模型选择和模型融合。这个流程可以形象地表示为图 1-3。

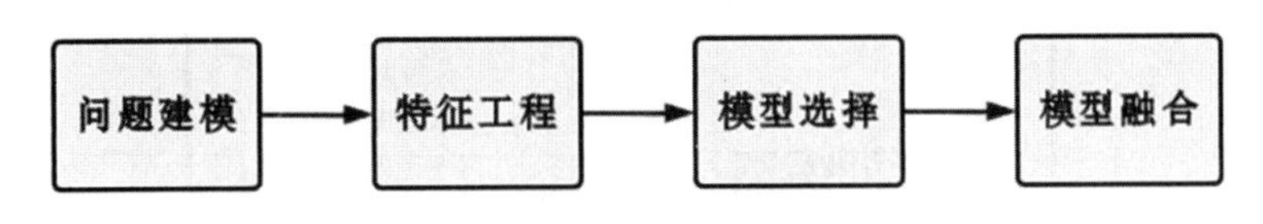

图 1-3 机器学习的流程图

首先，问题建模是整个流程的起点。在这一阶段，我们需要收集问题相关的数据并深入理解问题。然后，将问题抽象成机器可预测的形式。在这个过程中，需要明确业务指标和模型预测目标，并选择适当的评估指标用于模型评估。同时，将原始数据选择最相关的样本子集用于模型训练，并划分出训练集和测试集。使用交叉验证的方法对模型进行选择和评估。

完成问题建模后，接下来是特征工程的步骤。特征工程是一个重要且具有挑战性的任务。它不仅需要对模型和算法有深入的理解，还需要扎实的专业领域知识。在工业界，大多数成功应用机器学习的问题都与良好的特征工程密切相关。虽然不同的模型和问题会导致特征工程的差异，但仍然存在一些通用的特征工程技巧。

特征工程的目的是将经过筛选和清洗的数据转化为模型可接受的特征。这样，模型就能从数据中学习规律。然而，不同模型之间存在差异，它们的使用场景和能够处理的特征也有所不同。因此，在得到高质量特征之后，还需要考虑哪种模型能够更准确地学习到数据中的规律。对模型有深入的理解，从众多模型中选择最佳的模型对于整个流程至关重要。

正如前面所述，不同模型之间存在差异，它们能够从数据中学习到的规律也不同。为了进一步优化目标，可以采用模型融合的方法。模型融合利用不同模型之间的差异，充分发挥它们的优势，以达到更好的性能和结果。

总之，机器学习解决问题的通用流程包括问题建模、特征工程、模型选择和模型融合。每个阶段都有其重要性和挑战性，需要充分理解问题的背景和需求，灵活应用合适的方法和技巧来解决问题。

从实际操作层面来看，机器学习的流程可以分为 7 个步骤，如图 1-4 所示。

图 1-4　机器学习的流程

（1）收集数据：根据任务的需求，收集相应的样本数据。数据的质量和数量直接影响预测模型的好坏，因此这一步非常关键。

（2）数据准备：对收集到的数据进行处理和清洗，解决数据中存在的问题，如缺失值、异常值、噪声等。在数据处理完成后，需要将数据按照一定比例划分为训练集、验证集和测试集，用于后续的验证和评估工作，如图 1-5 所示。

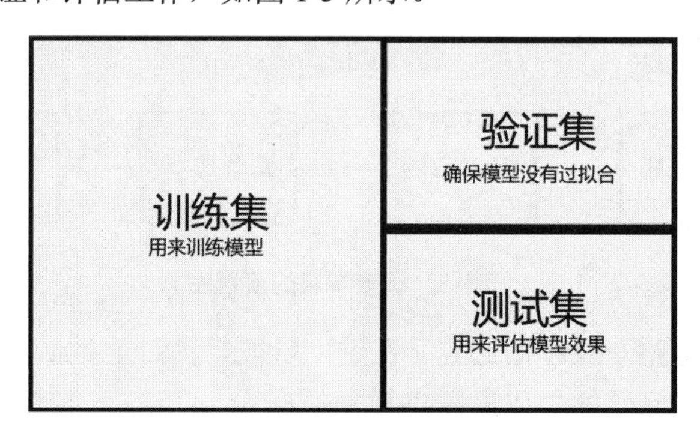

图 1-5　数据划分

（3）选择模型：根据任务的特点和数据的特征，选择适合的机器学习模型。不同的模型有不同的特点、应用场景和优缺点，根据训练集大小、特征空间维度、特征间的关系等要求来选择适合任务的模型。

（4）训练：使用训练集的数据对选择的模型进行训练。在训练过程中，模型会根据输入的特征和标签进行参数的学习和调整，以使模型能够对数据进行预测。训练的目标是使模型在训练集上达到较好的性能。

（5）评估：使用验证集和测试集对训练得到的模型进行评估。评估的指标可以包括准确率、召回率、F_1 值等，用于衡量模型的性能和预测能力。通过评估结果，可以了解模型在未知数据上的表现。

（6）参数调整：根据评估结果，对模型的参数进行调整和优化，以进一步改进模型的性能和泛化能力。其中包括调整模型的超参数、调整特征工程的方法等。

（7）预测：经过训练和调优的模型可以用于对新数据进行预测。通过输入新的特征数据，模型可以输出相应的预测结果，帮助解决实际问题。

1.2.3　机器学习模型的分类

按照数据的性质和期望的结果，可以将机器学习模型分成 4 类：监督学习（Supervised Learning）模型、无监督学习（Unsupervised Learning）模型、半监督学习（Semi-Supervised Learning）模型及强化学习（Reinforcement Learning）模型。

1. 监督学习模型

监督学习是通过使用标签数据集来训练机器执行任务以解决已知问题的算法。首先通过输入一组已知标签的样本，输出一个模型，然后通过这个模型预测未来新数据的值或类别。监督学习模型设计简单易行，对于预测可能的有限结果集、将数据划分类别，或者组合其他两种机器学习算法的结果，是非常有用的。由于数据标签的类型不同，因此监督学习问题分为回归问题和分类问题。回归问题通常用来预测一个连续值，如加利福尼亚州一栋房子的价值是多少？用户单击此广告的可能性有多大？一种比较常见的回归算法是线性回归（LR）算法；分类问题用来将事物打上一个标签，通常结果为离散值，如指定的电子邮件是垃圾邮件还是非垃圾邮件？一张图片是狗、猫还是仓鼠的图片？

2. 无监督学习模型

无监督学习模型使用的训练数据是未标记的。输入一组未知标签的样本，无监督学习模型可以通过聚类（Clustering）的方法，将数据分成多个簇（Cluster），即将数据集分成由类似的数据构成的多个类，同一个类中的数据相似，不同类中的数据相异，这与人类的学习思考方式十分相似，根据经验和直觉把事物联系在一起。与监督学习模型相比，无监督学习模型用于更加复杂的任务，因为输入的数据是未标记的。无监督学习模型常用于面部识别、基因序列分析、市场研究和网络安全管理等领域。

3. 半监督学习模型

半监督学习是结合监督学习与无监督学习的一种算法。监督学习和无监督学习的区别主要在于数据集中的数据是否具有标签，当某个问题中的数据集中的数据具有标签时，我们称之为监督学习；反之，我们称之为无监督学习。半监督学习不仅使用具有标签的数据，还使用没有标签的数据，将标签数据用于部分的机器学习训练算法，部分训练后的算法会为没有标签的数据添加标签，在没有明确编程的情况下，模型根据生成的数据组合进行重新训练。半监督学习是可以自动地利用没有标签的数据来提升学习性能的算法，多应用于语音和语言分析、复杂的医学研究（如蛋白质分类），以及高级欺诈检测。

4. 强化学习模型

机器通过每一次与环境互动来学习，以取得最大化的预期利益。强化学习算法针对的是没有标签的数据，但是强化学习算法在对没有标签的数据进行处理的同时会给出一个特定的目标，如果算法的处理结果偏离目标，则会给出惩罚；反之，给出奖励。该算法的目标就是获得最大奖励。强化学习模型在复杂且不确定的数据环境中表现优秀，但是在预先定义好的任务中效率较低。强化学习模型的应用有计算机游戏开发、在线广告位买家自动竞价和高风险股票市场交易等。

1.2.4　机器学习应用领域介绍

在数十年前，机器学习已经开始在一些行业中应用，如今它更是深入各行各业，几乎影响了所有人的生活。以下是一些典型的机器学习应用案例。

1. AlphaGo

AlphaGo 是由 Google DeepMind 公司开发的人工智能围棋程序。AlphaGo 可谓历史上最强的棋手，它战胜了围棋世界冠军。AlphaGo 结合了机器学习和树搜索技术，并通过人类和计算机的对弈进行大量训练。AlphaGo 的出现引起了人们对人工智能的强烈讨论，掀起了一场关于人工智能的风暴。

2. 自动驾驶

在飞机上，自动驾驶早已实现，只需要在起飞和降落阶段由驾驶员介入。而在汽车上，实现自动驾驶更为复杂，因为实际路况中有更多车辆，路况也更加复杂。尽管如何评估自动驾驶的安全性尚未达成一致，但自动驾驶正不断取得新的进展。从数据上看，在某些方面，自动驾驶甚至已经超越了人类驾驶员的水平。

3. 智能制造业

机器学习为制造业的预测性维护、质量控制和创新研究提供了支持。此外，机器学习还可以帮助公司改进物流解决方案，包括资产、供应链及库存管理。例如，制造业巨头 3M 利用 AWS Machine Learning 工具研究创新的砂纸产品。机器学习算法使得 3M 的研究人员能够分析形状、大小和方向上的微小变化，以改进砂纸的研磨性能和耐用性。

4. 智慧医疗与健康

随着可穿戴传感器和设备的激增，产生了大量的健康数据。机器学习程序可以分析这些数据，并为医生的实时诊断和治疗提供支持。研究人员正在开发利用机器学习来发现癌症并诊断眼睛疾病的解决方案，这将对人类的健康产生巨大的影响。例如，Cambia Health Solutions 利用 AWS Machine Learning 工具为医护初创公司提供支持，使这些公司能够为孕妇提供自动化的定制治疗方案。

5. 金融服务

金融机器学习方案改进了风险分析和监管程序。通过机器学习技术，投资者可以分析股市走势、评估对冲基金或校准金融服务产品组合，以发现新的机会。此外，机器学习技术还有助于识别高风险贷款用户，减少欺诈问题的发生。金融软件领导者 Intuit 利用 AWS Machine Learning 工具中的 Amazon Textract 系统创建个性化的财务管理方案，并帮助终端用户改善他们的财务状况。

6. 媒体和娱乐

娱乐公司正在转向使用机器学习算法，希望更好地了解他们的目标受众，并根据受众需求提供沉浸式的个性化内容。机器学习算法可以帮助设计预告片和其他广告，并为消费者提供个性化的内容建议，甚至简化内容的制作过程。例如，Disney 正在利用 AWS Deep Learning 工具来归档他们的媒体库。AWS Machine Learning 工具可以自动为媒体内容贴标签、提供描述并进行分类，这使得 Disney 的编剧和动画师能够快速搜索并熟悉 Disney 的角色。

1.3　常用术语

机器学习是一门涉及数学和统计学的高度专业化技术，其应用广泛。因此，在着手学习机器学习之前，掌握一些常用的术语是至关重要的。本节将介绍机器学习中常见的基本概念，为进一步的知识学习奠定坚实基础。

1.3.1　假设函数和损失函数

在构建机器学习模型的过程中，数学函数发挥着重要的作用。从编程设计的角度来看，这些函数就像内置于模块中的方法，我们只需调用相应的函数即可实现特定的目标。然而，难点在于我们首先需要理解实际应用场景，并根据场景的要求选择适当的函数进行调用。

在机器学习中，我们常常涉及两个概念，即假设函数和损失函数。它们并非某个模块中的具体方法，而是根据实际应用场景而确定的函数形式，就像解决数学应用题时根据问题写出相应的方程组一样。下面我们将分别介绍它们的含义。

1．假设函数

假设函数就是假设某一个函数，使其能尽可能地代表数据的分布。假设我们有一些数据，这些数据的大致分布如图 1-6 所示。

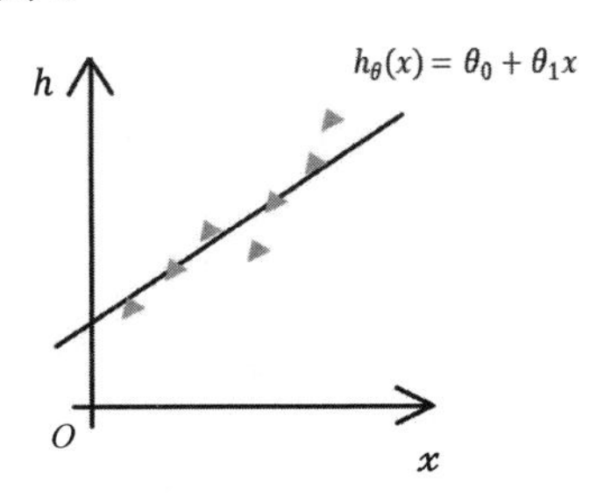

图 1-6　假设函数图

历史数据近似在一条直线左右，我们假设函数：

$$h_\theta(x)=\theta_0+\theta_1 x$$

我们需要找到最优的 θ_0 和 θ_1 来使这条直线能更准确地代表所有数据的分布，这两个参数改变将会导致假设函数的变化，如图 1-7 所示。

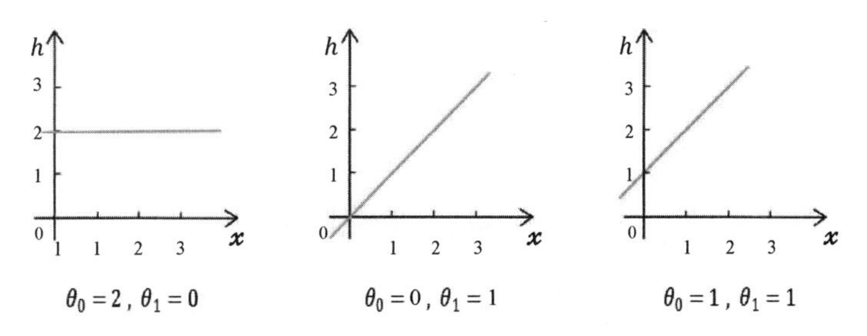

图 1-7　参数不同的假设函数图

2．损失函数

损失函数（Loss Function）又叫目标函数，简写为$\mathcal{L}\left(y,f\left(\boldsymbol{x};\boldsymbol{\theta}\right)\right)$，其中 y 是真实标签，$f\left(\boldsymbol{x};\boldsymbol{\theta}\right)$是模型预测的结果。损失函数用来估量模型的预测值与真实值的不一致程度，是一个非负实数函数。$\mathcal{L}\left(y,f\left(\boldsymbol{x};\boldsymbol{\theta}\right)\right)$的返回值越大，则证明预测值与真实值偏差越大，越小则证明预测值越来越“逼近”真实值。因此，损失函数就像一个度量尺，让你知道“假设函数”预测结果的优劣，从而做出相应的优化策略。

1.3.2 拟合、过拟合和欠拟合

机器学习的基本问题是利用模型对数据进行拟合，机器学习的目的并非是对有限的训练集进行正确预测，而是对未曾出现在训练集中的样本进行正确预测。模型对训练数据的预测误差称为训练误差，也称为经验误差，对测试数据的预测误差称为测试误差，也称为泛化误差。模型对训练集之外的数据进行预测的能力称为模型的泛化能力，这种泛化能力的提高是机器学习的目标。

过拟合和欠拟合是导致模型泛化能力不高的两种常见原因，它们都是模型学习能力与数据复杂度之间失配的结果。过拟合和欠拟合图解如图 1-8 和图 1-9 所示。

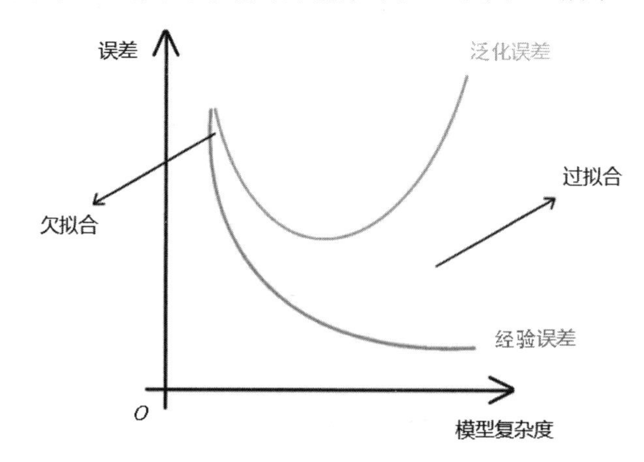

图 1-8 过拟合和欠拟合图解 1

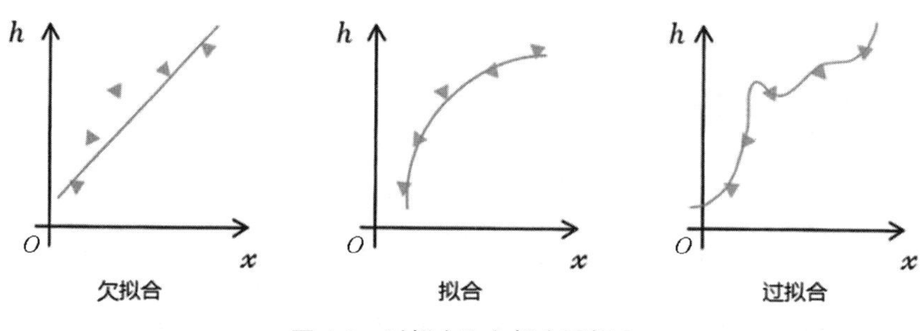

图 1-9 过拟合和欠拟合图解 2

一个假设在训练数据上能够获得比其他假设更好的拟合，但是在测试集上不能很好地拟合数据，此时认为这个假设出现了过拟合的现象（模型过于复杂）。

一个假设在训练数据上不能获得比其他假设更好的拟合，并且在测试集上不能很好地拟合数据，此时认为这个假设出现了欠拟合的现象（模型过于简单）。

发生欠拟合的原因是学习到的数据特征过少，解决办法如下。

（1）添加其他特征项：有时模型出现欠拟合，是因为特征项不够。此时可以通过添加其他特征项来很好地解决。

（2）添加多项式特征：此操作在机器学习算法中用得很普遍，如将线性模型添加二次项或三次项使模型泛化能力更强。

发生过拟合的原因是原始特征过多，存在一些嘈杂特征，模型过于复杂。模型过于复杂是因为模型尝试去兼顾各个测试数据。解决办法如下。

（1）重新清洗数据。

发生过拟合的原因有可能是数据不纯。此类情况需要重新清洗数据。

（2）增大数据的训练量。

发生过拟合的原因有可能是用于训练的数据量太小，即训练数据占总数据的比例过小。此时需要增大数据的训练量。

（3）使用正则化方法，降低模型的复杂度。

数据提供的特征可能影响模型复杂度，或者这个特征的数据异常较多，所以算法在学习时，应尽量减少这个特征的影响（甚至删除这个特征的影响），这就是正则化。简单来说，正则化是一种为了减小测试误差而发生的行为（有时候会增加训练误差）。在构造机器学习模型时，最终目的是让模型在面对新数据的时候，可以有很好的表现。当用比较复杂的模型（如神经网络）去拟合数据时，很容易出现过拟合现象（训练集表现很好，测试集表现较差），这会导致模型的泛化能力下降，此时，我们就需要使用正则化方法，降低模型的复杂度。

（4）减少特征维度，防止维度灾难。

随着维度的增加，分类器性能逐步上升，到达某点之后，其性能便逐渐下降。

1.4　机器学习环境构建和常用工具

1.4.1　Python

Python 是一种最小化的直观的开发语言，有各种功能完善的开发库/框架，可以显著地缩短完成一个任务所需要的时间。Python 的编程语言灵活，有 4 种不同风格的 Python 软件——命令式、面向对象式、函数式和程序式，这些都可以根据实际的 AI 项目需求来选择。

数据是机器学习、人工智能和深度学习算法最重要的部分。处理数据需要进行大量的可视化，以确定模式并理解所有变量和因素。为此，Python 定制软件包带来一些便利。开发人员可以构建直方图或其他图表，以便更好地理解数据如何相互作用和共同工作。还有一些 API 可以为开发人员勾勒出清晰的数据报告，从而使可视化过程变得更加简单。

1.4.2 Anaconda+ Jupyter Notebook

机器学习中数据分析的首选语言是 Python，Python 中有很多工具，如图 1-10 所示。我们应该如何使用 Python 进行机器学习编程呢？这里首推使用 Anaconda + Jupyter Notebook 搭建开发环境。在这之前，需要在 Windows 系统下配置 Python。

1. Anaconda

Conda 是一个使用 Python 编写的开源的包管理系统和环境管理系统，具有跨平台和管理多语言项目的能力，它允许用户轻松安装不同版本的软件及各种编程语言所需要的库，用户可以在多种软件版本中切换。Anaconda 可以视为增值版的 Python，并使用 Conda 进行包管理。Anaconda 附带了可实现大规模数据处理、预测分析和科学计算等功能的包，是进行数据分析的一大利器。Anaconda 通过管理工具包、开发环境、Python 版本，大大简化了开发人员的工作流程。Anaconda 不但可以方便地安装、更新、卸载工具包，而且安装时能自动安装相应的依赖包，还能使用不同的虚拟环境隔离不同要求的项目。

2. Jupyter Notebook

Jupyter 是 IPython 的一个衍生项目，用 Julia、Python 和 R 作为核心编程语言，支持几十种语言的执行环境（内核）。Jupyter Notebook 是 Jupyter 的 Web 交互式计算环境，Jupyter Notebook 文档(.ipynb)实际上是一个 JSON 文档，可以包含代码、文本(Markdown)、数学公式、图形和多媒体。Jupyter Notebook 可以让开发人员的文档和代码相辅相成，其优秀的可视化能力，使得数据分析工程师能够专注于分析过程，而不必在可视化方面花太多心思。

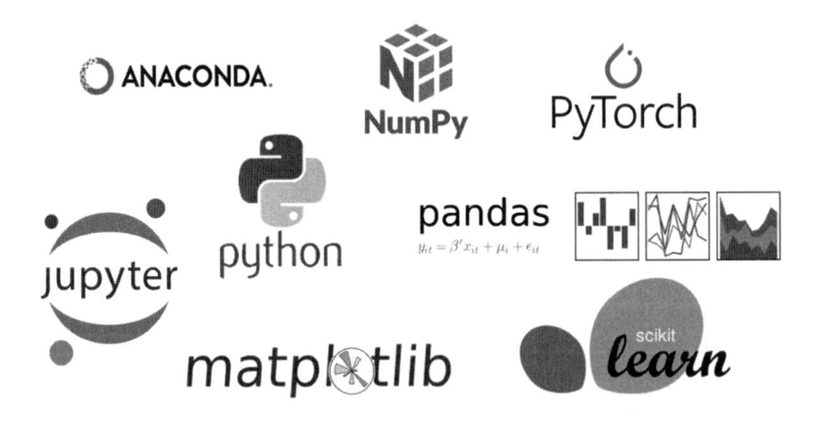

图 1-10 工具图

以下介绍 Anaconda 和 Jupyter Notebook 的安装。

从官网中下载安装包并进行安装。安装完成后，运行 Anaconda 的终端——Anaconda Prompt。在终端中输入 conda list 命令，出现如图 1-11 所示的界面，则说明安装成功。

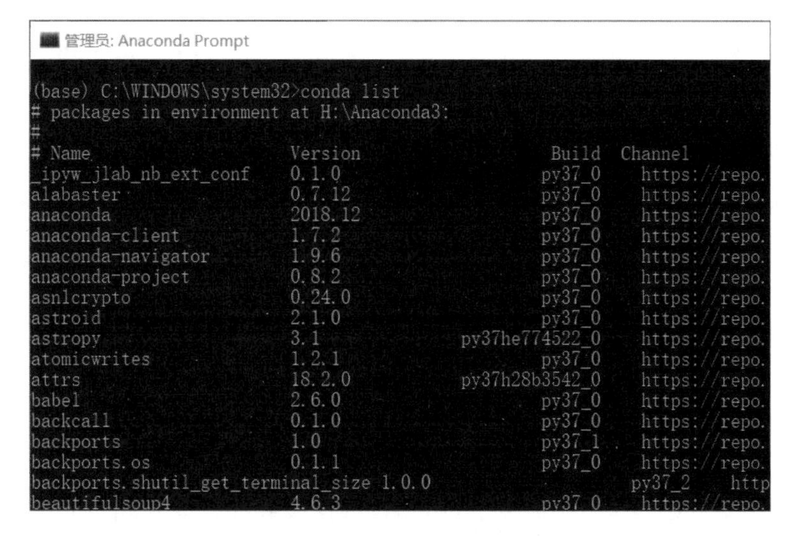

图 1-11　Anaconda 安装成功界面

Anaconda 的一些基础操作如下。

（1）在终端中使用如下命令安装包，默认安装指定包的所有版本，也可以通过添加版本号来指定需要的版本。

```
conda install packge_name
```

（2）使用如下命令卸载包。

```
conda remove packge_name
```

（3）使用如下命令更新包。

```
conda update packge_name
```

（4）使用如下命令更新所有的包。

```
conda update --all
```

（5）列出已经安装的包。

```
conda list
```

安装好 Anaconda 后，就可以安装 Jupyter Notebook 了。

在 Anaconda Prompt 终端中输入以下命令即可。Anaconda 会自动下载相关包与依赖包。

```
conda install jupyter notebook
```

Jupyter Notebook 的使用教程如下。

可以直接在开始菜单中启动 Jupyter Notebook，这样会在默认的工作目录下新建.ipynb 文件。如果想要在某一指定文件夹下启动，则需要先在 Anaconda Prompt 终端中进入该文件夹，然后执行如下命令。

```
Jupyter notebook
```

接下来 Jupyter Notebook 服务器会被启动，默认的端口是 8888。浏览器会自动打开 http://local**st:8888/tree 页面。我们可以单击右侧的 New 按钮选择相应的环境，按照需要建立子文件夹，让我们在代码块中写入第 1 行代码：

```
1. print('hello Jupyter Notebook!')
2. # 输出结果为 hello Jupyter Notebook!
```

1.4.3 NumPy

Python 中提供了 list 容器，可以当作数组使用。list 中的元素可以是任何对象，因此 list 中保存的是对象的指针，这样一来，为了保存一个简单的列表[6,1,3]，就需要 3 个指针和 3 个整数对象。对于数值运算来说，这种结构显然不够高效。Python 中虽然还提供了 array 模块，但其只支持一维数组，不支持多维数组（在 TensorFlow 中偏向于矩阵理解），也没有各种运算函数，因而不适合数值运算。NumPy 的出现弥补了这些不足。

在进行机器学习或数学运算时，我们经常需要使用矩阵，那么 NumPy 就为我们提供了很多类似的功能。NumPy 的使用相当简便，而且速度很快，相对于 Python 自带的 list 而言，NumPy 由于底层使用 C 语言直接避免了 GIL 的限制，支持并行运算，同时相对于 list 的存储模式，NumPy 更像一个数组。NumPy 是机器学习必不可少的库之一。

使用 pip 工具来安装 NumPy，在 cmd 窗口输入以下命令即可。

```
1. pip install numpy
2. # 验证 NumPy 是否安装成功：在 cmd 窗口输入 python 命令，进入环境
3. import numpy as np
4. array=np.array([1,4,5])
5. print(array)
6. # 如果输出[1,4,5]，则安装成功；否则失败
```

NumPy 提供多维数组对象，如 ndarray 对象。创建一个 ndarray 对象，只需要用一个 list 作为参数即可。下面我们使用 NumPy 去创建矩阵。

```
1. import numpy as np
2. # 创建一维的 ndarray 对象
3. x=np.array([7,3,0])
4. x
5. # 输出：array([7,3,0])
6. x.dtype
7. # 输出：dtype('int64')
8.
9. # 浮点类型
10. y=np.array([7.2,9.5,5.3])
11. # 输出：y.dtype
12. dtype('float64')
13.
14. #创建二维的 ndarray 对象
15. z=np.array([(1.8,2,5),(4,3,6)])
16. z
17. # 输出：array([[ 1.8, 2, 5 ],
18. #             [ 4, 3, 6 ]])
```

1.4.4　Matplotlib

Matplotlib 是 Python 中的数据可视化软件包之一，支持跨平台运行。Matplotlib 是常用的二维绘图库，并且提供了一部分三维绘图接口。Matplotlib 通常与 NumPy、Pandas 连用，是数据分析中不可或缺的重要工具之一。Matplotlib 能让使用者很轻松地将数据图形化，并且提供多样化的输出格式。其实，Matplotlib 的机制类似 MATLAB，提供了一套面向对象绘图的 API，使用 matplotlib.pyplot 模块可以绘制各种图形，如柱状图、饼状图、折线图等。

下面使用 pip 工具来安装 Matplotlib。

```
1. # 进入 cmd 窗口，建议执行下面命令升级 setuptools 组件
2. python -m pip install -U pip setuptools
3. # 安装 Matplotlib
4. python -m pip install matplotlib
5. # 查看安装的所有模块，确保 Matplotlib 已经安装成功
6. python -m pip list
```

下面用一个示例来展示使用数组和不同格式字符串，在一条命令中绘制多个线条。

```
1. import numpy as np # 导入 NumPy 包
2. import matplotlib.pyplot as plt #导入 matplotlib.pyplot 模块
3.
4. x=np.arange(1,4,0.2) # 创建数组
5.
6. plt.xlabel('x') # 横坐标为 x
7. plt.ylabel('y') # 纵坐标为 y
8.
9. plt.plot(x,10*x,'r--',x,x**3,'k') #画出两个函数图像
10.
11. plt.text(2.5,25,'y=10x') # 在 x=2.5 和 y=25 的位置显示 y=10x 函数
12. plt.text(2,8,'y=x**3') # 在 x=2 和 y=8 的位置显示 y=x³ 函数
13.
14. plt.show() #显示图像
```

输出结果如图 1-12 所示。

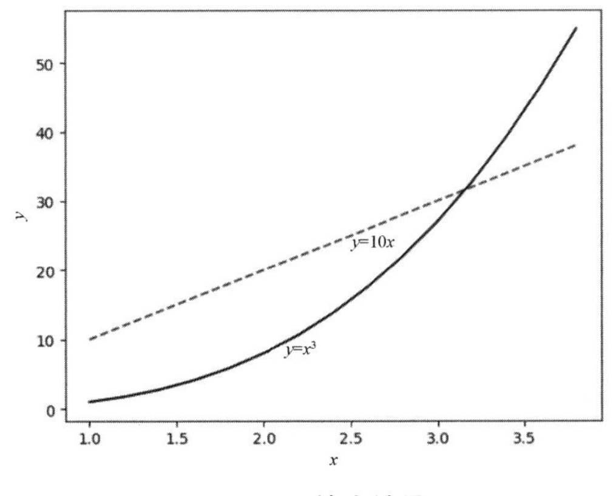

图 1-12　输出结果

在图 1-12 中，虚线表示 $y=10x$ 的函数图像，实线表示 $y=x^3$ 的函数图像。

1.4.5 Pandas

Pandas 是基于 NumPy 的一种工具，该工具是为解决数据分析任务而创建的。Pandas 集成了大量库和一些标准的数据模型，提供了高效操作大型数据集所需的工具。Pandas 提供了大量能使我们快速便捷地处理数据的函数和方法。你会发现，Pandas 是使 Python 成为强大而高效的数据分析环境的重要因素之一。Pandas 使程序员能够对数据进行操作和分析。它具有高效的数据探索和可视化功能，并提供高级数据结构和多种工具，可用于密切处理多个数据集。

使用 pip 工具安装 Pandas，命令如下。

```
pip install pandas
```

安装成功之后，就可以导入 Pandas 包使用，下面是一个简单的例子。

```
1. import pandas as pd
2.
3. studataset={
4.   'name': ["Lisa","Rose","Mike"],
5.   'number': [1,2,3]
6. }
7.
8. stu=pd.DataFrame(studataset)
9.
10. print(stu)
11.
12. # 输出结果为:
13. #      Name  number
14. # 0    Lisa   1
15. # 1    Rose   2
16. # 2    Mike   3
```

1.4.6 Scikit-learn

Scikit-learn 又写作 sklearn，是一个开源的基于 Python 语言的机器学习工具包。它通过 NumPy、SciPy 和 Matplotlib 等 Python 数值计算的库实现高效的算法应用，并且涵盖了几乎所有主流机器学习算法。

在工程应用中，用 Python 逐行写代码来从头实现一个算法的可能性非常低。这样不仅耗时耗力，还不一定能够写出构架清晰、稳定性强的模型。在多数情况下，工作人员先分析采集到的数据，再根据数据特征选择适合的算法。在工具包中调用算法，调整算法的参数，获取需要的信息，从而实现算法效率和效果之间的平衡。sklearn 正是这样一个可以帮助我们高效实现算法应用的工具包。sklearn 中常用的模块有分类、回归、聚类、降维、模型选择、预处理等。

sklearn 同样可以使用 pip 工具进行安装，命令如下。

```
pip install Scikit-learn
```

sklearn 中含有一些常用的数据集，如鸢尾花数据集、波士顿房价数据集、泰坦尼克号数据集等。下面介绍一些基本的使用方法。

```
1. # 导入数据集划分模块
2. from sklearn.model_selection import train_test_split
```

sklearn.model_selection 是 sklearn 中一个重要的模块，具体功能有分组、划分训练集与测试集、优化超参数、验证模型等；train_test_split 是用于按比例随机划分数据集（训练集和测试集）的函数。

```
1. from sklearn.linear_model import LinearRegression #导入线性回归模型
2.
3. # 加载波士顿房价数据集（可以用其他的数据集）
4. boston_data=datasets.load_boston()
5.
6. # 查看数据集的键值['data','target','feature_names','DESCR','filename']
7. print(boston_data.keys())
8.
9. # 查看描述数据集的信息
10. print(boston_data.DESCR)
11.
12. # 查看有哪些特征
13. print(boston_data.feature_names)
14.
15. # 查看数据的形状
16. print(boston_data.data.shape,boston_data.target.shape)
17.
18. # 实例化线性回归模型
19. model =LinearRegression()
20.
21. # 模型实例完后，用训练集对模型进行训练
22. # features_train 是训练集的特征，target_train 是训练集的目标值
23. model.fit(features_train,target_train)
24.
25. #模型训练完后，用模型对测试集的特征进行预测
26. # features_test 是测试集的特征
27. target_test_predict=model.predict(features_test)
```

1.4.7 PyTorch

PyTorch 是一个基于 Torch 的 Python 开源机器学习库，用于自然语言处理等应用程序。它不仅能够实现强大的 GPU 加速，还支持动态神经网络，这一点是现在很多主流框架（如

TensorFlow）都不支持的。PyTorch 在 Python 环境中运行，操作非常简单。PyTorch 中的代码执行非常简单，它可以利用 Python 环境提供的所有服务和功能。PyTorch 还提供了一个动态计算图的出色平台，用户可以根据需要灵活处理。

PyTorch 有以下优点。

- 易于调试和理解代码。
- 包括许多层作为 Torch。
- 包括许多损失函数。
- 可以视为对 GPU 的 NumPy 扩展。
- 允许构建其结构依赖于计算本身的网络。

如果想深入学习 PyTorch，那么至少需要一块 GPU。许多实验在 GPU 上能迅速完成。如果没有 GPU，也可以使用 CPU，但需要把数据集缩小。

下面介绍使用 pip 工具安装 CPU 版的 PyTorch。

```
1. # Python 3.7
2. pip3 install https://download.pytorch.org/whl/cpu/t**ch-1.0.1-cp37-cp37m-win_amd64.whl
3. pip3 install torchvision
```

使用下列命令测试安装是否成功，图 1-13 所示为安装成功的显示图。

```
1. # 安装成功，则输出 Torch 的版本
2. import torch
3. print(torch.__version__)
```

```
C:\WINDOWS\system32\cmd.exe - python
Microsoft Windows [版本 10.0.19044.2251]
(c) Microsoft Corporation。保留所有权利。

C:\Users\      >python
Python 3.7.1 (default, Dec 10 2018, 22:54:23)
Type "help", "copyright", "credits" or "licens
>>>
KeyboardInterrupt
>>> import torch
>>> print(torch.__version__)
1.1.0
>>>
```

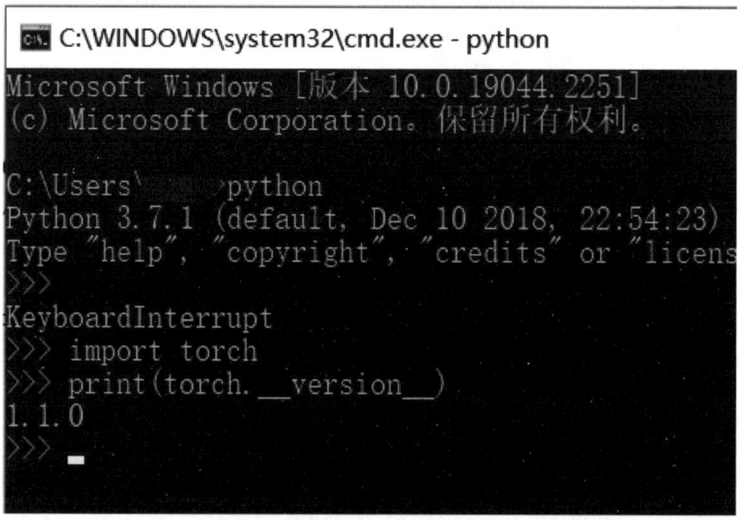

图 1-13 安装成功的显示图

下面介绍安装 GPU 版的 PyTorch，推荐使用 CUDA。

第 1 步：更新 nvidia 驱动，在官网上选择计算机显卡的型号，下载最新的驱动安装包，单击“下一步”按钮安装即可，如图 1-14 所示。

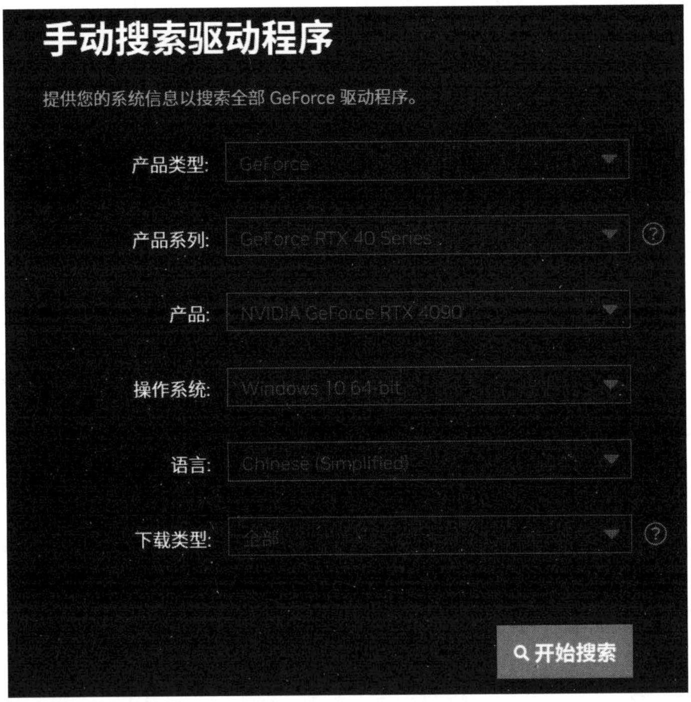

图 1-14 更新 nvidia 驱动

第 2 步：安装 CUDA，选择 CUDA 版本，如 CUDA Toolkit 10.0，如图 1-15 所示。

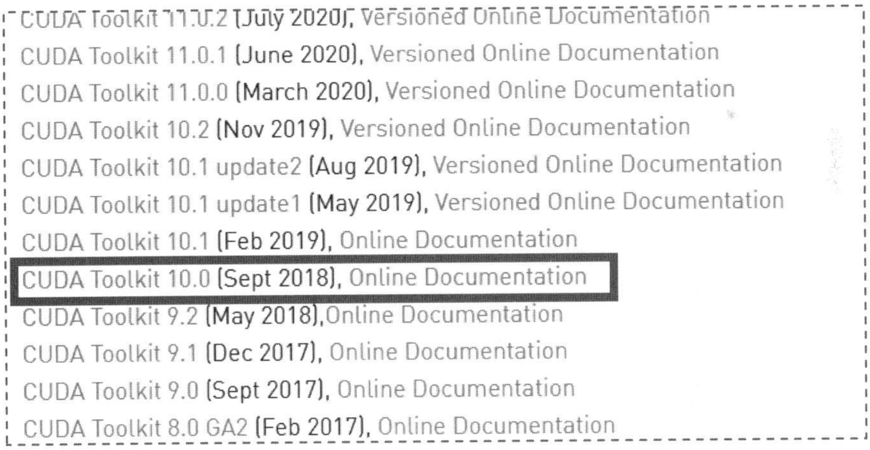

图 1-15 安装 CUDA

选择操作系统版本，在对应的选项卡中选择 exe[local]（本地安装）安装方式，如图 1-16 所示。

下载完成后双击安装包，选择自定义安装选项，只勾选 CUDA 组件，最后完成安装。

第 3 步：安装 cuDNN 7，其链接可以自行搜索，单击 cuDNN Download 选项，先选择和 CUDA Toolkit 10.0 匹配的 cuDNN 7 选项，再选择对应操作系统的版本进行下载，这里选择 cuDNN Library for Windows 10，如图 1-17 所示。下载完成后，需要将压缩包文件解压，并添加一个系统变量。

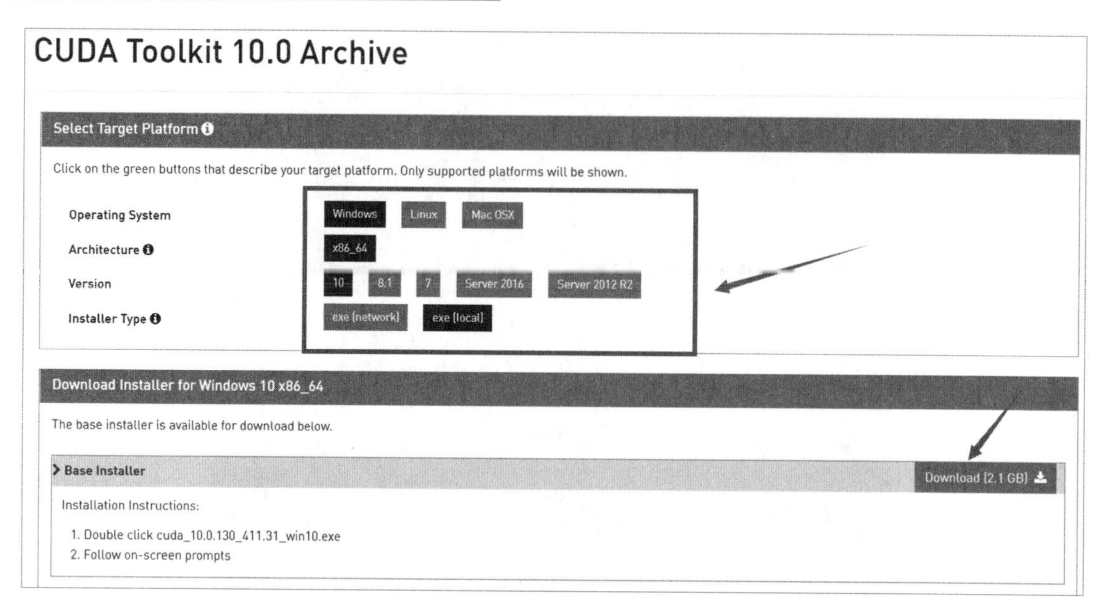

图 1-16 选择操作系统版本

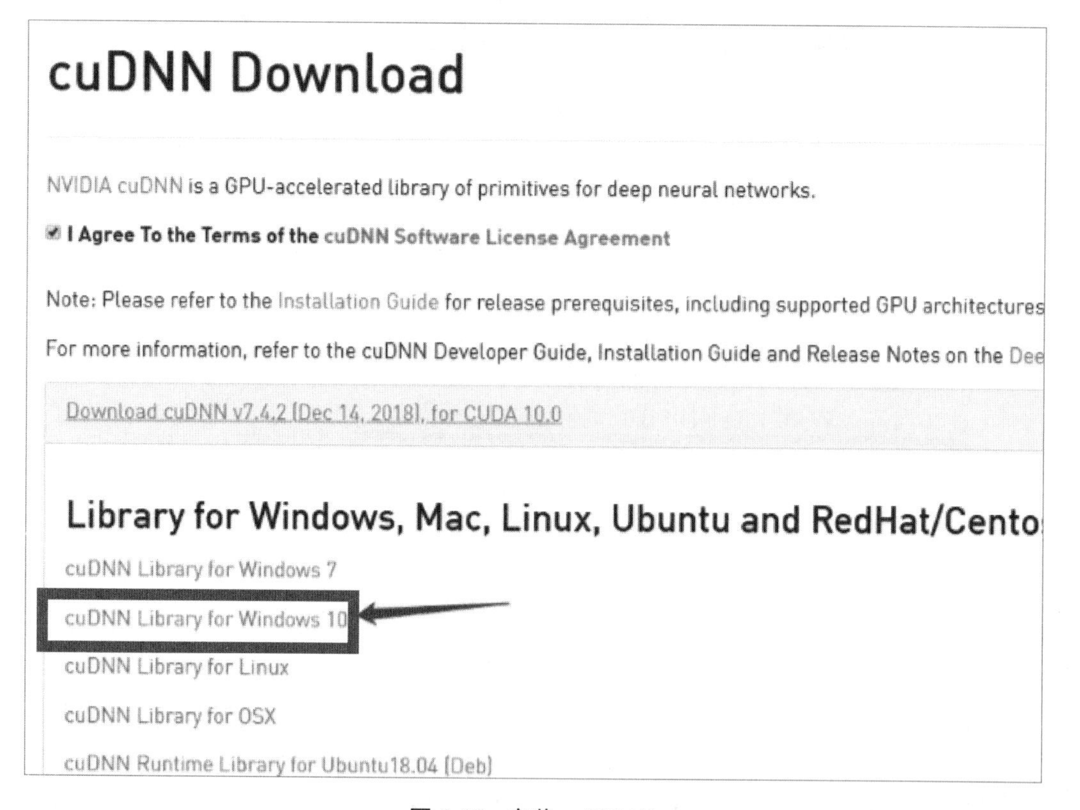

图 1-17 安装 cuDNN 7

安装完成后进行 PyTorch 安装。在“开始”菜单中单击 Anaconda Prompt 选项，进入后在命令行中输入以下命令，创建一个独立的运行环境。创建过程中会出现确认信息，在命令行中输入 y 命令后按回车键。

创建 PyTorch 环境的代码如下。

```
1. # pytorch_gpu 为环境名字，可自定义
2. # Python 3.6 为该环境中的 Python 版本，如果想使用其他版本的 Python，直接更改“=”后的版本号即可
3. conda create -n pytorch_gpu pip python=3.6
4.
5. # 进入 pytorch_gpu 的环境
6. conda activate pytorch_gpu
7.
8. # 输入命令，安装 PyTorch，安装过程中出现确认信息，输入 y 命令后按回车键
9. conda install pytorch torchvision cuda100 -c pytorch
```

为了验证 PyTorch 是否安装成功，运行简单的样例代码进行测试。首先在命令行中输入 python 命令，进入 Python 的解释器，然后依次输入以下命令，每输入一句按一次回车键。

```
1. # 导入 Torch
2. import torch
3. # 创建随机生成的张量矩阵
4. y=torch.rand(2,3)
5. # 输出
6. print(y)
7.
8. # 输出以下类似结果，则说明 PyTorch 安装基本成功
9. # tensor([[0.3240,0.3825,0.3117],
10. #        [0.3337,0.1350,0.2250]])
11.
12. # 输入以下命令，输出“True”则说明 GPU 驱动和 CUDA 可以支持 PyTorch 的加速计算
13. torch.cuda.is_available()
```

第 2 章　机器学习基础概念

机器学习是一种通过观测有限数据来学习（或猜测）普遍规律，并将这些规律应用于被观测数据样本的方法。其核心研究内容是学习算法，旨在使算法能够从数据中提取内在规律。那么，如何从数据中提取内在规律呢？这就需要运用数学方法对数据进行处理，包括特征表示和评价。在本章中，我们将学习一些与此相关的数学概念、数据特征表示方法、评价指标及损失函数。这些内容将帮助我们更好地理解和处理数据，为后续的机器学习任务打下坚实的基础。本章思维导图如图 2-1 所示。

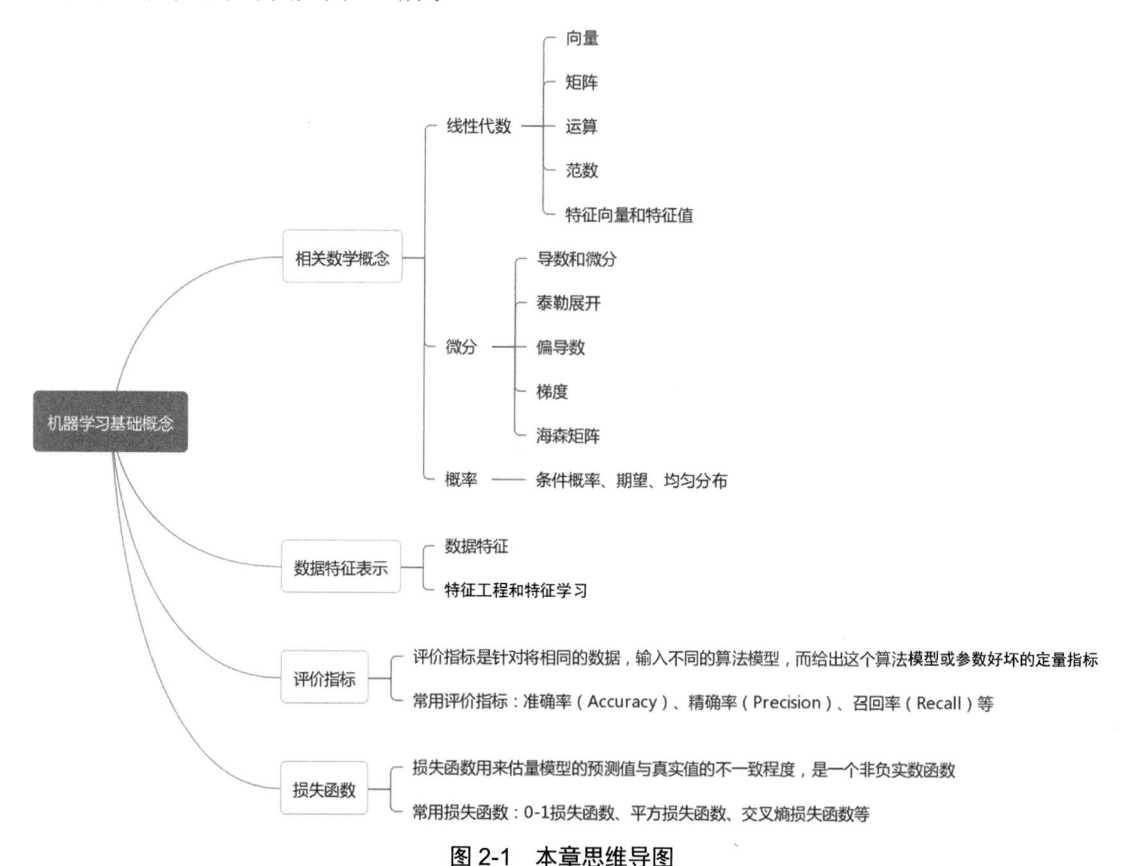

图 2-1　本章思维导图

2.1 相关数学概念

2.1.1 线性代数

1. 向量

一个 n 维向量 $\boldsymbol{x}$ 的表达式可写成 $\boldsymbol{x}=\begin{bmatrix} x_1 \\ x_2 \\ \vdots \\ x_n \end{bmatrix}$，其中 $x_1,x_2,\cdots,x_n$ 是向量的元素。我们将各元素均为实数的 n 维向量 $\boldsymbol{x}$ 记作 $\boldsymbol{x}\in\mathbb{R}^n$ 或 $\boldsymbol{x}\in\mathbb{R}^{n+1}$ 。

2. 矩阵

一个 m 行 n 列矩阵的表达式可写成 $\boldsymbol{X}=\begin{bmatrix} x_{11}\ x_{12}\ \dots x_{1n} \\ x_{21}\ x_{22}\ \dots x_{2n} \\ \vdots\ \ \vdots\ \ \ddots\ \vdots \\ x_{m1}\ x_{m2}\ \dots x_{mn} \end{bmatrix}$，其中 x_{ij} 是矩阵 $\boldsymbol{X}$ 中第 i 行第 j 列的元素（$1\leqslant i\leqslant m$，$1\leqslant j\leqslant n$）。我们将各元素均为实数的 m 行 n 列矩阵 $\boldsymbol{X}$ 记作 $\boldsymbol{X}\in\mathbb{R}^{m\times n}$ 。向量是特殊的矩阵。

```
1. # 导入 ndarray 包命名为 nd
2. import ndarray as nd
3.
4. # 创建一个 2 行 4 列的矩阵，并且把每个元素初始化为 0
5. x1=nd.zeros((2,4))
6. print(x1)
7. # 输出：
8. # [[0. 0. 0. 0.]
9. #  [0. 0. 0. 0.]]
10. # <NDArray 3x4 @cpu(0)>
11.
12. # 类似地，每个元素也可以初始化为 1
13. x2=nd.ones((3,4))
14. print(x2)
15. # 输出：
16. # [[1. 1. 1. 1.]
17. #  [1. 1. 1. 1.]
18. #  [1. 1. 1. 1.]]
19. # <NDArray 3x4 @cpu(0)>
20.
21. # 从 Python 的数组中直接构造
22. x3=nd.array([[0,2],[1,3]])
```

```
23. print(x3)
24. # 输出：
25. #[[0, 2]
26. # [1, 3]]
27. # <NDArray 2x2 @cpu(0)>
28.
29. # 创建随机数组，每个元素都是随机数，元素服从平均值为 0、方差为 1 的正态分布
30. x4=nd.random_normal(0,1,shape=(3,4))
31. print(x4)
32. # 输出：
33. #[[ 1.1630785   0.4838046   0.29956347  0.15302546]
34. # [-1.1688148   1.558071   -0.5459446  -2.3556297 ]
35. # [ 0.54144025  2.6785064   1.2546344  -0.54877406]]
36. # <NDArray 3x4 @cpu(0)>
```

3. 运算

矩阵点乘：设 n 维向量 $\boldsymbol{a}$ 中的元素为 $a_1,a_2,\cdots,a_n$，n 维向量 $\boldsymbol{b}$ 中的元素为 $b_1,b_2,\cdots,b_n$。向量 $\boldsymbol{a}$ 与向量 $\boldsymbol{b}$ 的点乘（内积）是一个标量：$\boldsymbol{a}\cdot\boldsymbol{b}=a_1b_1+a_2b_2+\cdots+a_nb_n$。

设两个 m 行 n 列矩阵 $\boldsymbol{A}=\begin{bmatrix} a_{11}\ a_{12}\ \ldots a_{1n} \\ a_{21}\ a_{22}\ \ldots a_{2n} \\ \vdots\ \ \vdots\ \ddots\ \vdots \\ a_{m1}\ a_{m2}\ \ldots a_{mn} \end{bmatrix}$，$\boldsymbol{B}=\begin{bmatrix} b_{11}\ b_{12}\ \ldots b_{1n} \\ b_{21}\ b_{22}\ \ldots b_{2n} \\ \vdots\ \ \vdots\ \ddots\ \vdots \\ b_{m1}\ b_{m2}\ \ldots b_{mn} \end{bmatrix}$。

矩阵 $\boldsymbol{A}$ 的转置：$\boldsymbol{A}^{\mathrm{T}}$ 是一个 n 行 m 列矩阵，它的每一行其实是原矩阵 $\boldsymbol{A}$ 的每一列：$\boldsymbol{A}^{\mathrm{T}}=\begin{bmatrix} a_{11}\ a_{21}\ \ldots a_{m1} \\ a_{12}\ a_{22}\ \ldots a_{m2} \\ \vdots\ \ \vdots\ \ddots\ \vdots \\ a_{1n}\ a_{2n}\ \ldots a_{mn} \end{bmatrix}$，矩阵 $\boldsymbol{B}$ 的转置同理。

矩阵加法：两个相同形状的矩阵的加法是将两个矩阵按元素做加法。

$$\boldsymbol{A}+\boldsymbol{B}=\begin{bmatrix} a_{11}+b_{11} & a_{12}+b_{12} & \ldots & a_{1n}+b_{1n} \\ a_{21}+b_{21} & a_{22}+b_{22} & \ldots & a_{2n}+b_{2n} \\ \vdots & \vdots & \ddots & \vdots \\ a_{m1}+b_{m1} & a_{m2}+b_{m2} & \ldots & a_{mn}+b_{mn} \end{bmatrix}$$

阿达马积：我们使用符号 $\odot$ 表示两个矩阵按元素做乘法的运算，即阿达马积。

$$\boldsymbol{A}\odot\boldsymbol{B}=\begin{bmatrix} a_{11}b_{11} & a_{12}b_{12} & \ldots & a_{1n}b_{1n} \\ a_{21}b_{21} & a_{22}b_{22} & \ldots & a_{2n}b_{2n} \\ \vdots & \vdots & \ddots & \vdots \\ a_{m1}b_{m1} & a_{m2}b_{m2} & \ldots & a_{mn}b_{mn} \end{bmatrix}$$

定义一个标量 k，标量 k 与矩阵的乘法是按元素做乘法的运算。

$$kA=\begin{bmatrix} ka_{11} & ka_{12} \dots & ka_{1n} \\ ka_{21} & ka_{22} \dots & ka_{2n} \\ \vdots & \vdots \ddots & \vdots \\ ka_{m1} & ka_{m2} \dots & ka_{mn} \end{bmatrix}$$

其他（如标量与矩阵按元素相加、相除等）运算与上式中的相乘运算类似。矩阵按元素开根号、取对数等运算也就是对矩阵每个元素开根号、取对数等，并得到和原矩阵形状相同的矩阵。

矩阵乘法和按元素的乘法不同。设 $\boldsymbol{A}$ 为 m 行 p 列的矩阵，$\boldsymbol{B}$ 为 p 行 n 列的矩阵，则两个矩阵相乘的结果：$\boldsymbol{A}\times\boldsymbol{B}=\begin{bmatrix} a_{11}\, a_{12} \dots a_{1p} \\ a_{21}\, a_{22} \dots a_{2p} \\ \vdots \quad \vdots \quad\quad \vdots \\ a_{i1}\quad a_{i2} \dots a_{ip} \\ \vdots \quad \vdots \quad\quad \vdots \\ a_{m1}\, a_{m2} \dots a_{mp} \end{bmatrix}\begin{bmatrix} b_{11}\, b_{12} \dots b_{1j} \dots b_{1n} \\ b_{21}\, b_{22} \dots b_{2j} \dots b_{2n} \\ \vdots \quad \vdots \quad\quad \vdots \quad\quad \vdots \\ b_{p1}\, b_{p2} \dots b_{pj} \dots b_{pn} \end{bmatrix}$ 是一个 m 行 n 列的矩阵，其中第 i 行第 j 列（$1\leqslant i\leqslant m$，$1\leqslant j\leqslant n$）的元素为 $a_{i1}b_{1j}+a_{i2}b_{2j}+\cdots+a_{ip}b_{pj}=\sum_{k=1}^{p}a_{ik}b_{kj}$。

```
1. # 矩阵加法
2. print(x2 + x4)
3. # 输出：
4. #[[ 2.1630785   1.4838046   1.2995634   1.1530255 ]
5. # [-0.16881478  2.5580711   0.45405543 -1.3556297 ]
6. # [ 1.5414402   3.6785064   2.2546344   0.45122594]]
7. # <NDArray 3x4 @cpu(0)>
8.
9. # 矩阵乘法
10. print(x2 * x4)
11. # 输出：
12. #[[ 1.1630785   0.4838046   0.29956347  0.15302546]
13. # [-1.1688148   1.558071   -0.5459446  -2.3556297 ]
14. # [ 0.54144025  2.6785064   1.2546344  -0.54877406]]
15. # <NDArray 3x4 @cpu(0)>
16.
17. # 矩阵乘法即点乘
18. print(nd.dot(x2,x4.T))
19. # 输出：
20. #[[ 2.099472  -2.5123181  3.9258068]
21. # [ 2.099472  -2.5123181  3.9258068]
```

```
22. # [ 2.099472  -2.5123181  3.9258068]]
23. # <NDArray 3x3 @cpu(0)>
```

4. 范数

设 n 维向量 $\boldsymbol{x}$ 中的元素为 $x_1, x_2, \cdots, x_n$。向量 $\boldsymbol{x}$ 的 L_p 范数为 $\|\boldsymbol{x}\|_p = \left(\sum_{i=1}^{n} |x_i|^p\right)^{1/p}$。

例如，$\boldsymbol{x}$ 的 L_1 范数是该向量元素绝对值之和：$\|\boldsymbol{x}\|_1 = \sum_{i=1}^{n} |x_i|$，$\boldsymbol{x}$ 的 L_2 范数是该向量元素平方和的平方根：$\|\boldsymbol{x}\|_2 = \sqrt{\sum_{i-1}^{n} x_i^2}$。我们通常用 $\|\boldsymbol{x}\|$ 指代 $\|\boldsymbol{x}\|_2$。

设 $\boldsymbol{X}$ 是一个 m 行 n 列的矩阵。矩阵 $\boldsymbol{X}$ 的 Frobenius 范数为该矩阵元素平方和的平方根：$\|\boldsymbol{X}\|_{\mathrm{F}} = \sqrt{\sum_{i=0}^{m}\sum_{j=0}^{n} x_{ij}^2}$，其中 x_{ij} 为矩阵 $\boldsymbol{X}$ 在第 i 行第 j 列的元素。

5. 特征向量和特征值

对于一个 n 行 n 列的矩阵 $\boldsymbol{A}$，假设有标量 λ 和非零的 n 维向量 $\boldsymbol{v}$ 使 $\boldsymbol{Av} = \lambda\boldsymbol{v}$，那么 $\boldsymbol{v}$ 是矩阵 $\boldsymbol{A}$ 的一个特征向量，标量 λ 是 $\boldsymbol{v}$ 对应的特征值。

2.1.2 微分

这里简要介绍微分的一些基本概念和运算。

1. 导数和微分

假设函数 $f:\mathbb{R} \to \mathbb{R}$ 的输入和输出都是标量。函数 f 的导数 $f'(x) = \lim_{h\to 0}\frac{f(x+h)-f(x)}{h}$ 且假定该极限存在。给定 $y = f(x)$，其中 x 和 y 分别是函数 f 的自变量和因变量。

以下有关导数和微分的表达式等价：$f'(x) = y' = \frac{\mathrm{d}y}{\mathrm{d}x} = \frac{\mathrm{d}f}{\mathrm{d}x} = \frac{\mathrm{d}}{\mathrm{d}x}f(x) = \mathrm{D}f(x) = \mathrm{D}_x f(x)$，其中符号 D 和 $\frac{\mathrm{d}}{\mathrm{d}x}$ 称为微分运算符。常见的微分运算有 DC=0（C 为常数）、$\mathrm{D}x^n = nx^{n-1}$（n 为常数）、$\mathrm{De}^x = \mathrm{e}^x$、$\mathrm{D}\ln(x) = \frac{1}{x}$ 等。

如果函数 f 和函数 g 都可导，设 C 为常数，那么

$$\frac{\mathrm{d}}{\mathrm{d}x}[Cf(x)] = C\frac{\mathrm{d}}{\mathrm{d}x}f(x)$$

$$\frac{\mathrm{d}}{\mathrm{d}x}[f(x)+g(x)] = \frac{\mathrm{d}}{\mathrm{d}x}f(x) + \frac{\mathrm{d}}{\mathrm{d}x}g(x)$$

$$\frac{\mathrm{d}}{\mathrm{d}x}[f(x)g(x)] = f(x)\frac{\mathrm{d}}{\mathrm{d}x}[g(x)] + g(x)\frac{\mathrm{d}}{\mathrm{d}x}[f(x)]$$

$$\frac{\mathrm{d}}{\mathrm{d}x}\left[\frac{f(x)}{g(x)}\right]=\frac{g(x)\frac{\mathrm{d}}{\mathrm{d}x}\left[f(x)\right]-f(x)\frac{\mathrm{d}}{\mathrm{d}x}\left[g(x)\right]}{\left[g(x)\right]^2}$$

如果 $y=f(u)$ 和 $u=g(x)$ 都是可导函数，那么依据链式法则，$\frac{\mathrm{d}y}{\mathrm{d}x}=\frac{\mathrm{d}y}{\mathrm{d}u}\frac{\mathrm{d}u}{\mathrm{d}x}$。

2．泰勒展开

函数 f 的泰勒展开式是 $f(x)=\sum_{n=0}^{\infty}\frac{f^{(n)}(\alpha)}{n!}(x-\alpha)^n$，其中 $f^{(n)}$ 为函数 f 的 n 阶导数（求 n 次导数），$n!$为 n 的阶乘。假设 ε 是一个足够小的数，如果将上式中 x 和 α 分别替换成 $x+\varepsilon$ 和 x，则可以得到 $f(x+\varepsilon)\approx f(x)+f'(x)\varepsilon+O(\varepsilon^2)$，由于 ε 足够小，上式也可以简化成 $f(x+\varepsilon)\approx f(x)+f'(x)\varepsilon$。

3．偏导数

设 u 为一个有 n 个自变量的函数，$u=f(x_1,x_2,\cdots,x_n)$，则它有关第 i 个变量 x_i 的偏导数为 $\frac{\partial u}{\partial x_i}=\lim_{h\to 0}\frac{f(x_1,\cdots,x_{i-1},x_i+h,x_{i+1},\cdots,x_n)-f(x_1,\cdots,x_{i-1},x_i,x_{i+1},\cdots,x_n)}{h}$。

以下有关偏导数的表达式等价：$\frac{\partial u}{\partial x_i}=\frac{\partial f}{\partial x_i}=f_{x_i}=f_i=\mathrm{D}_i f=\mathrm{D}_{x_i}f$。为了计算 $\frac{\partial u}{\partial x_i}$，只需将 $x_1,\cdots,x_{i-1},x_{i+1},\cdots,x_n$ 视为常数并求 u 有关 x_i 的导数。

4．梯度

假设函数 $f:\mathbb{R}^n\to\mathbb{R}$ 的输入是一个 n 维向量 $\boldsymbol{x}=[x_1,x_2,\cdots,x_n]^{\mathrm{T}}$，输出是标量。函数 $f(x)$ 有关 $\boldsymbol{x}$ 的梯度是一个由 n 个偏导数组成的向量：$\nabla_{\boldsymbol{x}}f(\boldsymbol{x})=\left[\frac{\partial f(\boldsymbol{x})}{\partial x_1},\frac{\partial f(\boldsymbol{x})}{\partial x_2},\cdots,\frac{\partial f(\boldsymbol{x})}{\partial x_n}\right]^{\mathrm{T}}$。为表示简洁，我们有时用 $\nabla f(\boldsymbol{x})$ 代替 $\nabla_{\boldsymbol{x}}f(\boldsymbol{x})$。假设 $\boldsymbol{x}$ 是一个向量，常见的梯度运算如下。

$$\nabla_{\boldsymbol{x}}\boldsymbol{A}^{\mathrm{T}}\boldsymbol{x}=\boldsymbol{A}$$

$$\nabla_{\boldsymbol{x}}\boldsymbol{x}^{\mathrm{T}}\boldsymbol{A}=\boldsymbol{A}$$

$$\nabla_{\boldsymbol{x}}\boldsymbol{x}^{\mathrm{T}}\boldsymbol{A}\boldsymbol{x}=\left(\boldsymbol{A}+\boldsymbol{A}^{\mathrm{T}}\right)\boldsymbol{x}$$

$$\nabla_{\boldsymbol{x}}\|\boldsymbol{x}\|^2=\nabla_{\boldsymbol{x}}\boldsymbol{x}^{\mathrm{T}}\boldsymbol{x}=2\boldsymbol{x}$$

类似地，假设 $\boldsymbol{X}$ 是一个矩阵，那么 $\nabla_{\boldsymbol{X}}\boldsymbol{X}_{\mathrm{F}}^2=2\boldsymbol{X}$。

5．海森矩阵

假设函数 $f:\mathbb{R}^n\to\mathbb{R}$ 的输入是一个 n 维向量 $\boldsymbol{x}=[x_1,x_2,\cdots,x_n]^{\mathrm{T}}$，输出是标量。假定函数

f 所有的二阶偏导数都存在，则 f 的海森矩阵 $\boldsymbol{H}$ 是一个 n 行 n 列的矩阵：

$$\boldsymbol{H}=\begin{bmatrix} \frac{\partial^2 f}{\partial x_1^2} & \frac{\partial^2 f}{\partial x_1 \partial x_2} & \cdots & \frac{\partial^2 f}{\partial x_1 \partial x_n} \\ \frac{\partial^2 f}{\partial x_2 \partial x_1} & \frac{\partial^2 f}{\partial x_2^2} & \cdots & \frac{\partial^2 f}{\partial x_2 \partial x_n} \\ \vdots & \vdots & & \vdots \\ \frac{\partial^2 f}{\partial x_n \partial x_1} & \frac{\partial^2 f}{\partial x_n \partial x_2} & \cdots & \frac{\partial^2 f}{\partial x_n^2} \end{bmatrix}$$

式中，$\frac{\partial^2 f}{\partial x_i \partial x_j}=\frac{\partial}{\partial x_i}\left(\frac{\partial f}{\partial x_j}\right)$ 为二阶偏导数。

2.1.3 概率

1. 条件概率

假设事件 A 和事件 B 的概率分别为 $P(A)$ 和 $P(B)$，两个事件同时发生的概率记作 $P(A \cap B)$ 或 $P(A,B)$。给定事件 B，事件 A 的条件概率为 $P(A|B)=\frac{P(A \cap B)}{P(B)}$，也就是说 $P(A \cap B)=P(B)P(A|B)=P(A)P(B|A)$。当满足 $P(A \cap B)=P(A)P(B)$ 时，事件 A 和事件 B 相互独立。

2. 期望

离散的随机变量 X 的期望（或平均值）为 $E(X)=\sum_x xP(X=x)$。

3. 均匀分布

假设随机变量 X 服从$[a,b]$上的均匀分布，即 $X \sim U(a,b)$，则随机变量 X 取 a 和 b 之间任意一个数的概率相等。

2.2 数据特征表示

2.2.1 数据特征

在机器学习中，特征是被观测对象的一个独立可观测的属性或特点。例如，识别水果的种类，需要考虑的特征有大小、形状、颜色等。在实际应用中，数据的类型多种多样，如文本、音频、图像、视频等。不同类型的数据，其原始特征（Raw Feature）的空间也不相同。例如，一张灰度图像（像素空间数量为 D）的特征空间为 $[0,255]^D$，一个自然语言句子（长度为 L）的特征空间为 $|V|^L$，其中 V 为词表集合。特征一般用数值表示而非文字等其他形态，

主要是为了处理和统计分析的方便。特征的特点是：有信息量、区别性、独立性。特征背后的思路是通过一个抽象、简化的数学概念来代表复杂的事物。因此在机器学习之前，我们需要将这些不同类型的数据转换为向量表示。

1. 图像特征

图像特征是用于区分一幅图像与另一幅图像的基本信息，用于识别和标记图像的内容。图像特征描述了图像中的相关信息，使其能够与其他图像区分开来。图像特征主要包括颜色特征、纹理特征、形状特征和空间关系特征。这些特征可以分为全局特征（将图像视为整体）和局部特征（针对图像的部分区域）。对于一幅大小为 M 像素 $\times N$ 像素 的图像，其特征向量可以简单表示为 $M \times N$ 维的向量，其中每一维对应图像中相应像素的灰度值。为了提高模型的准确率，还常常引入额外的特征，如直方图、宽高比、笔画数、纹理特征、边缘特征等。假设总共提取了 D 个特征，那么这些特征可以被表示为一个 $\boldsymbol{x} \in \mathbb{R}^D$ 向量。

2. 文本特征

文本特征的考虑主要涉及句子、段落或文章中观察到的词语数量和顺序。在文本情感分类任务中，样本 $\boldsymbol{x}$ 是自然语言文本，类别 $y \in \{+1, -1\}$ 分别表示正面评价或负面评价。为了将样本从文本形式转换为向量形式，一种简单的方法是使用词袋（Bag-of-Words，BoW）模型。词袋模型是一种经典的文本表示方法。正如其名，词袋模型将字符串视为一个“装满词语（词）的袋子”，袋子里的词语是随意排列的。两个词袋的相似程度取决于它们共同出现的词语及其相关分布。例如，对于句子“我们这些傻傻的路痴走啊走，好不容易找到了饭店的西门”。我们首先进行分词，将所有出现的词语储存在一个词表中。然后根据词语是否在词表中出现，将这个句子转换为向量形式：$[1,0,1,1,1,0,0,1,\cdots]$，词表：[我们,你们,走,西门,的,吃饭,旅游,找到了,…]，其中向量的每个维度唯一对应词表中的一个词语。可以看到，这个向量的大部分位置都是 0 值，这种情况被称为“稀疏”。为了减少存储空间，我们可以只储存非零值的位置。词袋模型使用简单、方便、快速，在语料充足的情况下，对于简单的自然语言处理任务效果不错，如文本分类。然而，它的准确性通常较低，对于文本中出现的所有词语都视为同等重要，无法体现不同词语在句子中的重要性差异。并且它无法捕捉词语之间的顺序关系，如在词袋模型中，“武松打老虎”和“老虎打武松”被视为相同。这是词袋模型的缺点之一。

2.2.2 特征工程和特征学习

在机器学习领域，特征学习（或表征学习）是一种将原始数据转换为能够被机器学习并有效开发的数据的一种技术，即如何让机器自动地学习出有效的特征。特征学习在一定程度上可以减少模型复杂性、缩短训练时间、提高模型泛化能力、避免过拟合等。在特征学习算法出现之前，机器学习研究人员需要先利用手动特征工程（Manual Feature Learning）等技术从原始数据的领域知识（Domain Knowledge）中建立特征，再部署相关的机器学习算法。虽然手动特征工程对于应用机器学习很有效，但它很困难、很昂贵、很耗时，并依赖于强大专业知识。特征学习弥补了这一点，它使得机器不仅能学习到数据的特征，还能利用这些特征来完成一个具体的任务。

1. 特征工程

特征工程利用领域知识和现有样本数据，创造出新的特征。特征工程已经是很古老、很常见的话题了，坊间常说：“数据和特征决定了机器学习的上限，而模型和算法只是逼近这个上限。”由此可见，特征工程在机器学习中占有相当重要的地位。在实际应用中，可以说特征工程是机器学习成功的关键。

特征工程就是一个把原始数据转变成特征的过程，这些特征可以很好地描述这些数据，并且利用这些特征建立的模型在未知数据上的表现性能可以达到最优（或接近最优性能）。从数学的角度来看，特征工程就是人工地去设计输入变量 $\boldsymbol{x}$，目的是获取更好的训练数据，提升模型的性能。特征工程更是一门艺术，和编程一样。导致许多机器学习项目成功和失败的主要因素就是使用了不同的特征。

数据的特征会直接影响模型的预测性能。“选择的特征越好，最终得到的性能就越好。”这句话说得没错，但也会造成误解。事实上，得到的实验结果取决于选择的模型、获取的数据及使用的特征，甚至问题的形式和用来评估精度的客观方法。此外，实验结果还受到许多相互依赖的特征的影响，我们需要的是能够很好地描述数据内部结构的好特征。特征选得好，即使是一般的模型（或算法）也能获得很好的性能，因为大多数模型（或算法）在好的数据特征下表现的性能都还不错。好特征的灵活性在于允许选择不复杂的模型，同时运行速度更快，更容易理解和维护。有了好的特征，即便参数不是最优的，模型性能仍然会表现得很好，所以就不需要花太多的时间去寻找最优参数，这大大降低了模型的复杂度，使模型趋于简单。

大家通常会把特征工程视为一个问题。事实上，在特征工程下面，还有许多的子问题，主要包括特征选择（Feature Selection）、特征提取（Feature Extraction）和特征构建（Feature Construction）。下面对这 3 个子问题进行详细介绍。

1）特征选择

特征选择的目的是从特征集合中挑选一组最具统计意义的特征子集，从而达到降维的效果。进行特征选择是因为这些特征对于目标类别的作用并不是相等的，一些无关的特征需要删掉。进行特征选择的方法有多种，特征子集选择的方法属于筛选器（Filter）方法，它主要侧重于单个特征与目标类别的相关性。其优点是计算时间较短，对于过拟合问题具有较高的健壮性；缺点是倾向于选择冗余的特征，因为不会考虑特征之间的相关性，有可能某一个特征的分类能力很差，但是它和某些其他特征组合起来会得到不错的效果。特征子集选择的方法还有封装器（Wrapper）方法和集成（Embeded）方法。封装器实质上是一个分类器，它用选择的特征子集对样本集进行分类，将分类的精度作为衡量特征子集好坏的标准，经过比较选出最好的特征子集。常用的封装器方法有逐步回归（Stepwise Regression）方法、向前选择（Forward Selection）方法和向后选择（Backward Selection）方法。封装器方法的优点是考虑了特征与特征之间的相关性；缺点是当特征数量较少时容易过拟合，而当特征数量较多时，计算时间会增长。集成方法是指学习器自主选择特征，如使用正则化思想进行特征选择，或者使用决策树思想。

综上所述，特征选择过程一般包括产生过程、评价函数、停止准则、验证过程 4 个部分，如图 2-2 所示。

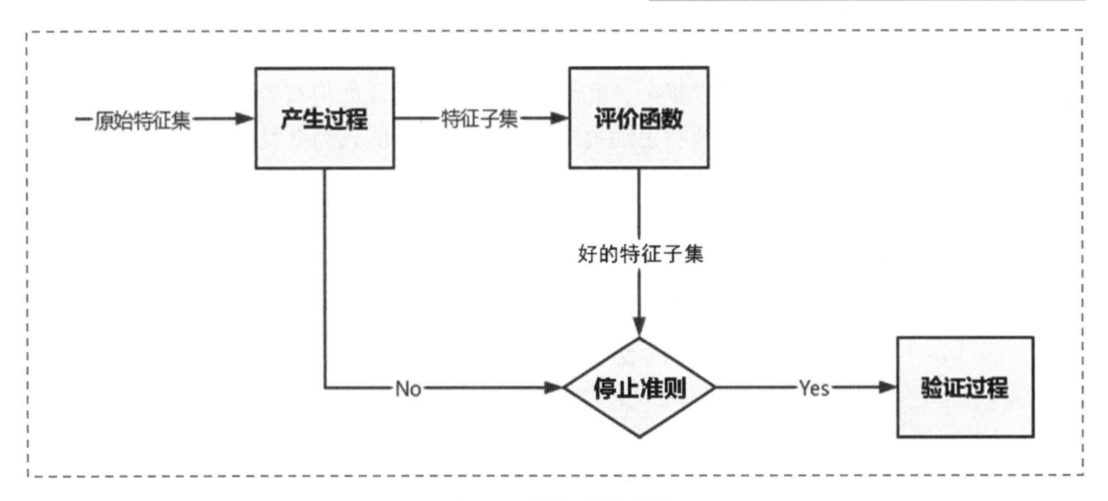

图 2-2　特征选择过程

（1）产生过程（Generation Procedure）：产生过程是搜索特征子集的过程，负责为评价函数提供特征子集。

（2）评价函数（Evaluation Function）：评价函数是评价一个特征子集好坏程度的准则。

（3）停止准则（Stopping Criterion）：停止准则是与评价函数相关的，一般是一个阈值，当评价函数值达到这个阈值后就可停止搜索。

（4）验证过程（Validation Procedure）：在验证集上验证选出来的特征子集的有效性。

2）特征提取

原则上来讲，特征提取应该在特征选择之前。特征提取的对象是原始数据（Raw Data），它的目的是自动地构建新的特征，将原始特征转换为一组具有明显物理意义（几何特征、纹理）或统计意义的特征。例如，通过变换特征取值来减少原始数据中某个特征的取值个数等。对于表格数据，可以在设计的特征矩阵上使用主要成分分析（Principal Component Analysis，PCA）方法来进行特征提取从而构建新的特征。对于图像数据，可能还包括了线或边缘检测，常用的特征提取方法有 PCA、ICA（Independent Component Analysis，独立成分分析）、LDA（Linear Discriminant Analysis，线性判别分析）。对于图像识别，还可以使用 SIFT（Scale Invariant Feature Transform，尺度不变特征转换）方法。

3）特征构建

特征构建指的是从原始数据中人工地构建新的特征。人们花大量的时间去研究真实的数据样本，思考问题的潜在形式和数据结构，以便更好地应用到预测模型中。特征构建需要很强的洞察力和分析能力，要求能够从原始数据中找出一些具有物理意义的特征。假设原始数据是表格数据，那么一般可以使用混合特征或组合特征来构建新的特征，或者分解或切分原有的特征来构建新的特征。

2. 特征学习

特征学习是学习一个特征的技术的集合，可以将原始数据转换为能够被机器学习模型处理的数学表达式。它避免了手动提取特征的麻烦，允许机器在学习使用特征的同时，学习如何提取特征和如何学习。机器学习任务，如分类问题，通常要求输入在数学上或在计算上都非常便于处理，在这样的前提下，特征学习应运而生。然而，在现实世界中的数据，如图片、视频，以及传感器的测量值都非常复杂、冗余且多变。那么，如何有效地提取出特征并且将其表达出来就显得非常重要。传统的手动提取特征需要大量的人力并且依赖于非常专业的知识，还不易于推广。这就要求特征学习技术的整体设计非常有效、自动化，并且易于推广。特征学习中最关键的问题是：如何评价一个特征是否比另一个特征好？特征的选择通常取决于随后的学习任务，即一个好的特征应该使随后任务的学习变得更容易。

举个简单的例子，假设我们有 $\{\boldsymbol{x},\boldsymbol{y}\}$ ，想要寻找 $\boldsymbol{x}$ 与 $\boldsymbol{y}$ 之间的关系。

$$\boldsymbol{x}=\begin{bmatrix}1 & 2 & 1 & 0\\ 2 & 3 & 2 & 1\\ 1 & 6 & 1 & 4\\ 0 & 0 & 0 & 1\\ 1 & 1 & 1 & 17\end{bmatrix} \qquad \boldsymbol{y}=\begin{bmatrix}6\\ 10\\ 14\\ 18\\ 22\end{bmatrix}$$

如果直接观察矩阵 $\boldsymbol{x}$，其实它是比较复杂的，无法直接发现它与 $\boldsymbol{y}$ 之间的关系。但是将矩阵 $\boldsymbol{x}$ 每行相加后，得到的结果是 $[4,8,12,16,20]^{\mathrm{T}}$ ，就可以直接看出 $\boldsymbol{x}$ 与 $\boldsymbol{y}$ 之间的关系是 $\boldsymbol{y}=\boldsymbol{x}+2$ 。这个例子说明了：同样数据的不同特征，会直接决定后续任务的难易程度，因此找到好的数据特征往往是机器学习的核心任务。值得注意的是，在现实情况中提取到的特征往往是很复杂的。对于高维矩阵，提取到的特征也往往是高维矩阵。这个例子仅供抛砖引玉，特征学习不等于维度压缩或特征选择。

2.3 评价指标

评价指标是针对将相同的数据输入不同的算法模型，或者输入不同参数的同一种算法模型，而判断这个算法模型或参数好坏的定量指标。在模型评价过程中，往往需要使用多种不同的指标进行评价，在诸多的评价指标中，大部分指标只能片面地反映模型的一部分性能。如果不能合理地运用评价指标，那么不仅不能发现模型本身的问题，还会得出错误的结论。

下面将详细介绍机器学习分类任务的常用评价指标：准确率（Accuracy）、精确率（Precision）、召回率（Recall）、*P-R* 曲线（Precision-Recall Curve）、F_1-Score、ROC、AUC、混淆矩阵（Confuse Matrix）。

1. 准确率

准确率是分类问题中原始的评价指标。准确率的定义是预测正确的样本占总样本的百分比，其公式为

$$\text{Accuracy}=\frac{\text{TP}+\text{TN}}{\text{TP}+\text{TN}+\text{FP}+\text{FN}}$$

其中：

- 真正例（True Positive，TP）：被模型预测为正的正样本；
- 假正例（False Positive，FP）：被模型预测为正的负样本；

- 假负例（False Negative，FN）：被模型预测为负的正样本；
- 真负例（True Negative，TN）：被模型预测为负的负样本。

用准确率评价模型有一个明显的弊端，那就是在数据的类别不均衡，特别是有极偏数据存在的情况下，准确率这个评价指标是不能客观评价模型的好坏的。例如，下面这个例子。

在测试集中，有 100 个样本，其中包括 99 个反样本，1 个正样本。如果模型对任意一个样本都预测为反样本，那么模型的准确率就为 0.99。从数值上看是非常不错的，但事实上，这样的模型没有任何的预测能力。于是应该考虑是不是评价指标出了问题，这时就需要使用其他的评价指标进行综合评价了。

2．精确率和召回率

精确率又叫查准率，它是针对预测结果而言的，它的含义是在所有被预测为正的样本中实际为正的样本的概率，意思就是在预测为正样本的结果中，我们有多少把握可以预测正确，其公式为

$$\text{Precision} = \frac{\text{TP}}{\text{TP} + \text{FP}}$$

精确率和准确率看上去有些相似，但它们是完全不同的两个概念。精确率代表对正样本的预测准确程度；准确率则代表对整体的预测准确程度，既包括正样本，又包括负样本。

召回率又叫查全率，它是针对原样本而言的，它的含义是在实际为正的样本中被预测为正样本的概率，其公式为

$$\text{Recall} = \frac{\text{TP}}{\text{TP} + \text{FN}}$$

在不同的应用场景下，关注点是不同的。例如，在预测股票的时候，更关注的是精确率，即预测上涨的那些股票中，具体涨了多少。而在预测病患的场景下，更关注的是召回率，即在病患中预测错了的情况应该越少越好。

精确率和召回率是一对此消彼长的度量。例如，在推送系统中，要想让推送的内容尽可能用户全都感兴趣，那就只能推送把握高的内容，这样就漏掉了一些用户感兴趣的内容，召回率就低了；要想让用户感兴趣的内容都被推送，那就只能将所有内容都推送上，这样精确率就低了。

在实际工程中，往往需要结合两个甚至多个评价指标的结果，去寻找一个平衡点，使综合性能最大化。

3．*P-R* 曲线

P-R 曲线是描述精确率-召回率变化的曲线。*P-R* 曲线定义如下：根据学习器的预测结果（一般为一个实值或概率）对测试样本进行排序，将最可能是“正例”的样本排在前面，最不可能是“正例”的样本排在后面，按此顺序逐个把样本作为“正例”进行预测，每次计算出当前的 P 值（精确率）和 R 值（召回率），如图 2-3 所示。

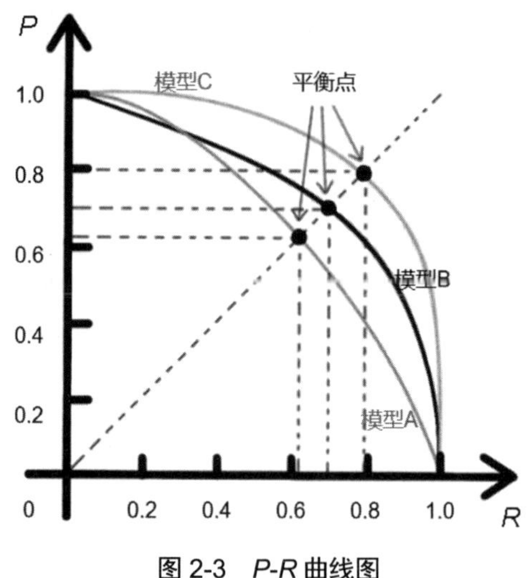

图 2-3　*P-R* 曲线图

P-R 曲线如何评估呢？若一个模型 A 的 *P-R* 曲线被另一个模型 B 的 *P-R* 曲线完全包住，则称模型 B 的性能优于模型 A。若模型 A 和模型 B 的 *P-R* 曲线发生了交叉，则谁的 *P-R* 曲线下的面积大，谁的性能更优。但一般来说，*P-R* 曲线下的面积是很难进行估算的，所以衍生出了“平衡点”（Break-Event Point，BEP），即 *P*=*R* 时的取值，平衡点的取值越高，性能越优。

4．F_1-Score

F -Score 是精确率和召回率的加权调和平均，正如前面所述，精确率和召回率是此消彼长的，即精确率高了，召回率就低，在一些场景下要兼顾精确率和召回率，常见的方法就是 *F*-Measure，又称 *F*-Score，即

$$\frac{1}{F_\beta\text{-Score}} = \frac{1}{1+\beta^2}\cdot\left(\frac{1}{P}+\frac{\beta^2}{R}\right)$$

$$F_\beta\text{-Score} = \frac{\left(1+\beta^2\right)\times P\times R}{\left(\beta^2\times P\right)+R}$$

特别地，当 β=1 时，也就是常见的 F_1-Score。当 F_1-Score 越高时，模型的性能越好。

$$\frac{1}{F_1\text{-Score}} = \frac{1}{2}\cdot\left(\frac{1}{P}+\frac{1}{R}\right)$$

$$F_1\text{-Score} = \frac{2\times P\times R}{P+R} = \frac{2\times\text{TP}}{\text{样本总数}+\text{TP}-\text{TN}}$$

5．ROC

ROC 及后面要讲到的 AUC 是分类任务中非常常用的评价指标。以上已经有了很多评价指标，那为什么还要使用 ROC 和 AUC 呢？因为 ROC 有个很好的特性，即当测试集中的正

负样本的分布发生变化的时候，ROC 能够保持不变。在实际的数据集中经常会出现类别不均衡（Class Imbalance）现象，即负样本比正样本多很多（或相反），而且正负样本的分布可能随着时间变化。ROC 及 AUC 可以很好地消除样本类别不均衡对指标结果产生的影响。此外，ROC 和 *P-R* 曲线一样，是一种不依赖于阈值（Threshold）的评价指标。在输出为概率分布的分类模型中，当使用准确率、精确率、召回率作为评价指标进行模型对比时，都必须基于某一个给定阈值，对于不同的阈值，各模型的指标结果会有所不同，这样就很难得出一个置信水平高的结果。

在介绍 ROC 前，先介绍两个指标，这两个指标的选择使得 ROC 可以无视样本的类别不均衡。这两个指标分别是灵敏度（Sensitivity）和特异度（Specificity），也称为真正率（TPR）和假正率（FPR），具体公式如下。

- 真正率（True Positive Rate，TPR）：

$$\text{TPR}=\frac{\text{正样本预测正确数}}{\text{正样本总数}}=\frac{\text{TP}}{\text{TP}+\text{FN}}$$

可以发现真正率和召回率是一模一样的，只是名称不同。

- 假负率（False Negative Rate，FNR）：

$$\text{FNR}=\frac{\text{正样本预测错误数}}{\text{正样本总数}}=\frac{\text{FN}}{\text{TP}+\text{FN}}$$

- 假正率（False Positive Rate，FPR）：

$$\text{FPR}=\frac{\text{负样本预测错误数}}{\text{负样本总数}}=\frac{\text{FP}}{\text{TN}+\text{FP}}$$

- 真负率（True Negative Rate，TNR）：

$$\text{TNR}=\frac{\text{负样本预测正确数}}{\text{负样本总数}}=\frac{\text{TN}}{\text{TN}+\text{FP}}$$

从上述公式可以看出，真正率 TPR 是正样本的召回率，真负率 TNR 是负样本的召回率，而假负率 $\text{FNR}=1-\text{TPR}$、假正率 $\text{FPR}=1-\text{TNR}$，上述 4 个量都是针对单一类别的预测结果而言的，所以对整体样本类别是否均衡并不敏感。

例如，假设总样本中，90%是正样本，10%是负样本。在这种情况下，如果使用准确率进行评价是不科学的，但是用 TPR 和 TNR 是可以的，因为 TPR 只关注 90%的正样本中有多少是被预测正确的，与那 10%的负样本毫无关系，同理，TNR 只关注 10%的负样本中有多少是被预测错误的，与那 90%的正样本毫无关系。这样就避免了样本类别不均衡的问题。

ROC 曲线又称接收者操作特征曲线。该曲线最早应用于雷达信号检测领域，用于区分信号与噪声。后来人们将其用于评价模型的预测能力。ROC 曲线中的两个主要指标是真正率 TPR 和假正率 FPR，上面已经解释了这么选择的好处所在。ROC 曲线图如图 2-4 所示，其中横坐标为假正率（FPR），纵坐标为真正率（TPR）。

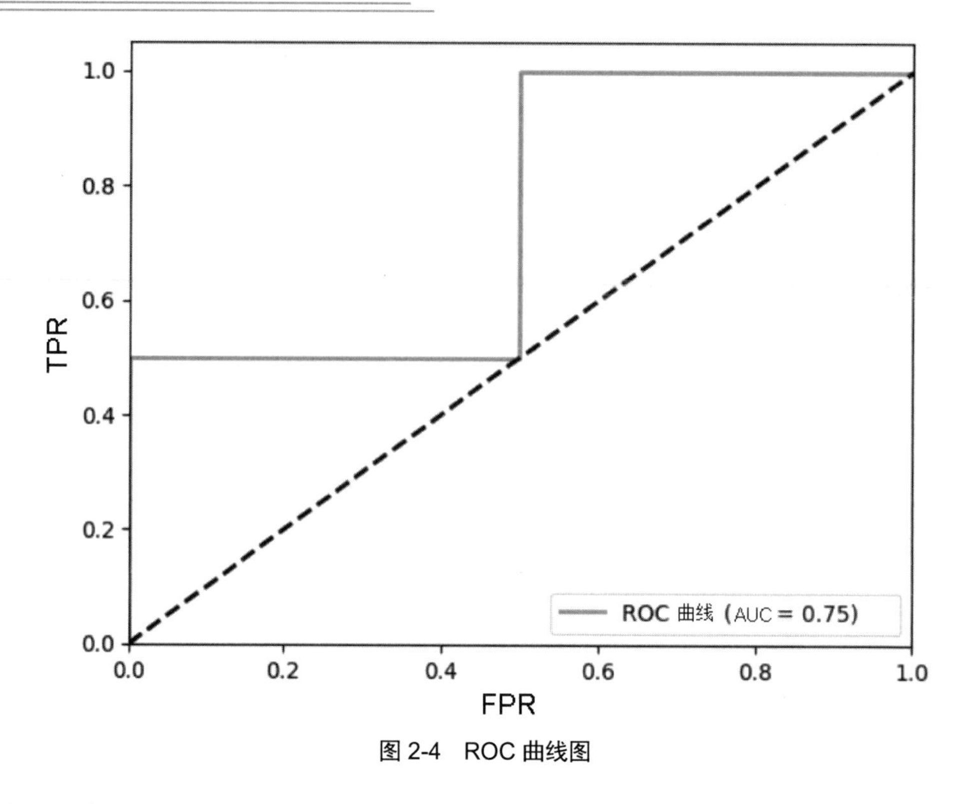

图 2-4　ROC 曲线图

6. AUC

AUC（Area Under Curve）是一个模型评价指标，只能够用于二分类模型的评价。因为很多机器学习模型对分类问题的预测结果都是概率，当要计算准确率时，需要先将概率转换成类别，这就需要手动设置一个阈值，如果对一个样本的预测概率高于这个阈值，就把这个样本放在一个类别中；如果低于这个阈值，就放在另一个类别中。阈值在很大程度上影响了准确率的计算，使用 AUC 可以避免将预测概率转换成类别。

在比较不同的分类模型时，可以将每个模型的 ROC 曲线都画出来，用 AUC 作为评价模型优劣的指标。AUC 即 ROC 曲线下方的面积。AUC 值越大的分类模型，分类正确率越高。AUC 曲线图如图 2-5 所示。

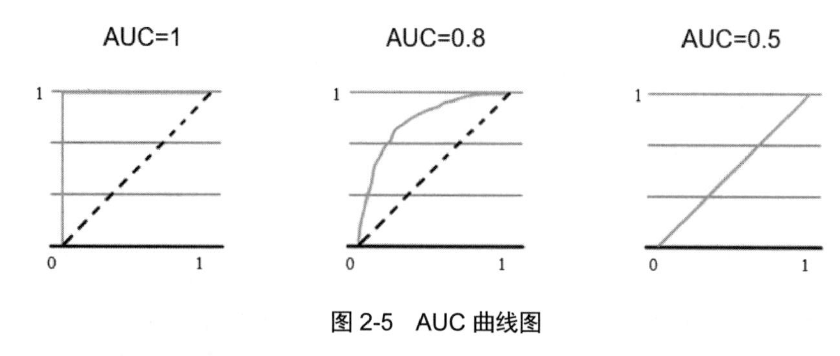

图 2-5　AUC 曲线图

根据 AUC 判断分类模型（预测模型）优劣的标准：AUC=1，该模型是完美分类模型，当采用这个分类模型时，至少存在一个阈值能得出完美预测结果。对于绝大多数预测场合，不存在完美分类模型。在二分类任务中，$0.5 < AUC < 1$，分类模型优于随机猜测。这个分类模型妥善设定阈值的话，能有预测价值。AUC=0.5，分类模型与随机猜测一样（如丢铜板），这个分类模型没有预测价值。$AUC < 0.5$，分类模型比随机猜测还差，但如果总是"反预测而行"，就优于随机猜测。

7. 混淆矩阵

混淆矩阵又称为错误矩阵，它可以直观地反映算法的效果。混淆矩阵的每一行表示样本的真实分类，每一列表示样本的预测分类（也可以用行表示样本的预测分类，用列表示样本的真实分类），反映出分类结果的混淆程度。混淆矩阵第 i 行第 j 列表示属于 i 类别的样本被分为 j 类别的样本个数，计算完之后可以对混淆矩阵进行可视化，如图 2-6 所示。

此外，交叉验证（Cross-Validation）是一种比较好的衡量机器学习模型的统计分析方法，可以有效避免划分训练集和测试集时的随机性对评价结果造成的影响。我们可以把原始数据集平均分为 K（K 一般大于 3）组不重复的子集。每次选 $K-1$ 组子集作为训练集，剩下的一组子集作为验证集。这样可以进行 K 次试验并得到 K 个模型，将这 K 个模型在各自验证集上的错误率的平均值作为模型的评价指标。

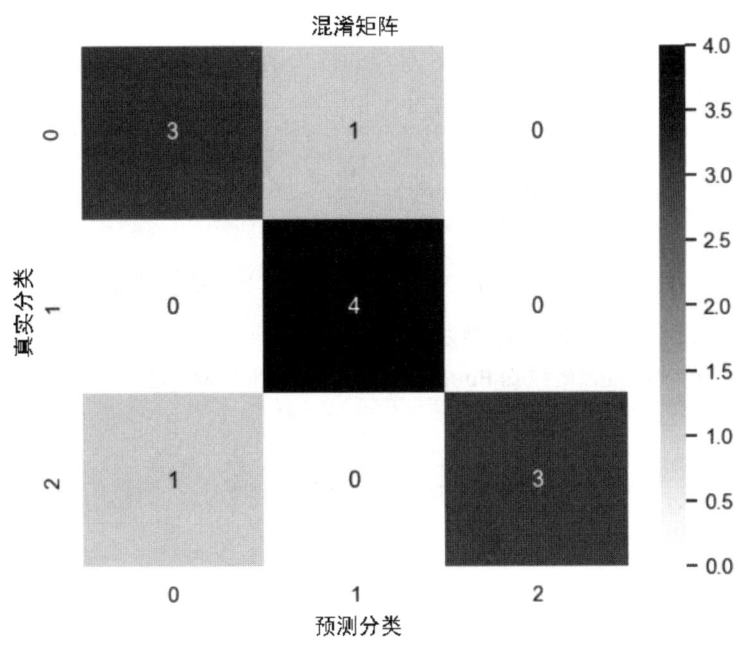

图 2-6　混淆矩阵可视图

2.4　损失函数

前面介绍了损失函数的含义，下面我们将介绍具体的损失函数。常见损失函数曲线图如图 2-7 所示。

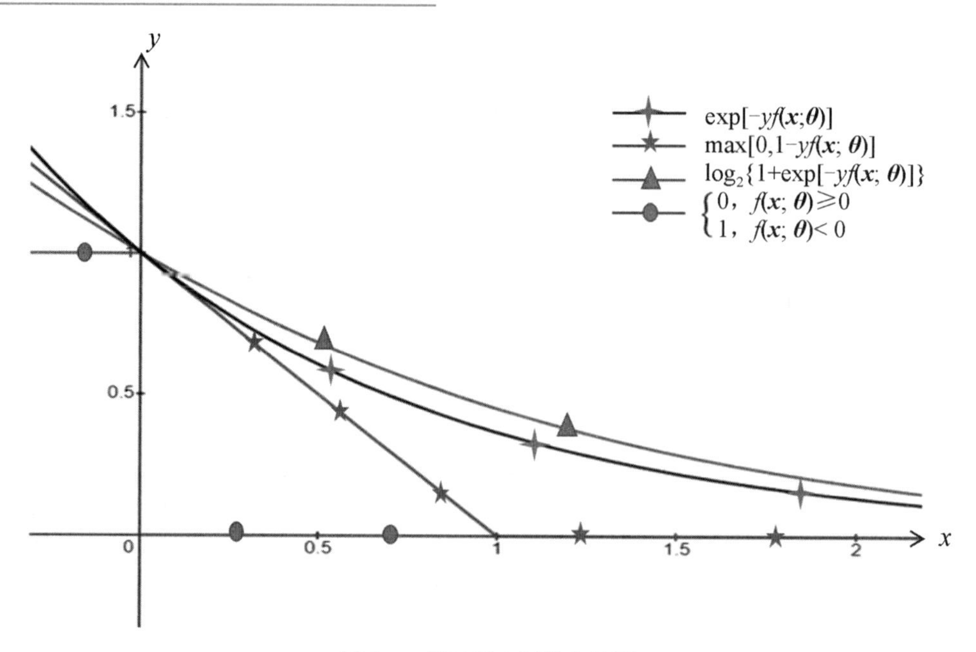

图 2-7 常见损失函数曲线图

0-1 损失函数（0-1 Loss Function）：最直观的损失函数是模型在训练集上的错误率，即预测值和目标值不相等，函数值为 1，否则为 0。

$$\mathcal{L}\left(y,f\left(\boldsymbol{x};\boldsymbol{\theta}\right)\right)=\begin{cases}0, & y=f\left(\boldsymbol{x};\boldsymbol{\theta}\right)\\1, & y\neq f\left(\boldsymbol{x};\boldsymbol{\theta}\right)\end{cases}$$

式中，$f\left(\boldsymbol{x};\boldsymbol{\theta}\right)$为模型输出结果；$y$ 为真实标签。虽然 0-1 损失函数能够直接对应分类判断错误的个数，但其不连续且导数为 0，难以优化，因此经常用连续可微的损失函数替代。

平方损失函数（Quadratic Loss Function）：经常用在预测标签为实数值的任务中，定义如下。

$$\mathcal{L}\left(y,f\left(\boldsymbol{x};\boldsymbol{\theta}\right)\right)=\frac{1}{2}\left(y-f\left(\boldsymbol{x};\boldsymbol{\theta}\right)\right)^2$$

平方损失函数一般适用于回归问题，不适用于分类问题。

指数损失函数（Exp-Loss Function）：经常用在 AdaBoost 算法中，对离群点、噪声非常敏感。其标准形式如下。

$$\mathcal{L}\left(y,f\left(\boldsymbol{x};\boldsymbol{\theta}\right)\right)=\exp\left[-yf\left(\boldsymbol{x};\boldsymbol{\theta}\right)\right]$$

交叉熵损失函数（Cross-Entropy Loss Function）：一般用于分类问题。假设样本的标签 $y\in\{1,2,\cdots,C\}$ 为离散的类别，模型 $f\left(\boldsymbol{x};\boldsymbol{\theta}\right)\in\left[0,1\right]^C$ 的输出为类别标签的条件概率分布，即

$$p(y=c\mid\boldsymbol{x};\boldsymbol{\theta})=f_c\left(\boldsymbol{x};\boldsymbol{\theta}\right)$$

并满足

$$f_c\left(\boldsymbol{x};\boldsymbol{\theta}\right)\in\left[0,1\right],\ \sum_{c=1}^{C}f_c\left(\boldsymbol{x};\boldsymbol{\theta}\right)=1$$

我们可以用一个 C 维的 One-hot 向量 $\boldsymbol{y}$ 来表示样本的标签。One-hot 向量又称独热向量，是指使用 N 位 0 或 1 来对 N 个状态进行编码，每个状态都有它独立的表示形式，并且其中只有一位为 1，其他位都为 0。假设样本的标签向量为 $\boldsymbol{y}$，那么标签向量只有第 k 维的值为 1，其余元素的值都为 0。当使用 Sigmoid 函数作为激活函数的时候，常用交叉熵损失函数而不用平方损失函数，因为交叉熵损失函数可以完美解决平方损失函数权重更新过慢的问题，具有“误差大的时候，权重更新快；误差小的时候，权重更新慢”的良好性质。

对于两个概率分布，一般可以用交叉熵来衡量它们的差异。标签的真实分布 $\boldsymbol{y}$ 和模型预测分布 $f\left(\boldsymbol{x};\boldsymbol{\theta}\right)$ 之间的交叉熵为

$$\begin{aligned}\mathcal{L}\left(\boldsymbol{y},f\left(\boldsymbol{x};\boldsymbol{\theta}\right)\right)&=-\boldsymbol{y}^{\mathrm{T}}\lg f\left(\boldsymbol{x};\boldsymbol{\theta}\right)\\&=-\sum_{c=1}^{C}y_c\lg f_c\left(\boldsymbol{x};\boldsymbol{\theta}\right)\end{aligned}\tag{2-1}$$

例如，对于四分类问题，一个样本的标签向量为 $\boldsymbol{y}=\left[0,0,1,0\right]^{\mathrm{T}}$，模型预测的标签分布为 $f(\boldsymbol{x};\boldsymbol{\theta})$=[0.1,0.2,0.5,0.2]，则它们的交叉熵为 $-\left(0\times\lg\left(0.1\right)+0\times\lg\left(0.2\right)+1\times\lg\left(0.5\right)+0\times\lg\left(0.2\right)\right)=-\lg\left(0.5\right)$。

因为 $\boldsymbol{y}$ 为 One-hot 向量，所以式（2-1）也可以写为

$$\mathcal{L}\left(\boldsymbol{y},f\left(\boldsymbol{x};\boldsymbol{\theta}\right)\right)=-\lg f_y\left(\boldsymbol{x};\boldsymbol{\theta}\right)$$

式中，$f_y\left(\boldsymbol{x};\boldsymbol{\theta}\right)$ 可以看作真实类别 y 的似然函数。因此，交叉熵损失函数就是负对数似然函数（Negative Log-Likelihood）。

Hinge 损失函数（Hinge Loss Function）：对于二分类问题，假设 y 的取值为 $\{-1,+1\}$，$f\left(\boldsymbol{x};\boldsymbol{\theta}\right)\in\mathbb{R}$。Hinge 损失函数如下。

$$\mathcal{L}\left(y,f\left(\boldsymbol{x};\boldsymbol{\theta}\right)\right)=\max\left(0,1-yf\left(\boldsymbol{x};\boldsymbol{\theta}\right)\right)\triangleq\left[1-yf\left(\boldsymbol{x};\boldsymbol{\theta}\right)\right]_+$$

式中，$\left[x\right]_+=\max\left(0,x\right)$。Hinge 损失函数表示如果被分类正确，则损失为 0，否则损失为 $1-yf\left(\boldsymbol{x};\boldsymbol{\theta}\right)$，支持向量机模型就使用了这个损失函数。该损失函数的健壮性相对较好，对异常点、噪声不敏感，但它的概率解释不太好。

第 3 章　典型线性模型

学习了第 2 章的内容后，我们对机器学习的基本概念有了初步了解。在本章中，我们将探讨机器学习中最基础的模型之一：线性模型。

本章将介绍一些典型的线性模型，包括线性回归模型、逻辑回归模型、朴素贝叶斯模型、决策树模型、支持向量机模型、KNN 模型及随机森林模型。通过学习这些模型，我们将深入地理解机器学习模型的工作原理和应用场景。本章思维导图如图 3-1 所示。

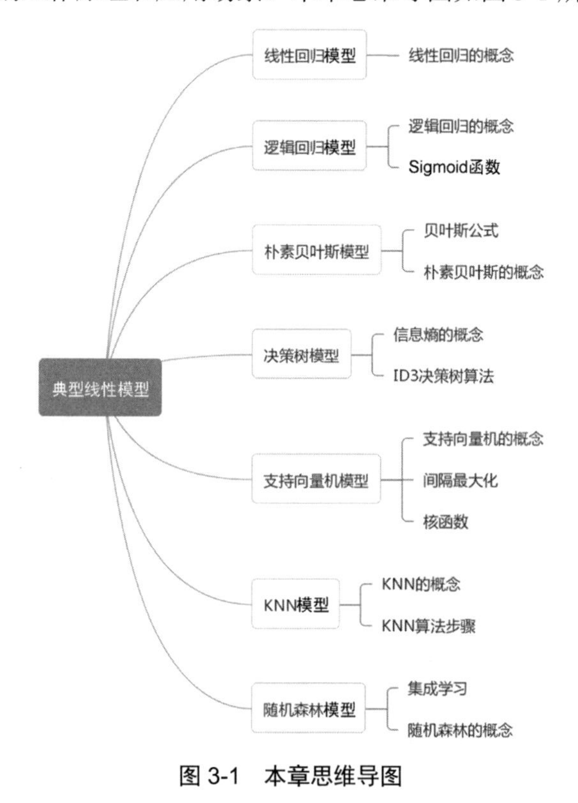

图 3-1　本章思维导图

3.1　线性回归模型

3.1.1　线性回归的概念

前面的章节中提到了线性回归的假设函数，本章中我们将对其进行更详细的学习。让我们先来了解一下“线性回归”。如果你是第 1 次接触这个词，不用担心，我们可以将其分解开来理解。其中，“线性”代表着线性模型，那么什么是线性模型呢？实际上，在解决应用题时，已经在使用线性模型算法的步骤了。例如，在解决一个关于距离的问题时，如果小明的速度是 5 米/秒，那 1 秒后，小明走了多远？这就是简单的线性模型，也就是我们熟悉的一元一次函数（$y=kx+b$）。“回归”则表示我们解决的是回归问题，因此将线性模型用于解决回归问题就构成了线性回归。

那么什么是回归问题呢？如果我们追溯“回归”一词的起源，会发现它最早是由英国科学家弗朗西斯·高尔顿提出的。1875 年，高尔顿通过研究豌豆的遗传规律，利用子代豌豆与父代豌豆的关系来确定豌豆的尺寸。他的实验表明：非常矮小的父代倾向于有偏高的子代，而非常高大的父代倾向于有偏矮的子代。这表明子代的身高倾向于回退到父代身高的平均值。后来，人们将这种研究方法称为“回归预测”。

换句话说，回归问题是指我们预测的是一个连续的数值，而不是一个类别。例如，我们可以利用波士顿的房价数据来预测那些未被记录的房屋的价格。价格是一个连续的数值。当然，房价预测也可以被转化为分类问题，首先将价格分成多个区间，然后预测未被记录的房屋所属的区间，这就属于分类问题了。

有些人可能会想，如何用一元一次函数来解决房价的问题呢？考虑到房价受许多因素影响，一元一次函数可能不足以胜任。然而，实际上是可以的。通过训练，计算机会努力寻找一个值，即使得所有“训练集”中真实价格与计算机预测价格之间的差距最小的那条线。当然，这样做可能会导致很大的误差。因此，我们给影响房价的每个因素赋予一个权重，以表示该因素的“重要性”。接下来，让我们看一下线性回归模型的一般表达式。

$$y = \boldsymbol{W}^{\mathrm{T}}\boldsymbol{X} + b$$

式中，$\boldsymbol{W}^{\mathrm{T}}$ 表示一个张量，也就是权重的转置；$\boldsymbol{X}$ 表示影响因素张量；b 是一个偏置标量。

当我们只使用一个自变量 x 来预测因变量 y 时，这种线性回归称为一元线性回归。这意味着数据集的目标值只与一种特征有关，我们可以通过一条直线来拟合这些数据。说了这么多，图表可能更能形象地表达。例如，下面有一组数据点构成的散点图，线性回归的目标就是找到一条直线，使其尽可能地拟合图中的数据点，如图 3-2 所示。

了解了上述理论知识后，可以开始着手实现第 1 个机器学习算法模型了。在这个模型中，将使用波士顿房价数据集。完成这个模型后，就能够利用它来预测波士顿的房价了。

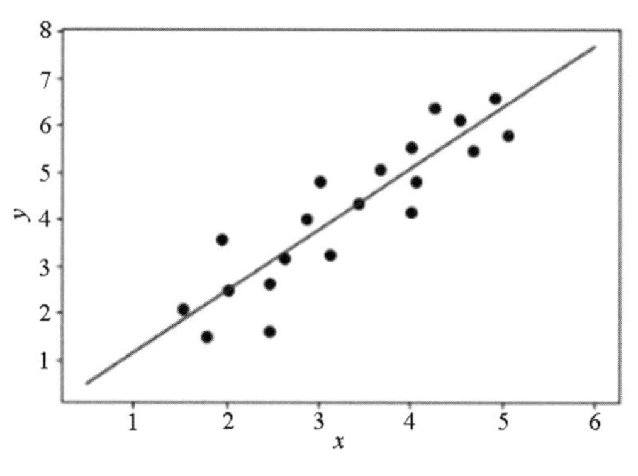

图 3-2　一元线性拟合

3.1.2 线性回归模型的代码实现

第 1 步，我们需要导入所需的包。幸运的是，sklearn 库已经包含波士顿房价数据集，因此只需要导入该数据集的包即可。此外，sklearn 还内置了线性回归模型、数据集划分模块和均方差评价指标，可以直接导入并使用它们。

```
1. from sklearn import datasets  #导入 sklearn 中的数据集
2. from sklearn.model_selection import train_test_split #导入数据集划分模块
3. from sklearn.linear_model import LinearRegression #导入线性回归模型
4. from sklearn.metrics import mean_squared_error #导入均方差评价指标
```

第 2 步，首先加载数据集，然后查看数据集描述和数据集键值对，通过数据集描述就可以知道各个特征值代表什么含义，最后查看特征值和目标值的形状。

```
1. #加载波士顿房价数据集
2. boston_data=datasets.load_boston()
3. #获取波士顿房价数据集的特征值
4. bonston_x=boston_data.data
5. #获取波士顿房价数据集的目标值
6. bonston_y=boston_data.target
7. #查看数据集键值对
8. print(boston_data.keys())
9. #查看数据集描述
10. print(boston_data.DESCR)
11. #查看数据集特征值形状，可以看出有 506 个样本，每个样本有 13 个特征
12. print(bonston_x.shape)
13. #查看数据集目标值形状，有 506 个目标值，可以发现没有缺失值
14. print(bonston_y.shape)
```

上述代码的输出结果如下所示，通过结果可以知道共有 506 个样本，特征向量维度为 13，也就是说房价有 13 个影响因素。

```
1. dict_keys(['data','target','feature_names','DESCR','filename','data_module'])
2. .. _boston_dataset:
3.
4. Boston house prices dataset
5. ---------------------------
6.
7. **Data Set Characteristics:**
8.
9.     :Number of Instances: 506
10.
11.     :Number of Attributes: 13 numeric/categorical predictive. Median Value (attribute 14) is usually the target.
12.
13.     :Attribute Information (in order):
14.         - CRIM     per capita crime rate by town
```

```
15.         - ZN       proportion of residential land zoned for lots over 25,000 sq.ft.
16.         - INDUS    proportion of non-retail business acres per town
17.         - CHAS     Charles River dummy variable (= 1 if tract bounds river; 0 otherwise)
18.         - NOX      nitric oxides concentration (parts per 10 million)
19.         - RM       average number of rooms per dwelling
20.         - AGE      proportion of owner-occupied units built prior to 1940
21.         - DIS      weighted distances to five Boston employment centres
22.         - RAD      index of accessibility to radial highways
23.         - TAX      full-value property-tax rate per $10,000
24.         - PTRATIO  pupil-teacher ratio by town
25.         - B        1000(Bk - 0.63)^2 where Bk is the proportion of black people by town
26.         - LSTAT    % lower status of the population
27.         - MEDV     Median value of owner-occupied homes in $1000's
28.
29.     :Missing Attribute Values: None
30.
31.     :Creator: Harrison,D. and Rubinfeld,D.L.
32.
33. This is a copy of UCI ML housing dataset.
34. https://archive.ics.uci.edu/ml/ma**ine-learning-databases/housing/
35.
36.
37. This dataset was taken from the StatLib library which is maintained at Carnegie Mellon University.
38.
39. The Boston house-price data of Harrison,D. and Rubinfeld,D.L. 'Hedonic
40. prices and the demand for clean air',J. Environ. Economics & Management,
41. vol.5,81-102,1978.   Used in Belsley,Kuh & Welsch,'Regression diagnostics
42. ...',Wiley,1980.   N.B. Various transformations are used in the table on
43. pages 244-261 of the latter.
44.
45. The Boston house-price data has been used in many machine learning papers that address regression
46. problems.
47.
48. .. topic:: References
49.
50 .      - Belsley,Kuh & Welsch,'Regression diagnostics: Identifying Influential Data and Sources of Collinearity', Wiley,1980. 244-261.
51.     - Quinlan,R. (1993). Combining Instance-Based and Model-Based Learning. In Proceedings on the Tenth International Conference of Machine Learning,236-243,University of Massachusetts,Amherst. Morgan Kaufmann.
52. (506,13)
53. (506,)
```

第 3 步，划分训练集和测试集，其中测试集占数据集的 20%。

```
1. #对数据集进行划分，其中测试集占数据集的 20%
```

```
2. features_train,features_test,target_train,target_test =train_test_split(bonston_x,bonston_y,test_size=0.2)
```

第 4 步，实例化模型并进行训练。

```
1. #实例化模型
2. model =LinearRegression()
3. #进行模型训练
4. model.fit(features_train,target_train)
```

第 5 步，对测试集进行预测，并输出预测目标值和真实目标值，从而直观地感受预测目标值与真实目标值的差距。

```
1. #进行预测
2. target_test_predict=model.predict(features_test)
3. #查看预测目标值
4. print(target_test_predict)
5. #查看真实目标值
6. print(target_test)
```

输出结果如下。

```
1. [19.86754707 25.4374439  24.47779112 18.66742572 15.99698592 29.3937661
2.  29.69836878 22.80072549 27.21189824 27.53675767 19.52216212 12.15303615
3.  19.19935891 14.27665798 20.4840711  25.52825192 19.27068598 17.27588066
4.  18.82602679 20.33511718 36.65743347 33.05354166 19.21860951 19.12298066
5.  27.52424534 18.12437042 21.37859534 11.97018371 15.19274482 20.64764951
6.  27.20193509 34.1092078  23.70435173 32.81355282 13.10221434 29.47779257
7.  20.96057131 15.01067307 35.59182688 27.22022625 -6.18785148 31.40340001
8.  22.13570101 16.50189312 18.37681077 20.76195    17.30330328 33.359367
9.  18.66369572 21.78146359 24.56407533 23.96212524 22.50420126 20.42849983
10.  25.62194158 12.60156839 15.22252769 22.90326819 21.00064944 24.59679016
11.  34.19580518 27.89310467 26.28181368 30.84276716 17.67711879 30.35096832
12.  19.66006198 21.96246839 28.529354   21.5634753  30.37530286 16.49035516
13.  31.23657871 35.52131958 21.25117731 29.49095676 21.79146551 18.30253065
14.  11.33589887 22.96776208 24.4944649  24.37861282 23.85017599 23.99809367
15.  21.49011758 21.52707688 16.52257933 23.00600172 14.51913474 27.10657065
16.   9.8960841  33.30900966 22.5895191  17.28406202 15.24714851 40.36773784
17.  21.23976647 20.02844322  4.00170599 20.10693925 35.21577785 20.45720012]
18. [20.  25.  22.6 14.9 10.2 22.  24.1 21.  20.6 22.3 10.9 13.6 15.4 11.7
19.  19.2 30.1 18.5 19.3 12.7 15.3 33.2 37.2 18.6 18.9 36.2 19.6 13.8 12.
20.  20.2 22.9 22.6 32.  23.4 33.2 10.5 24.6 19.5 11.5 33.1 23.2  7.  30.8
21.  20.6 13.1 17.1 27.9 20.  30.3 13.9 22.2 24.3 25.  20.3 16.2 23.1 12.7
22.  16.2 21.4 19.3 21.7 41.3 23.9 22.  29.4 10.2 25.  17.1 16.7 23.7 13.3
23.  24.  23.1 32.5 35.1 22.  23.6 21.1 23.2  6.3 22.4 19.6 21.7 21.2 20.1
24.  19.9 21.2 17.5 23.1 15.4 22.3 23.7 27.5 16.5 19.5 16.6 21.9 17.8 24.3
25.   8.8 21.1 31.  23. ]
```

第 6 步，对模型进行评价，采用的是均方差评价函数：

$$\mathrm{MSE}=\frac{1}{n}\sum_{i=1}^{n}\left(y_i-\hat{y}_i\right)^2$$

式中，y 为真实目标值；$\hat{y}$ 为预测目标值。代码如下。

```
1. # 对模型效果进行评价
2. error=mean_squared_error(target_test,target_test_predict)
3. print('测试数据的误差：',error)
```

输出结果如下。

```
1. 测试数据的误差： 22.054379456614125
```

通过输出结果分析，我们可以知道真实目标值与预测目标值之间还是有一些差距的。但是这个结果也是很不错的了，毕竟房价的预测是一件比较困难的事。

3.2 逻辑回归模型

3.2.1 逻辑回归的概念

也许当你听到“逻辑回归（Logistic Regression）”这个术语时，会认为它和线性回归一样是用于解决回归问题的算法，但实际上它是一种针对分类问题的算法。简单来说，逻辑回归是一种机器学习算法，用于解决二分类问题（如标签为 0 或 1）。它用于估计某种事物的可能性，如某用户购买某商品的可能性、某病人患某疾病的可能性，以及某广告被用户单击的可能性等。请注意，这里使用的是“可能性”而不是数学上的“概率”。逻辑回归的结果并不是数学定义中的概率值，因此不能直接当作概率值使用。该结果通常与其他特征值加权求和，而不是直接相乘。

逻辑回归模型和线性回归模型都属于广义线性模型（Generalized Linear Model）。逻辑回归模型假设因变量 y 服从伯努利分布，而线性回归模型假设因变量 y 服从高斯分布。因此，它们在许多方面是相似的。如果不考虑 Sigmoid 函数，逻辑回归模型就变成了线性回归模型。可以说，逻辑回归模型是以线性回归模型为基础的。然而，逻辑回归模型通过引入 Sigmoid 函数引入了非线性因素，因此可以更好地处理二分类问题。

19 世纪，统计学家皮埃尔·弗朗索瓦·韦吕勒发明了一种被称为逻辑函数的函数。这个函数有许多不同的名称，如在神经网络算法中被称为 Sigmoid 函数，也有人称其为逻辑曲线，其计算公式为

$$\mathrm{Sigmoid}(x)=\frac{1}{1+\mathrm{e}^{-x}}$$

Sigmoid 函数图像如图 3-3 所示。

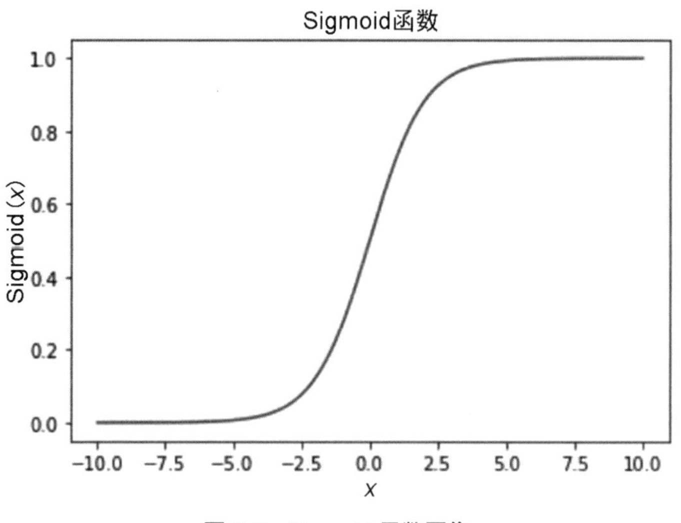

图 3-3　Sigmoid 函数图像

Sigmoid 函数也被称为 S 形生长曲线，其取值范围为(0,1)。它能够将实数映射到(0,1)区间，非常适用于二分类问题。当输入 x 等于 0 时，函数值为 0.5。随着 x 的增大，函数值逐渐接近 1；而随着 x 的减小，函数值逐渐接近 0。在 Sigmoid 函数中，点 x=0 具有特殊的意义，它分割了两种截然不同的情况：大于 0.5 的数据被划分为类别“1”，而小于 0.5 的数据被划分为类别“0”。因此，可以将 Sigmoid 函数视为解决二分类问题的分类器。为了使 Sigmoid 分类器预测准确，最好使输入 x 与 0 的距离尽可能远，这样函数值才能无限接近 0 或 1。

现在来看 Sigmoid 函数的导数，具体的求导过程此处不再赘述。用 $g(x)$代表 Sigmiod 函数，求导结果如下。

$$g'(x) = g(x) \times (1 - g(x))$$

根据求导结果，可以将 Sigmoid 函数的导数表示为其本身的表达式。这在后续使用梯度下降法来求解参数时会派上用场。

将线性回归函数的结果 y 代入 Sigmoid 函数，就构造了逻辑回归函数。换句话说，将 y 作为 Sigmoid 函数的输入，其结果表示为

$$g\left(x\right) = \frac{1}{1 + \mathrm{e}^{-\left(\boldsymbol{W}^{\mathrm{T}}\boldsymbol{X} + b\right)}}$$

需要注意的是，线性回归的结果是一个张量。当我们将线性回归的结果通过 Sigmoid 函数进行处理时，仍然得到一个张量。通过 Sigmoid 函数的映射，结果被限制在了(0,1)的范围内，可以理解为表示某种“可能性”。

对于逻辑回归的损失函数，最常使用的是交叉熵损失函数。

接下来，我们开始实现逻辑回归模型。

3.2.2　逻辑回归模型的代码实现

首先导入需要使用的包。

```
1. #导入需要使用的包
```

```
2. #导入划分训练集、测试集需要使用的包
3. from sklearn.model_selection import train_test_split
4. #导入鸢尾花数据集
5. from sklearn.datasets import load_iris
6. #导入 sklearn 中的逻辑回归模型
7. from sklearn.linear_model import LogisticRegression
```

然后加载鸢尾花数据集，查看数据集键值对、数据集描述、特征值形状。

```
1. #加载鸢尾花数据集
2. iris_data=load_iris()
3. #查看鸢尾花数据集的键值对
4. print(iris_data.keys())
5. #查看鸢尾花数据集的描述
6. print(iris_data.DESCR)
7. #查看特征值形状
8. print(iris_data.data.shape)
```

输出结果如下。

```
1. dict_keys(['data','target','frame','target_names','DESCR','feature_names','filename','data_module'])
2. .. _iris_dataset:
3.
4. Iris plants dataset
5. --------------------
6.
7. **Data Set Characteristics:**
8.
9.    :Number of Instances: 150 (50 in each of three classes)
10.    :Number of Attributes: 4 numeric,predictive attributes and the class
11.    :Attribute Information:
12.        - sepal length in cm
13.        - sepal width in cm
14.        - petal length in cm
15.        - petal width in cm
16.        - class:
17.                - Iris-Setosa
18.                - Iris-Versicolour
19.                - Iris-Virginica
20.
21.    :Summary Statistics:
22.
23.    ============== ==== ==== ======= ===== ====================
24.                    Min  Max   Mean    SD   Class Correlation
25.    ============== ==== ==== ======= ===== ====================
26.    sepal length:   4.3  7.9   5.84   0.83    0.7826
```

```
27.     sepal width:   2.0  4.4   3.05   0.43   -0.4194
28.     petal length:  1.0  6.9   3.76   1.76    0.9490  (high!)
29.     petal width:   0.1  2.5   1.20   0.76    0.9565  (high!)
30.     ============== ==== ==== ======= ===== ====================
31.
32.     :Missing Attribute Values: None
33.     :Class Distribution: 33.3% for each of 3 classes.
34.     :Creator: R.A. Fisher
35.     :Donor: Michael Marshall (MARSHALL%PLU@io.arc.nasa.gov)
36.     :Date: July,1988
37.
38. The famous Iris database,first used by Sir R.A. Fisher. The dataset is taken
39. from Fisher's paper. Note that it's the same as in R,but not as in the UCI
40. Machine Learning Repository,which has two wrong data points.
41.
42. This is perhaps the best known database to be found in the
43. pattern recognition literature.  Fisher's paper is a classic in the field and
44. is referenced frequently to this day.  (See Duda & Hart,for example.)  The
45. data set contains 3 classes of 50 instances each,where each class refers to a
46. type of iris plant.  One class is linearly separable from the other 2; the
47. latter are NOT linearly separable from each other.
48.
49. .. topic:: References
50.
51.    - Fisher,R.A. "The use of multiple measurements in taxonomic problems"
52.      Annual Eugenics,7,Part II,179-188 (1936); also in "Contributions to
53.      Mathematical Statistics" (John Wiley,NY,1950).
54.    - Duda,R.O.,& Hart,P.E. (1973) Pattern Classification and Scene Analysis.
55.      (Q327.D83) John Wiley & Sons.  ISBN 0-471-22361-1.  See page 218.
56.    - Dasarathy,B.V. (1980) "Nosing Around the Neighborhood: A New System
57.      Structure and Classification Rule for Recognition in Partially Exposed
58.      Environments".  IEEE Transactions on Pattern Analysis and Machine
59.      Intelligence,Vol. PAMI-2,No. 1,67-71.
60.    - Gates,G.W. (1972) "The Reduced Nearest Neighbor Rule".  IEEE Transactions
61.      on Information Theory,May 1972,431-433.
62.    - See also: 1988 MLC Proceedings,54-64.  Cheeseman et al"s AUTOCLASS II
63.      conceptual clustering system finds 3 classes in the data.
64.    - Many,many more ...
65. (150,4)
```

第一行输出结果是鸢尾花数据集的键值对，最后一行输出结果是鸢尾花数据集中特征值的形状，中间部分是鸢尾花数据集的描述，从最后一行可知，数据集共有 150 个样本，每个样本有 4 个特征。

接下来划分数据集。

```
1. #将数据集划分为测试集和训练集，使用默认比例划分，测试集占数据集的 25%，查看划分后训练集的形状
2. features_train,features_test,target_train,target_test=train_test_split(iris_data.data,iris_data.target)
3. print(features_train.shape)
```

输出结果如下。

```
(112,4)
```

从上述结果可知，测试集有 112 个样本。

实例化模型，训练模型，对测试集进行预测，并输出预测结果和真实结果，简单直观地观察模型性能。

```
1. #实例化模型，默认迭代次数为 1000，这里我们设置为 2500，迭代次数就是寻找损失函数最小值所迭代的次数
2. logstic_model=LogisticRegression(max_iter=2500)
3. #训练模型
4. logstic_model.fit(features_train,target_train)
5. #对测试集进行预测，输出预测结果，输出真实结果，直观感受模型性能
6. target_pre=logstic_model.predict(features_test)
7. print(target_pre)
8. print(target_test)
```

输出结果如下。

```
1. [1 1 0 2 1 2 1 2 2 0 0 0 2 1 0 1 0 0 2 0 2 2 2 2 1 1 0 0 2 2 0 1 2 2 2 1 2
 1]
2. [1 1 0 2 1 2 1 2 2 0 0 0 2 1 0 1 0 0 2 0 1 2 2 2 1 1 0 0 2 2 0 1 1 2 2 1 2
 1]
```

从上述结果可以直观地看出，模型的性能还是很不错的。最后对模型进行评价，并输出其结果。

```
1. #对模型进行评价，使用自带的性能评价器评价其准确率
2. score=logstic_model.score(features_test,target_test)
3. print(score)
```

输出结果如下。

```
0.9473684210526315
```

接近 95%的准确率，这个结果已经很不错了，到这里我们就完成了一个简单的逻辑回归模型。

3.3 朴素贝叶斯模型

3.3.1 朴素贝叶斯的概念

朴素贝叶斯（Naive Bayesian Algorithm）是一种有监督学习的分类算法，它是基于英国著

名数学家托马斯·贝叶斯提出的贝叶斯定理来实现的，该定理基于概率论和统计学的相关知识。在学习朴素贝叶斯算法之前，我们有必要先了解一下贝叶斯定理。

贝叶斯定理的发明者托马斯·贝叶斯提出了一个有趣的问题：假设一个袋子里有 10 个球，其中包含黑球和白球，但我们不知道它们的比例。现在，通过摸出的球的颜色，我们能否推断出袋子中黑球和白球的比例呢？

这个问题可能与我们在高中学习概率时接触到的问题有所不同。通常我们接触到的概率问题可能是：一个袋子里有 10 个球，其中 4 个是黑球，6 个是白球，如果我们随机抓取一个球，那么抓到黑球的概率是多少？毫无疑问，答案是 0.4。这个问题很简单，因为我们事先知道了袋子中黑球和白球的比例，所以抓到黑球的概率很容易计算。但在某些复杂情况下，我们无法知道比例，这就引出了托马斯·贝叶斯提出的问题。

统计学中有两个主要分支："频率"和"贝叶斯"。它们各自拥有自己的知识体系，而"贝叶斯"主要利用了"相关性"的概念。下面用通俗易懂的方式描述一下贝叶斯定理：在通常情况下，事件 A 在事件 B 发生的条件下发生与事件 B 在事件 A 发生的条件下发生的概率是不相同的，但它们之间存在一定的相关性。贝叶斯定理给出了以下公式（称为贝叶斯公式）：

$$P(A \mid B)=\frac{P(B \mid A)P(A)}{P(B)}$$

$P(A)$是概率中的基本符号，表示事件 A 发生的概率。例如，在投掷骰子时，$P(2)$指的是骰子呈现数字 2 的概率，这个概率是 1/6。

$P(B|A)$是条件概率的符号，表示在事件 A 发生的条件下，事件 B 发生的概率。条件概率是贝叶斯公式的关键所在，它也被称为"似然度"。

$P(A|B)$也是条件概率的符号，表示在事件 B 发生的条件下，事件 A 发生的概率，这个计算结果也被称为"后验概率"。

条件概率是贝叶斯公式的关键所在，我们可以从"相关性"一词出发来理解它。举个简单的例子，假设小明和小红是同班同学，他们各自按时回家的概率为 P (小明按时回家)=1/2 和 P (小红按时回家)=1/2。但如果小明和小红是好朋友，每天一起回家，那么在已知小明按时回家的条件下，小红按时回家的概率为 P (小红按时回家|小明按时回家)=1（理想情况下）。

上述示例展示了条件概率的应用，小红和小明之间产生了一种"相关性"，原本独立的事件变得不再独立。还存在一种情况，如小亮每天按时回家的概率为 P (小亮按时回家)=1/2，但小亮喜欢独来独往。如果我们问 P (小亮按时回家|小红按时回家) 的概率是多少，你会发现这两者之间没有"相关性"，小红是否按时回家不会影响到小亮按时回家的概率结果，因此小亮按时回家的概率仍然是 1/2。

了解了条件概率之后，还需要了解先验概率和后验概率。先验概率和后验概率是什么呢？在托马斯·贝叶斯的观点中，世界是动态和相对的，他希望利用已知的经验来进行判断。那么如何利用已知的经验进行判断呢？这时就需要提到"先验"和"后验"这两个词。我们先来说"先验"，它相当于"预知未来"，在事件发生之前，对概率进行预估。例如，一辆车从远处驶来，是轿车的概率为 45%，是货车的概率为 35%，是大客车的概率为 20%。在你还没看清之前，基本上是猜测，这个概率就称为"先验概率"。每个事物都有自己的特征，如前面提到的轿车、货车和大客车，它们都有各自不同的特征。当距离足够近时，我们可以根据它

们的特征再次进行概率预估，这个概率就是“后验概率”。例如，轿车速度相对较快，可以记作 P(轿车|速度快)=55%，而大客车体型较大，可以记作 P(大客车|体型大)=35%。

如果用条件概率来表述 P(体型大|大客车)=35%，那么这种通过“车辆类别”推算出“类别特征”发生概率的方法称为“似然度方法”。这里的“似然度”指的是“可能性”。

了解了上述概念后，你对贝叶斯定理已经有了初步认识。实际上，贝叶斯定理是计算后验概率的过程，其核心方法是通过似然度预测后验概率。通过不断提高似然度，自然也提高了后验概率。朴素贝叶斯是一种简单的贝叶斯算法。贝叶斯定理涉及概率学和统计学，其应用相对复杂。因此，我们只能以简单的方式使用它，如天真地认为所有事物之间的特征是相互独立的，彼此不会相互影响。贝叶斯分类算法是利用贝叶斯定理来解决分类问题的。举个简单的例子，假如有下面这些数据，如表 3-1 所示。

表 3-1 贝叶斯分类算法数据

面貌	举止	声音	穿着	是否有好感
好看	优雅	好听	得体	有
好看	粗鲁	不好听	得体	没有
不好看	优雅	好听	得体	有
不好看	优雅	不好听	不得体	没有
好看	优雅	好听	不得体	有
不好看	粗鲁	不好听	不得体	没有
好看	粗鲁	好听	得体	有
不好看	粗鲁	好听	不得体	没有

现在给我们的问题是，如果有一个人面貌好看、举止粗鲁、声音好听、穿着不得体，是否能够对这个人产生好感呢？这是一个典型的分类问题，转为数学问题就是比较 P(有好感|面貌好看、举止粗鲁、声音好听、穿着不得体)与 P(没有好感|(面貌好看、举止粗鲁、声音好听、穿着不得体)。

现在我们用贝叶斯公式将这个问题表示出来。将上面 4 个特征代入贝叶斯公式可以得到下列式子：$P(\text{有好感}|\text{面貌好看、举止粗鲁、声音好听、穿着不得体}) = \dfrac{P(\text{面貌好看、举止粗鲁、声音好听、穿着不得体}|\text{有好感}) \times P(\text{有好感})}{P(\text{面貌好看、举止粗鲁、声音好听、穿着不得体})}$，我们需要求 P(有好感|面貌好看、举止粗鲁、声音好听、穿着不得体)，这个是目前不知道的。但是通过贝叶斯公式可以将其转换为比较好求的 3 个量：P(面貌好看、举止粗鲁、声音好听、穿着不得体|有好感)、P(面貌好看、举止粗鲁、声音好听、穿着不得体)、P(有好感)。那么如何求这 3 个量呢？

上述 3 个量可以根据已知数据集统计得到。P(面貌好看、举止粗鲁、声音好听、穿着不得体|有好感)= P(面貌好看|有好感)×P(举止粗鲁|有好感)×P(声音好听|有好感)×P(穿着不得体|有好感)，这样我们只需要计算后面几个概率就可以计算得到这个概率了，但是为什么能写成这样呢？学过概率论的读者可能就想到了，这个等式成立需要各个特征之间相互独立。朴素贝叶斯就是假设各个特征之间相互独立的，所以这个等式就成立了。

假设特征之间是相互独立的，这是为了计算更加简单、方便。我们继续计算上面的式子，根据表 3-1，我们可以计算得到 P(有好感)=4/8=1/2，P(声音好听|有好感)=3/3=1，P(穿着不

得体|有好感)=1/4，P(举止粗鲁|有好感)=1/4，P(面貌好看|有好感)=3/4。接下来我们来看分母，P(面貌好看、举止粗鲁、声音好听、穿着不得体)= P(面貌好看) ×P(举止粗鲁) ×P(声音好听) ×P(穿着不得体)。

根据表 3-1，我们可以得到 P (面貌好看)=4/8=1/2，P (举止粗鲁)=4/8=1/2，P (声音好听)=5/8，P (穿着不得体)=4/8=1/2。计算完之后，我们就可以计算 P (有好感|面貌好看、举止粗鲁、声音好听、穿着不得体)，P (有好感|面貌好看、举止粗鲁、声音好听、穿着不得体)=(1×1/4×1/4×3/4)×1/2/(1/2×1/2×5/8×1/2)= 3/10。读者可以自行计算 P (没有好感|面貌好看、举止粗鲁、声音好听、穿着不得体)，这里就不再详细进行说明了。

从理论上讲，朴素贝叶斯模型在与其他分类模型进行比较时具有最低的错误率。然而，在实际应用中，并非总是如此。这是因为朴素贝叶斯模型假设特征之间是相互独立的。在实际情况下，这个假设往往不成立。当特征的数量较多或特征之间存在较大相关性时，朴素贝叶斯模型的分类效果可能不佳。相反，在特征之间相关性较小的情况下，朴素贝叶斯模型的性能较好。

3.3.2 朴素贝叶斯模型的代码实现

本节进入实战环节，通过以下代码，我们可以实现一个朴素贝叶斯模型。这次的实战依然使用鸢尾花数据集。

首先导入需要使用的包。

```
1. #导入需要使用的包
2. #导入划分训练集、测试集需要使用的包
3. from sklearn.model_selection import train_test_split
4. #导入鸢尾花数据集
5. from sklearn.datasets import load_iris
6. #导入 sklearn 中的朴素贝叶斯模型，使用的是高斯分类器
7. from sklearn.naive_bayes import GaussianNB
```

然后加载鸢尾花数据集。在逻辑回归算法中，已经查看了鸢尾花数据集的描述、键值对、形状，这里就不进行查看了。

```
1. #加载鸢尾花数据集
2. iris_data=load_iris()
```

划分数据集为测试集和训练集。

```
1. #将数据集划分为测试集和训练集，使用默认比例划分，测试集占数据集的 25%
2. features_train,features_test,target_train,target_test=train_test_split(iris_data.data,iris_data.target)
```

接下来实例化一个朴素贝叶斯模型并进行训练。

```
1. #实例化一个朴素贝叶斯模型
2. naive_bayes_model=GaussianNB()
3. #训练模型
4. naive_bayes_model.fit(features_train,target_train)
```

对测试集进行预测，并查看预测结果和真实结果。

```
1. #对测试集进行预测，输出预测结果，输出真实结果，直观感受模型效果
2. target_pre=naive_bayes_model.predict(features_test)
3. #输出预测结果
4. print(target_pre)
5. #输出真实结果
6. print(target_test)
```

输出结果如下。

```
1. [2 2 2 2 1 0 0 1 0 2 2 0 0 2 0 1 0 1 2 0 0 0 2 1 0 1 1 0 0 1 2 1 2 1 0 0 1  2]
2. [2 2 2 2 1 0 0 2 0 2 2 0 0 2 0 1 0 1 2 0 0 0 2 1 0 1 1 0 0 1 2 1 2 1 0 0 1  2]
```

最后评价模型，输出模型分数（准确率）。

```
1. #对模型进行评价
2. score=naive_bayes_model.score(features_test,target_test)
3. #输出模型分数
4. print(score)
```

输出结果如下。

```
0.9736842105263158
```

从输出结果可以看到，朴素贝叶斯模型在鸢尾花数据集上达到了约 97.4%的准确率。模型效果是很不错的，甚至超过了人类的平均分类能力。

3.4 决策树模型

3.4.1 决策树的概念

在本节中，我们将介绍决策树算法，这是机器学习中备受关注的一种算法。决策树算法在决策领域有广泛的应用，无论是个人的决策，还是公司的管理决策。实际上，决策树算法是指一类算法，它以树形结构呈现逻辑模型，因此相对容易理解，并且不复杂。我们可以清楚地了解分类过程中的每个细节。图 3-4 展示了一个简单的决策树模型。

要了解决策树算法，可以从简单的 if-else 开始。if-else 是条件判断的常用语句。下面简要介绍一下 if-else 的用法：if 后面是判断条件，如果判断为真，也就是条件满足，就执行 if 下面的代码块，否则执行 else 下面的代码块。因此，if-else 可以简单理解为“如果满足条件，就……，否则……”。

if-else 具有两个特点：一是可以利用 if-else 进行条件判断，但需要提供判断条件；二是可以无限嵌套，也就是在一个 if-else 的条件执行体中，可以嵌套另一个 if-else，从而实现无限嵌套。通过 if-else，我们可以进行决策，如在购买马匹时，我们会根据各种特征来判断每匹马的情况，以帮助我们选择最好的马匹。在做判断时，我们总会有几个首要特征用于筛选，如马匹是否健壮，这可能是我们购买马匹时关注的第 1 个特征。那么在面对一个陌生领域时，我们应该选择哪些特征作为首要特征呢？

接下来，让我们谈谈信息熵的概念。1948 年，信息论的奠基人香农（Shannon）将热力学

中的熵概念引入信息论，提出了信息熵的概念。在理解信息熵之前，我们应该理解什么是信息。信息是一个非常抽象的概念，如别人说的一段话包含信息，或者我们看到的一条新闻也包含信息。人们经常说信息很多或信息很少，但很难准确衡量有多少信息。例如，一篇 10 万字的论文到底包含多少信息？信息熵用于解决信息的量化问题。

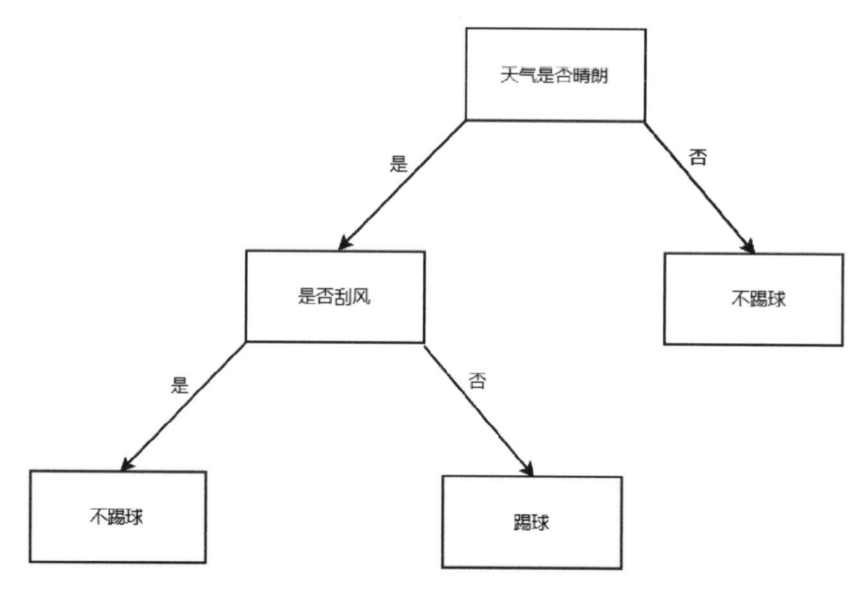

图 3-4　一个简单的决策树模型

熵这个词从热力学中借用，是用来表示分子状态混乱程度的物理量。香农借用了熵的概念来量化信息，提出了信息熵。信息熵的计算非常复杂，对于具有多重前提条件的信息熵，更是难以计算。然而，由于信息熵与热力熵密切相关，因此可以通过衰减过程中的信息熵来进行测定。

想要非常清楚地阐述信息熵的概念，需要结合物理学上的知识，但这样做有点抛开主题。因此，我们只需理解香农提出的相关结论即可：信息熵是衡量不确定性的度量指标，用于描述离散随机事件发生的概率分布。简单来说，“情况越混乱，信息熵越大；反之，情况越有序，信息熵越小”。让我们举个简单的例子来说明：太阳每天从东方升起的事件几乎百分之百发生，因此这个信息的概率非常高，我们对此并没有额外的信息。然而，如果太阳从西方升起呢？当我们得知这个信息时，我们会感到疑惑，这是怎么回事？地球发生了颠倒？发布这个信息的人是不是疯了？还是之前我们所了解的信息都是错误的？因此，这个信息的信息量就非常大。香农提出了信息熵的计算公式，如下所示。

$$H\left(X\right)=-\sum_{k=1}^{N}P_k\log_2\left(P_k\right)$$

式中，P 表示概率；X 表示进行信息熵计算的集合。在决策树算法中，我们可以按各个类别的占比（占比越高，该类别纯度越高）来理解，其中 N 表示类别数目，而 P_k 表示类别 k 在子集中的占比。理解了上述含义，再理解信息熵的计算过程就非常简单了，分为三次四则运算，即相乘、求和，最后取反。将图 3-4 转换为表格的形式，如表 3-2 所示。

表 3-2　踢球的例子

序　　号	天气是否晴朗	是 否 刮 风	是 否 踢 球
1	是	否	踢球
2	是	是	不踢球
3	否	是	不踢球
4	否	否	不踢球

根据表 3-2 很容易地就能得到踢球和不踢球的概率，P(踢球) =0.25，P(不踢球) =0.75。

根据信息熵的计算公式，计算踢球与不踢球的信息熵。H(踢球)= $-0.25 \times \log_2 0.25 = 0.5$，$H$(不踢球)= $-0.75 \times \log_2 0.75 = 0.3112$，将两项进行相加就得到表 3-2（原始数据）的信息熵。H(原始数据)=0.5 + 0.3112=0.8112。

决策树算法引入了“纯度”的概念。在这里，“纯”表示单一性，而“度”表示度量。“纯度”是对子集内单一类别样本所占比例的度量。

每次进行判断后，如果集合中属于同一类别的样本越多，那么该集合的纯度就越高。举个例子，对于二分类问题的数据集，我们将其划分为两个子集。通过纯度的评估，我们可以判断分类效果的好坏。子集的纯度越高，说明分类效果越好。信息熵与信息纯度之间存在以下关系：信息熵越大，信息量越大，信息越杂乱，信息纯度越低；信息熵越小，信息量越小，信息越规整，信息纯度越高。

决策树算法是一类算法，而非单一算法。其中，著名的决策树算法包括 ID3 算法、C4.5 算法和 CART 算法。尽管它们都属于决策树算法，但它们在衡量纯度的方法上存在细微差别。具体而言，它们分别采用了信息增益、增益率和基尼指数作为衡量指标。在本书中，我们主要讲解 ID3 算法。

将上述原理应用于决策树中，就形成了 ID3 算法的核心思想：更小型的决策树优于更大型的决策树，也就是说要尽可能少地使用判断条件。ID3 算法利用信息增益来选择判断条件，在香农的信息论中可以了解到，ID3 算法选择具有最大信息增益的特征维度来进行 if-else 判断。

ID3（Iterative Dichotomiser 3，迭代二叉树 3）算法是决策树算法的一种，它基于奥卡姆剃刀原理实现。这个原理的核心思想是“大道至简”，也就是用尽可能少的要素来实现更多的功能。

简而言之，信息增益是针对具体特征而言的，它描述了某个特征对整个系统或集合的影响程度。在进行一次 if-else 判断后，原始的类别集合会被划分成两个子集。我们的目标是使其中一个子集中某个类别的“纯度”尽可能高。如果划分后的子集的纯度比原始集合的纯度更高，那么说明这次 if-else 判断是有效的。通过比较不同划分条件中导致最高纯度的特征维度，我们可以找到最合适的判断条件。换句话说，我们要找到最合适的特征维度来进行判断。

那么如何计算信息增益的值呢？这里我们可以采用信息熵来计算。我们通过比较划分前后集合的信息熵来判断，也就是做减法，用划分前集合的信息熵减去按特征维度划分后的信息熵，就能够得到信息增益的值，公式如下所示。

$$G(S,t) = H(x) - \sum_{k=1}^{K} \frac{|S^k|}{|S|} H(S^k)$$

$G(S,t)$ 表示集合 S 选择特征维度 t 来划分子集时的信息增益，$H(x)$表示集合的信息熵。上述的“减数”看着有点复杂，下面重点讲解一下“减数”的含义。

大写字母 K：按特征维度 t 划分后，产生了几个子集，如划分后产生了 3 个子集，那么 $K=3$。

小写字母 k：按特征维度 t 划分后，3 个子集中的某个子集，k=1 指的是从第 1 个子集开始求和计算。

$|S|$与$|S^k|$：$|S|$表示集合 S 中元素的个数，这里的||并不是绝对值符号；$|S^k|$表示划分后，某个集合的元素个数。

上述公式可以简单地理解为父节点的信息熵减去所有子节点的信息熵。

信息增益的目的在于，将数据集划分之后带来的纯度提升，也就是信息熵的下降。如果数据集在根据某个特征划分之后，能够获得最大的信息增益，那么这个特征就是最好的选择。

所以，如果我们想要找到根节点，就需要计算每个特征作为根节点时的信息增益，获得信息增益最大的那个特征，就是根节点。

以表 3-2 为例，用“天气是否晴朗”进行划分后，天气晴朗的数据如表 3-3 所示。

表 3-3　天气晴朗的数据

序　　号	天气是否晴朗	是 否 刮 风	是 否 踢 球
1	是	否	踢球
2	是	是	不踢球

分类共有 2 种，也就是踢球和不踢球，踢球出现了 1 次，不踢球也出现了 1 次。所以踢球和不踢球的概率是一样的，都为 0.5。计算踢球、不踢球的信息熵，H(踢球)= H (不踢球)= $-0.5\times\log_2 0.5=0.5$，所以 H(天气晴朗) =0.5+0.5=1。我们再来看看天气不晴朗的数据，如表 3-4 所示。

表 3-4　天气不晴朗的数据

序　　号	天气是否晴朗	是 否 刮 风	是 否 踢 球
1	否	是	不踢球
2	否	否	不踢球

通过表 3-4 可以得出不踢球的概率为 1，踢球的概率为 0。计算其信息熵，显然踢球的信息熵等于 0，H(不踢球) $=-1\times\log_2 1=0$，那么天气不晴朗的信息熵为 0。下面计算用“天气是否晴朗”进行划分的信息增益。天气不晴朗的概率为 0.5，因为表 3-4 中有 2 行，原始数据共 4 行。同理，天气晴朗的概率也为 0.5。根据信息增益公式：G(天气是否晴朗)=H (原始数据) − 0.5×H (天气晴朗) − 0.5 ×H (天气不晴朗) =0.8112 − 0.5×1−0=0.3112。

以此类推，计算用“是否刮风”进行划分的信息增益，最后选择一个信息增益最大的特征进行划分。

3.4.2　决策树模型的代码实现

了解上述原理后，就可以用 sklearn 进行 ID3 算法的实战，以 sklearn 中的红酒数据集为例。

导入需要的库。

```
1. #导入需要使用的包
2. from sklearn.datasets import load_wine #导入红酒数据集需要使用的包
3. from sklearn.model_selection import train_test_split #导入数据集划分工具
4. from sklearn.tree import DecisionTreeClassifier #导入决策树模型
5. import numpy as np #导入 NumPy
```

加载红酒数据集，并查看数据集形状、键值对和描述。

```
1. #加载红酒数据集
2. RedWine_data=load_wine()
3. #查看数据集形状
4. print(RedWine_data.data.shape)
5. #查看数据集键值对
6. print(RedWine_data.keys())
7. #查看数据集描述
8. print(RedWine_data.DESCR)
```

输出结果如下。

```
1. (178,13)
2. dict_keys(['data','target','frame','target_names','DESCR','feature_names'])
3. .. _wine_dataset:
4.
5. Wine recognition dataset
6. ------------------------
7.
8. **Data Set Characteristics:**
9.
10.     :Number of Instances: 178 (50 in each of three classes)
11.     :Number of Attributes: 13 numeric,predictive attributes and the class
12.     :Attribute Information:
13.         - Alcohol
14.         - Malic acid
15.         - Ash
16.         - Alcalinity of ash
17.         - Magnesium
18.         - Total phenols
19.         - Flavanoids
20.         - Nonflavanoid phenols
21.         - Proanthocyanins
22.         - Color intensity
23.         - Hue
24.         - OD280/OD315 of diluted wines
25.         - Proline
```

```
26.
27.     - class:
28.             - class_0
29.             - class_1
30.             - class_2
31.
32.     :Summary Statistics:
33.
34.     ============================= ==== ===== ======= =====
35.                                    Min  Max   Mean     SD
36.     ============================= ==== ===== ======= =====
37.     Alcohol:                      11.0 14.8    13.0   0.8
38.     Malic Acid:                   0.74 5.80    2.34  1.12
39.     Ash:                          1.36 3.23    2.36  0.27
40.     Alcalinity of Ash:            10.6 30.0    19.5   3.3
41.     Magnesium:                    70.0 162.0   99.7  14.3
42.     Total Phenols:                0.98 3.88    2.29  0.63
43.     Flavanoids:                   0.34 5.08    2.03  1.00
44.     Nonflavanoid Phenols:         0.13 0.66    0.36  0.12
45.     Proanthocyanins:              0.41 3.58    1.59  0.57
46.     Colour Intensity:              1.3 13.0     5.1   2.3
47.     Hue:                          0.48 1.71    0.96  0.23
48.     OD280/OD315 of diluted wines: 1.27 4.00    2.61  0.71
49.     Proline:                       278 1680     746   315
50.     ============================= ==== ===== ======= =====
51.
52.     :Missing Attribute Values: None
53.     :Class Distribution: class_0 (59),class_1 (71),class_2 (48)
54.     :Creator: R.A. Fisher
55.     :Donor: Michael Marshall (MARSHALL%PLU@io.arc.nasa.gov)
56.     :Date: July,1988
57.
58. This is a copy of UCI ML Wine recognition datasets.
59. https://archive.ics.uci.edu/ml/ma**ine-learning-databases/wine/wine.data
60.
61. The data is the results of a chemical analysis of wines grown in the same
62. region in Italy by three different cultivators. There are thirteen different
63. measurements taken for different constituents found in the three types of
64. wine.
65.
66. Original Owners:
67.
68. Forina,M. et al,PARVUS -
```

```
69. An Extendible Package for Data Exploration,Classification and Correlation.
70. Institute of Pharmaceutical and Food Analysis and Technologies,
71. Via Brigata Salerno,16147 Genoa,Italy.
72.
73. Citation:
74.
75. Lichman,M. (2013). UCI Machine Learning Repository
76. [https://ar**ive.ics.uci.edu/ml]. Irvine,CA: University of California,
77. School of Information and Computer Science.
78.
79. .. topic:: References
80.
81.   (1) S. Aeberhard,D. Coomans and O. de Vel,
82.   Comparison of Classifiers in High Dimensional Settings,
83.   Tech. Rep. no. 92-02,(1992),Dept. of Computer Science and Dept. of
84.   Mathematics and Statistics,James Cook University of North Queensland.
85.   (Also submitted to Technometrics).
86.
87.   The data was used with many others for comparing various
88.   classifiers. The classes are separable,though only RDA
89.   has achieved 100% correct classification.
90.   (RDA : 100%,QDA 99.4%,LDA 98.9%,1NN 96.1% (z-transformed data))
91.   (All results using the leave-one-out technique)
92.
93.   (2) S. Aeberhard,D. Coomans and O. de Vel,
94.   "THE CLASSIFICATION PERFORMANCE OF RDA"
95.   Tech. Rep. no. 92-01,(1992),Dept. of Computer Science and Dept. of
96.   Mathematics and Statistics,James Cook University of North Queensland.
97.   (Also submitted to Journal of Chemometrics).
```

将数据集划分为训练集和测试集，训练集占数据集的 75%，如要进行复现，则设置相同的随机数种子即可，这里就使用默认的划分比例。

```
1. #将数据集划分为测试集和训练集
2. features_train,features_test,target_train,target_test=train_test_split(RedWine_data.data,RedWine_data.target
```

实例化决策树模型，并进行训练。

```
1. #实例化一个 ID3 决策树模型
2. DecisionTree_Model=DecisionTreeClassifier(criterion='entropy')
3. #进行模型训练
4. DecisionTree_Model.fit(features_train,target_train)
```

评价指标为准确率，输出评价分数。

```
1. #对模型进行评价
2. print(DecisionTree_Model.score(features_test,target_test))
```

3.5 支持向量机模型

3.5.1 支持向量机的概念

支持向量机是有监督学习算法中最有影响力的机器学习算法之一。该算法的诞生可追溯至 20 世纪 60 年代。学者 Vapnik 在解决模式识别问题时提出了这种算法。此后经过几十年的发展，直至 1995 年，支持向量机才真正完善起来，其典型应用是解决手写字符识别问题。

当我们第一次见到“支持向量机”这个名词时，可能会感到“懵圈”。单从这个名字来看，它就散发着非常神秘的气息。其实名字就是“拦路虎”，就像我们前面学习的“朴素贝叶斯”一样。

我们先来学习几个简单的概念。支持向量机中有一个非常重要的角色，那就是支持向量，支持向量机这个算法名字由它而来（机，指的是“一种算法”），要想理解什么是支持向量，就首先要理解“间隔”这个词。

支持向量机中有一个非常重要的概念，就是“最大间隔”，它是衡量支持向量机分类结果是否最优的标准之一。下面通过象棋的例子来理解什么是“间隔”。象棋是我国独有的一类娱乐活动，棋子分为黑子和红子，并用“楚河汉界”将其分开。如果用一条直线将不同颜色的棋子进行分类，这显然信手拈来，只需要在“楚河汉界”内画一条“中轴线”，就能以最优的方式将它们分开，这样就能保证两边距离最近的棋子有充分的“间隔”。

间隔又分为软间隔和硬间隔。其实这很好理解，当我们使用直线分类时，会本着尽可能将类别全都区分开来的原则，但总存在一些另类的数据样本点不能被正确分类，如果允许这样的数据样本点存在，那么画出的间隔就称为软间隔；反之，态度强硬，必须要求“你是你，我是我”，这种间隔就称为硬间隔。在处理实际业务时，硬间隔只是一种理想状态。

上述所说的有充分的“间隔”，其实就是“最大间隔”。你可能会问，为什么是最大间隔呢，两个类别只要能区分开不就行了吗？其实这涉及算法模型最优问题，就像平常所说的一样，做事要留有余地。如果将数据样本点分割得不留余地，就会对随机扰动的噪声特别敏感，这样就很容易破坏掉之前的分类结果，学术上称为健壮性差，因此我们在分类时要尽可能使正负两类分割距离达到最大间隔。

当对弈双方在下棋之前，需要将散落在棋盘上的棋子放回各自的位置，此时这些棋子并非按照颜色排列在“楚河汉界”两边，而是“杂乱无章”地放在棋盘上，那么如何快速地将这些棋子分类呢？当然你也许会想到用手一个个地挑出来，但是这里的棋子只是类比数据样本点，在实际的业务中你可能面对的是成千上亿的数据样本点，要想解决这个问题，支持向量机就派上了用场。

如果用“画直线”的方法，一定不能解决上述问题。因此，简单的线性函数“貌似”派不上用场，那么如果解决呢？

我们不妨回忆一下逻辑回归算法，通过给线性函数“套”上一层逻辑函数就解决了离散数据的分类问题。支持向量机能否按照同样的思维方式来解决呢？答案是肯定的。

支持向量机类似于逻辑回归，也是基于线性函数 $\boldsymbol{W}^{\mathrm{T}}\boldsymbol{X}+b$ 的。不同于逻辑回归的是，支持向量机不输出概率，只输出类别。

当$\boldsymbol{W}^{\mathrm{T}}\boldsymbol{x}+b$为正时，支持向量机预测数据样本点属于正类；当$\boldsymbol{W}^{\mathrm{T}}\boldsymbol{x}+b$为负时，支持向量机预测数据样本点属于负类。当然，在判断类别的过程中还要用到支持向量机的其他两个核心构件，也就是高维映射和核函数，否则无法实现利用线性函数解决分类问题，至于是如何解决的，后续知识会做详细讲解。

我们现在回到当初的问题，如何将对局中的黑子和红子进行分类。也许喜欢金庸武侠的读者已经想到了答案。

假如你是一位拥有深厚内力的大侠，那么你直接可以拍盘而起，让棋子飞起来，同时让黑子飞高一些，白子则相对飞低一些，这样在平面内无法线性区分的分类问题，瞬间变成了在立体空间内的分类问题，此时你以迅雷不及掩耳之势，在它们分开的间隔内插上一张薄纸，就可以轻易地将黑子、红子两种棋子分开。这里的棋子就相当于数据样本点，然而回到现实世界中，我们只是普通人，并非武侠小说中的大侠，因此不能凭借内力让棋子飞起来。既然不能用内力来解决问题，那么我们应该如何做呢？下面回归本节的主题——支持向量机，掌握了它，同样可以让棋子“飞起来”。下面就一起来看看支持向量机是如何让棋子“飞起来”的。

苏轼有诗云：“横看成岭侧成峰，远近高低各不同。不识庐山真面目，只缘身在此山中”。诗的前两句指明从不同的角度看待同一个事物会得到不同的结果，用这两句诗来引出高维映射这个概念再合适不过了。

支持向量机的三大核心构件分别是最大间隔、高维映射及核函数，高维映射则是支持向量机的第 2 个核心构件。我们知道线性分类器最大的特点就是简单，说白了就是“一根筋”，当面对非线性分类问题时不知变通，因此就需要帮它疏通一下，就像解决逻辑回归问题一样，高维映射就是我们要寻找的方法。

高维映射主要是用来解决“你中有我，我中有你”的分类问题的，也就是前面所说的“线性不可分问题”。所谓高维映射，就是站在更高的维度来解决低维度的问题。

我们都知道点、线、面可以构成三维立体图，如棋子是棋盘上的“点”，“间隔”是棋盘上的一条“线”，棋盘则是一个“面”。当我们拍盘而起时，棋子飞升就会形成一个多维的立体空间，示意图如图 3-5 所示。

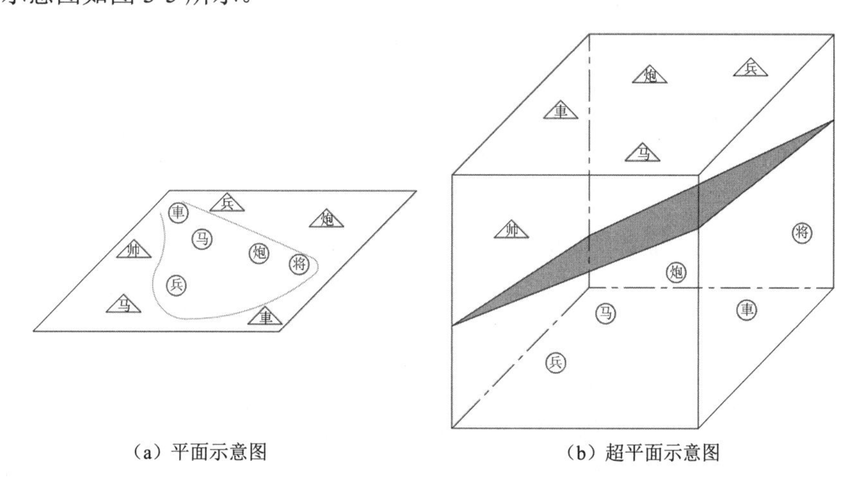

（a）平面示意图　　（b）超平面示意图

图 3-5　支持向量机案例

如图 3-5 所示，经过高维映射后，二维分布的数据样本点就变成了三维分布，而那张恰好分开棋子的纸［图 3-5（b）中的灰色平面］，支持向量机统称其为超平面。

通过增加一个维度的方法（给平面增加一个高度，使其变成三维空间），解决线性不可分问题。在上述过程中，仍存在一些问题会令人困惑，如为什么映射到高维空间后就一定能保证正负类分开。还有一个更令人挠头的问题，这个高维空间应该如何找？在新的空间中，原有的数据样本点的位置是如何确定的呢？

要想解决上述问题，就必须要了解支持向量机的最后一个核心部件——核函数（Kernel Function）。

核函数是一类功能性函数，类似逻辑函数。支持向量机规定，能够完成高维映射功能的数学函数都称为核函数。核函数在支持向量机中承担着两项任务，一是增加空间的维度，二是完成现有数据样本点从原空间到高维空间的映射。

支持向量机是用间隔作为损失函数的。支持向量机的学习过程就是使间隔最大化的过程，若想要了解支持向量机的运转机制，首先就得知道间隔怎么计算。

间隔大小是由距离分类界限最近的两个数据样本点（支持向量）决定的。支持向量机对间隔的定义非常简单，即处于最边缘的支持向量到超平面距离的总和，这里所说的距离就是常见的几何距离。随着维度的增加，间隔从开始的“点到直线的距离”变为“点到超平面的距离”。我们可以从点到直线的距离公式、点到平面的距离公式中归纳出点到超平面的距离公式。

$$d=\frac{|Ax_0+By_0+C|}{\sqrt{A^2+B^2}}$$

$$d=\frac{|Ax_0+By_0+Cz_0+D|}{\sqrt{A^2+B^2+C^2}}$$

$$d=\frac{|\boldsymbol{W}^{\mathrm{T}}\boldsymbol{x}+b|}{\|\boldsymbol{W}\|}$$

式中，$\boldsymbol{W}$ 为超平面的系数矩阵；$\boldsymbol{x}$ 为点的坐标；$\|\boldsymbol{W}\|$ 是矩阵 $\boldsymbol{W}$ 的二阶范数，其实不用理解什么是范数，根据点到直线的距离公式和点到平面的距离公式应该可以知道这个二阶范数在进行怎样的操作。

支持向量机使用 $y=1$ 来表示正类结果，使用 $y=-1$ 来表示负类结果，所以 $y=\boldsymbol{W}^{\mathrm{T}}\boldsymbol{x}+b$ 要么大于或等于 1，要么小于或等于-1，由此得出间隔也可以表示为

$$d=\frac{2}{\|\boldsymbol{W}\|}$$

式中，被除数是 2（常数）。而我们的目的是求最大间隔，因此公式转换如下。

$$\max\frac{1}{\boldsymbol{W}}\text{s.t.}，y_i\left(\boldsymbol{\omega}^{\mathrm{T}}\boldsymbol{x}_i+b\right)\geqslant 1，i=1,2,\cdots,n$$

即求 $\frac{1}{\|\boldsymbol{W}\|}$ 的最大值。此处需要注意，s.t.表示受约束（在某种条件下），上述公式要使左边最大，就要使分母最小，因为此处的分子是不变的（常数），所以可将上述公式转换为

$$\min\frac{\|\boldsymbol{W}\|^2}{2}$$

下面使用拉格朗日乘子法对上述公式进一步转换：

$$L(\boldsymbol{\omega},b,\alpha)=\frac{\|\boldsymbol{W}\|^2}{2}+\sum_{i=1}^{m}\alpha_{i\left[1-y_i\left(\boldsymbol{\omega}^{\mathrm{T}}\boldsymbol{x}_i+b\right)\right]}$$

在上述公式中，α 称为拉格朗日乘子。分别对上式中的 $\boldsymbol{W}$ 和 b 求导，并令导数为 0，则右边可表示为

$$\sum_{i=1}^{m}\alpha_i-\sum_{i=1}^{m}\sum_{j=1}^{m}\alpha_i\alpha_j y_i y_j \boldsymbol{x}_i^{\mathrm{T}}\boldsymbol{x}_j$$

这时就转变成如何求极值的问题：

$$\max\sum_{i=1}^{m}\alpha_i-\sum_{i=1}^{m}\sum_{j=1}^{m}\alpha_i\alpha_j y_i y_j \boldsymbol{x}_i^{\mathrm{T}}\boldsymbol{x}_j$$

注意，上式中的 $\boldsymbol{x}_i^{\mathrm{T}}\boldsymbol{x}_j$ 是一组向量的内积运算，其约束条件为

$$\text{s.t.}\sum_{i}^{m}\alpha_i y_i=0,\quad \alpha_i\geqslant 0$$

这样我们就通过拉格朗日乘子法和 SMO（二次规划法），求出了最大间隔。

上述过程中涉及了大量数学概念和数学运算，这些知识理解起来会比较烦琐，需要慢慢消化，甚至需要“恶补”一些数学知识。如果实在看不懂，建议跳过，毕竟这些知识不会影响使用支持向量机。

核函数就是一种函数映射，映射后低维向量变成高维向量，运算量将明显增加，直接运算会导致效率明显下降。不过，在间隔最大化的运算中只使用了高维向量内积运算的结果，并没有单独使用高维向量，也就是说，如果能简单地求出高维向量的内积，那么就可以满足求解最大间隔的条件。下面假设存在函数 K，能够满足下列条件：

$$K(\boldsymbol{x}_i,\boldsymbol{x}_j)=\{\varphi(\boldsymbol{x}_i)\varphi(\boldsymbol{x}_j)\}=\varphi(\boldsymbol{x}_i)^{\mathrm{T}}\varphi(\boldsymbol{x}_j)$$

这里的函数 K 就是我们前面所讲的核函数。有了核函数，所有涉及内积运算的结果，都可以通过函数 K 求解得出。

3.5.2　支持向量机模型的代码实现

学习了枯燥的公式，我们来实现支持向量机模型吧。

导入需要使用的包。

```
1. from sklearn import svm #导入支持向量机模型
2. from sklearn.datasets import load_iris #导入鸢尾花数据集
3. from sklearn.model_selection import train_test_split #导入数据集划分需要使用的包
4. from sklearn.metrics import confusion_matrix #导入混淆矩阵评价指标
5. from sklearn.metrics import accuracy_score #导入准确率评价指标
```

加载鸢尾花数据集，并查看其形状。

```
1. #加载鸢尾花数据集，其结果是个字典
2. iris=load_iris()
3. #查看数据集的形状，有多少个样本，每个样本有多少个特征
4. print(iris.data.shape)
```

输出结果如下，共有 150 个样本，每个样本有 4 个特征。

```
(150,4)
```

划分数据集。

```
1. #划分训练集和测试集，将随机数种子设置为 1，便于复现模型，训练集占数据集的 70%，剩下的为
测试集
2. train_data,test_data=train_test_split(iris.data,random_state=1,train_size=0.7,test_size=0.3)
3. train_label,test_label=train_test_split(iris.target,random_state=1,train_size=0.7,test_size=0.3)
```

实例化模型并进行训练。

```
1. #实例化模型，C 是正则化程度，C 的数值越大，惩罚力度越小，默认为 1，使用 rbf 核函数
2. model=svm.SVC(C=2.0,kernel='rbf',gamma=10,decision_function_shape='ovr')
3. #训练模型，ravel 将维度变为一维
4. model.fit(train_data,train_label.ravel())
```

进行预测，并评价，采用混淆矩阵和准确率进行评价。

```
1. #模型预测
2. pre_test=model.predict(test_data)
3. #准确率评价
4. score=accuracy_score(test_label,pre_test)
5. print(score)
6. #混淆矩阵评价
7. cm=confusion_matrix(test_label,pre_test)
8. print(cm)
```

输出结果如下。

```
1. 0.9333333333333333
2. [[13  0  1]
3.  [ 0 17  1]
4.  [ 0  1 12]]
```

从输出结果可以看出，支持向量机模型的效果还是很不错的。

3.6　KNN 模型

3.6.1　KNN 的概念

本节继续探讨机器学习分类算法——K 最近邻算法，简称 KNN（K-Nearest-Neighbor）算法。它是有监督学习分类算法的一种。

所谓 K 最近邻，就是 K 个最近的邻居，这些邻居对未知数据的类别进行投票，哪一类的票数多，未知数据就属于哪一类。在学习 KNN 算法的过程中，只需要把握两个原则。第 1 个原则是“少数服从多数”；第 2 个原则是“资格”，就是是否有资格进行投票。KNN 算法只会选择离这个数据最近的 K 个数据（邻居）对其进行投票，其他的数据就是过客了，看看戏就好了。KNN 算法案例如图 3-6 所示。

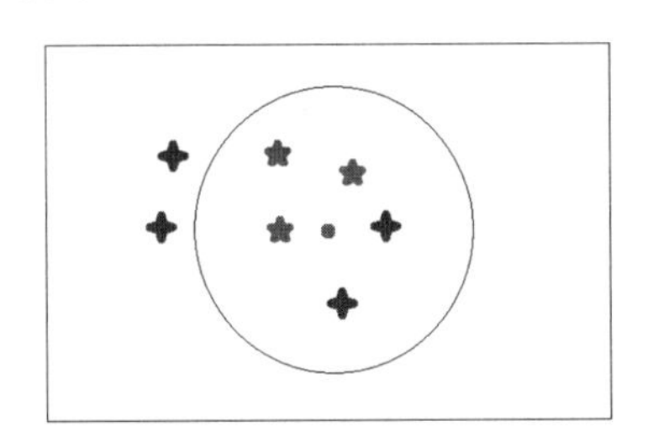

图 3-6　KNN 算法案例

那我们怎么判断数据是否有资格进行投票呢？为了判断未知数据的类别，将所有已知类别的数据作为参照来计算未知数据与所有已知数据的距离，从中选取与未知数据距离最近的 K 个已知数据，并根据“少数服从多数”的原则，将未知数据与 K 个最近数据中所属类别占比较多的归为一类，这就是 KNN 算法的基本原理。但是“资格”的计算方法有很多种，下面简单介绍两种常用方法。

第 1 种就是我们熟悉的欧氏距离，计算公式如下所示。

$$d=\sqrt{\left(x_2-x_1\right)^2+\left(y_2-y_1\right)^2}$$

式中，x_1、y_1 为点 1 的坐标；x_2、y_2 为点 2 的坐标。

根据欧氏距离计算公式，计算图 3-7 中 A、B 两点的距离。A 的坐标为(1,1)，B 的坐标为(3,3)，代入公式，计算得到 $d=\sqrt{(3-1)^2+(3-1)^2}=2\sqrt{2}$。

第 2 种为曼哈顿距离，曼哈顿距离相对来说用得少一点，其计算公式如下所示。

$$d=\left|x_2-x_1\right|+\left|y_2-y_1\right|$$

计算图 3-7 中 A、B 两点的曼哈顿距离，为了方便理解，其结果如图 3-8 所示，只需要计算图 3-8 上两条线段 d_1、d_2 的和。代入曼哈顿距离计算公式，可以得到 A、B 两点的曼哈顿距离为 $d=|3-1|+|3-1|=4$。

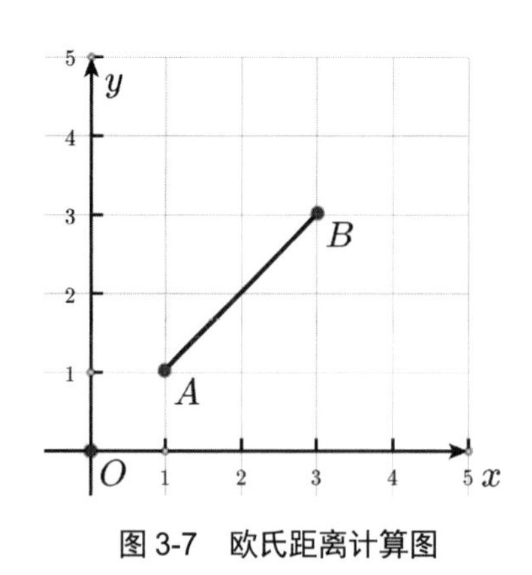

图 3-7　欧氏距离计算图

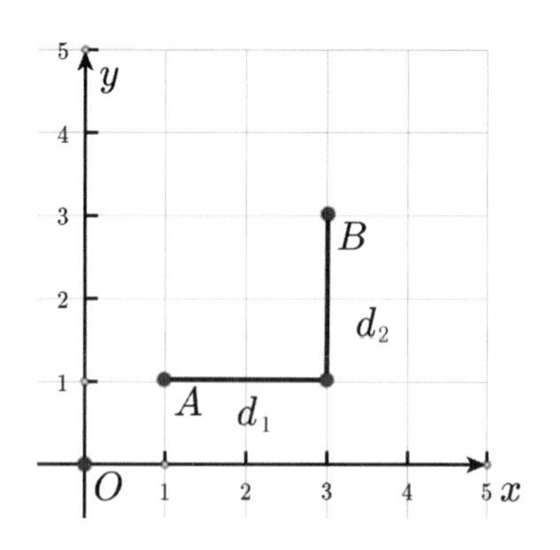

图 3-8　A、B 两点的曼哈顿距离

那么两者的区别是什么呢？其实很容易理解，我们知道两点之间线段最短，*A* 和 *B* 之间的最短距离就是欧氏距离，但是在实际情况中，由于受到实际环境因素的影响，我们有时无法按照既定的最短距离行进，如你在一个楼宇众多的小区内，你想从 *A* 栋到达 *B* 栋，但是中间隔着其他楼房，因此你必须按照街道路线行进，这种距离就被称作曼哈顿距离。

除上述两种距离外，还有汉明距离、余弦距离、切比雪夫距离、马氏距离等。在 KNN 算法中，较为常用的距离是欧氏距离。

KNN 算法简单易于理解，无须估计参数与训练模型，适合解决多分类问题。但它的不足是，当样本不均衡时，如一个类的样本容量很大，而其他类的样本容量很小，很可能导致当输入一个新样本时，该样本的 *K* 个最近邻居中大容量类的样本占多数，此时只依照数量的多少去预测未知样本的类型，可能会增大预测错误的概率。此时，我们就可以采用对样本取权重的方法来改进，如给样本多的类一个较小的权重，给样本少的类一个较大的权重，或者使用后续会讲的随机森林算法进行改进。

KNN 算法主要包括 4 个步骤，如下所示。

（1）准备数据，对数据进行预处理。

（2）计算测试样本点（也就是待分类点）到其他每个样本点的距离（选定度量距离的方法）。

（3）对每个距离进行排序，选出距离最小的 *K* 个点。

（4）对 *K* 个点所属的类进行比较，按照“少数服从多数”的原则（多数表决思想），将测试样本点归入 *K* 个点中占比最高的一类中。

现在问题就来了，KNN 算法中的 *K* 该怎么确定呢？*K* 的取值不同将会对分类结果产生影响。如图 3-6 所示，有五角星和四角星两种类别，中间的灰色小圆代表一个未知类别，现在通过 KNN 算法判断灰色小圆属于哪一类。当 *K* 取 5 的时候，灰色小圆周围的 3 个五角星都会投五角星 1 票，2 个四角星就都投四角星一票。最终就会以五角星 3 票的结果，认为灰色小圆属于五角星。但当 *K* 取 7 的时候，就会多 2 个四角星参与这次投票，最终就会以四角星 4 票判定灰色小圆属于四角星。

3.6.2　KNN 模型的代码实现

本节用 sklearn 来实现 KNN 模型。导入需要使用的包，这里以红酒数据集为例。

```
1. #导入需要使用的包
2. #导入 NumPy
3. import numpy as np
4. #导入红酒数据集需要使用的包
5. from sklearn.datasets import load_wine
6. #导入划分数据集需要使用的包
7. from sklearn.model_selection import train_test_split
8. #导入 KNN 算法需要使用的包
9. from sklearn.neighbors import KNeighborsClassifier
```

加载数据集并查看数据集形状、数据集键值对、数据集描述。

```
1. #加载数据集
2. RedWine_data=load_wine()
3. #查看数据集形状
4. print(RedWine_data.data.shape)
5. #查看数据集键值对
6. print(RedWine_data.keys())
7. #查看数据集描述
8. print(RedWine_data.DESCR)
```

输出结果如下。

```
1. (178,13)
2. dict_keys(['data','target','frame','target_names','DESCR','feature_names'])
3. .. _wine_dataset:
4.
5. Wine recognition dataset
6. ------------------------
7.
8. **Data Set Characteristics:**
9.
10.     :Number of Instances: 178 (50 in each of three classes)
11.     :Number of Attributes: 13 numeric,predictive attributes and the class
12.     :Attribute Information:
13.         - Alcohol
14.         - Malic acid
15.         - Ash
16.         - Alcalinity of ash
17.         - Magnesium
18.         - Total phenols
19.         - Flavanoids
20.         - Nonflavanoid phenols
```

```
21.         - Proanthocyanins
22.         - Color intensity
23.         - Hue
24.         - OD280/OD315 of diluted wines
25.         - Proline
26.
27.     - class:
28.             - class_0
29.             - class_1
30.             - class_2
31.
32.     :Summary Statistics:
33.
34.     ============================= ==== ===== ======= =====
35.                                    Min   Max   Mean     SD
36.     ============================= ==== ===== ======= =====
37.     Alcohol:                       11.0  14.8    13.0   0.8
38.     Malic Acid:                    0.74  5.80    2.34  1.12
39.     Ash:                           1.36  3.23    2.36  0.27
40.     Alcalinity of Ash:             10.6  30.0    19.5   3.3
41.     Magnesium:                     70.0 162.0    99.7  14.3
42.     Total Phenols:                 0.98  3.88    2.29  0.63
43.     Flavanoids:                    0.34  5.08    2.03  1.00
44.     Nonflavanoid Phenols:          0.13  0.66    0.36  0.12
45.     Proanthocyanins:               0.41  3.58    1.59  0.57
46.     Colour Intensity:               1.3  13.0     5.1   2.3
47.     Hue:                           0.48  1.71    0.96  0.23
48.     OD280/OD315 of diluted wines:  1.27  4.00    2.61  0.71
49.     Proline:                        278  1680     746   315
50.     ============================= ==== ===== ======= =====
51.
52.     :Missing Attribute Values: None
53.     :Class Distribution: class_0 (59),class_1 (71),class_2 (48)
54.     :Creator: R.A. Fisher
55.     :Donor: Michael Marshall (MARSHALL%PLU@io.arc.nasa.gov)
56.     :Date: July,1988
57.
58. This is a copy of UCI ML Wine recognition datasets.
59. https://ar**ive.ics.uci.edu/ml/machine-learning-databases/wine/wine.data
60.
61. The data is the results of a chemical analysis of wines grown in the same
62. region in Italy by three different cultivators. There are thirteen different
63. measurements taken for different constituents found in the three types of
```

```
64. wine.
65.
66. Original Owners:
67.
68. Forina,M. et al,PARVUS -
69. An Extendible Package for Data Exploration,Classification and Correlation.
70. Institute of Pharmaceutical and Food Analysis and Technologies,
71. Via Brigata Salerno,16147 Genoa,Italy.
72.
73. Citation:
74.
75. Lichman,M. (2013). UCI Machine Learning Repository
76. [https://ar**ive.ics.uci.edu/ml]. Irvine,CA: University of California,
77. School of Information and Computer Science.
78.
79. .. topic:: References
80.
81.   (1) S. Aeberhard,D. Coomans and O. de Vel,
82.   Comparison of Classifiers in High Dimensional Settings,
83.   Tech. Rep. no. 92-02,(1992),Dept. of Computer Science and Dept. of
84.   Mathematics and Statistics,James Cook University of North Queensland.
85.   (Also submitted to Technometrics).
86.
87.   The data was used with many others for comparing various
88.   classifiers. The classes are separable,though only RDA
89.   has achieved 100% correct classification.
90.   (RDA : 100%,QDA 99.4%,LDA 98.9%,1NN 96.1% (z-transformed data))
91.   (All results using the leave-one-out technique)
92.
93.   (2) S. Aeberhard,D. Coomans and O. de Vel,
94.   "THE CLASSIFICATION PERFORMANCE OF RDA"
95.   Tech. Rep. no. 92-01,(1992),Dept. of Computer Science and Dept. of
96.   Mathematics and Statistics,James Cook University of North Queensland.
97.   (Also submitted to Journal of Chemometrics).
```

从输出结果的第 1 行可以知道该数据集包含 178 个样本，每个样本有 13 个特征，各个特征代表的意思（也就是特征的名称）在数据集描述中可以找到。

划分数据集为测试集和训练集，使用默认的划分比例，也就是数据集的 25%为测试集。

```
1. #将数据集划分为测试集和训练集
2. features_train,features_test,target_train,target_test=train_test_split(RedWine_data.data,RedWine_data.target)
```

实例化 KNN 模型，并进行训练。这里使用的 K 值为 5，读者可以试试其他不同的 K 值对模型的影响。

```
1. #实例化一个 KNN 模型，n_neighbors 为超参数，就是 K 值
```

```
2. KNN_Classifier_Model=KNeighborsClassifier(n_neighbors=5)
3. #进行训练
4. KNN_Classifier_Model.fit(features_train,target_train)
```

对测试集进行预测，并输出预测结果和真实结果。

```
1. #对测试集进行预测
2. target_pre=KNN_Classifier_Model.predict(features_test)
3. #输出预测结果
4. print(target_pre)
5. #输出真实结果
6. print(target_test)
```

输出结果如下。

```
1. [1 2 0 2 0 0 0 0 1 1 0 1 2 0 2 1 1 0 1 0 2 1 2 0 0 0 1 1 2 1 1 0 0 0 0 2 1  1 1 0 1 0 1 0 1]
2. [1 2 0 2 0 0 0 1 1 1 0 1 1 0 2 2 1 0 2 0 1 1 2 0 2 0 1 1 1 1 1 1 0 0 0 2 2  1 1 0 2 0 1 0 1]
```

最后对模型进行评价。

```
1. #对模型进行评价
2. KNN_Classifier_Model_score=KNN_Classifier_Model.score(features_test,target_test)
3. print(KNN_Classifier_Model_score)
```

输出结果如下。

```
0.7777777777777778
```

模型分数约为 0.778，这个结果还算理想，读者可以试试改变 K 值来看看模型分数是否能够增加。

3.7 随机森林模型

3.7.1 随机森林的概念

有一个成语叫集思广益，指的是集中大众的智慧，广泛吸收有益的意见。在机器学习算法中有类似的思想，被称为集成学习（Ensemble Learning）。

前面我们学习了一种简单高效的算法——决策树算法，下面来介绍一种基于决策树的集成学习算法——随机森林算法（Random Forest Algorithm）。

随机森林，顾名思义，即使用随机的方式建立一个森林，这个森林由很多的决策树组成，并且每一棵决策树之间是相互独立的。

如果训练集有 M 个样本，则对于每棵决策树而言，以随机且有放回的方式从训练集中抽取 N 个训练样本（$N<M$），作为该决策树的训练集。除采用样本随机策略外，随机森林还采用了特征随机策略。假设每个样本有 K 个特征，从所有特征中随机选取 k 个特征（$k \leqslant K$），选择最佳分类特征作为节点建立 CART 决策树，重复该步骤，建立 m 棵 CART 决策树。这些树就组成了森林，这便是随机森林名字的由来。样本随机和特征随机在一定程度上避免了过拟合现象。

当有一个新的输入样本进入森林时，就让森林中的每一棵决策树分别对其进行判断，看看这个样本应该属于哪一类（对于分类算法而言），使用少数服从多数的投票法，看看哪一类被选择得最多，就预测该样本属于哪一类。

举个形象化的例子：森林中召开动物大会，讨论某个动物是狼还是狗，每棵树都要独立地发表对这个问题的看法，也就是每棵树都要投票，并且只能投狼或狗。依据投票情况，最终得票数最多的类别就是对这个动物的认定结果。在这个过程中，森林中每棵树都独立地对若干个弱分类器的分类结果进行投票选择，从而组成一个强分类器。

随机森林既可以处理特征为离散值的样本（分类问题），又可以处理特征为连续值的样本（回归问题）。另外，随机森林还可以应用于无监督学习的聚类问题，以及异常点检测。

作为一种新兴的、高度灵活的机器学习算法，随机森林（Random Forest，RF）拥有良好的应用前景。它在金融、医疗等行业应用广泛，如银行预测借贷顾客的风险等级，医药行业寻找正确的药品成分组合，同时该算法可以对病人的既往病史进行分析，这非常有助于确诊病人的疾病。

3.7.2 随机森林模型的代码实现

在 sklearn 机器学习库中提供了 Bagging 和 Boosting 两种集成学习方法，且都在 ensemble 类库下，包括随机森林算法。

下面我们简单实现一个随机森林模型。

导入需要使用的库。

```
1. #导入需要使用的库
2. #导入随机森林算法
3. from sklearn.ensemble import RandomForestClassifier
4. #导入鸢尾花数据集需要使用的包
5. from sklearn.datasets import load_iris
6. #导入划分数据集需要使用的包
7. from sklearn.model_selection import train_test_split
```

加载数据集，查看数据集的键值对、形状，数据集的描述在前面的内容中已经查看过了，为节约篇幅，此处就不再进行查看。

```
1. #加载鸢尾花数据集
2. iris_data =load_iris()
3. #查看数据集的键值对
4. print(iris_data.keys())
5. #查看数据集的形状，数据集的描述部分在前面的内容中已经查看过了，这里就不再查看
6. print(iris_data.data.shape)
```

输出结果如下。

```
1. dict_keys(['data','target','frame','target_names','DESCR','feature_names','filename','data_module'])
2. (150,4)
```

划分数据集。

```
1. #将数据集划分为测试集和训练集
2. features_train,features_test,target_train,target_test=train_test_split(iris_data.data,iris_data.target)
```

实例化随机森林模型，使用默认的基尼指数，并进行训练。

```
1. #实例化随机森林模型，使用默认的基尼指数
2. random_forest_cls_model=RandomForestClassifier()
3. #对模型进行训练
4. random_forest_cls_model.fit(features_train,target_train)
```

对测试集进行预测，输出预测结果和真实结果。

```
1. #对测试集进行预测
2. iris_pre=random_forest_cls_model.predict(features_test)
3. #输出预测结果
4. print(iris_pre)
5. #输出真实结果
6. print(target_test)
```

输出结果如下。

```
1. [0 2 1 1 2 2 1 1 2 0 2 2 1 0 1 1 2 0 1 1 1 2 1 1 0 0 2 1 0 0 1 0 1 0 2 1 1  2]
2. [0 2 1 1 2 2 1 1 2 0 2 2 1 0 1 1 2 0 1 1 1 2 2 1 0 0 2 1 0 0 1 0 1 0 2 1 1  2]
```

对模型进行评价，输出模型分数。

```
1. #对模型进行评价
2. score=random_forest_cls_model.score(features_test,target_test)
3. #输出模型分数
4. print(score)
```

输出结果如下。

```
0.9736842105263158
```

从输出结果来看，模型分数是相当不错的，果然还得集思广益。

第 4 章　前馈神经网络

神经网络（Neural Network，NN）也称为人工神经网络（Artificial Neural Network，ANN）或模拟神经网络（Simulate Neural Network，SNN）。神经网络是机器学习的子集，并且是深度学习算法的核心。神经网络是指一系列受生物学和神经科学启发的数学模型，这些模型主要通过对人脑的神经元网络进行抽象，构建人工神经元，并按照一定的拓扑结构来建立人工神经元之间的连接，从而模拟生物神经网络。

神经网络最早是一种主要的连接主义模型。20 世纪 80 年代中后期，流行的一种连接主义模型是分布式并行处理（Parallel Distributed Processing，PDP）模型，其有 3 个主要特性：①信息表示是分布式的（非局部的）；②记忆和知识是存储在单元之间的连接上的；③通过逐渐改变单元之间的连接强度来学习新的知识。连接主义的神经网络有着多种多样的网络结构及学习方法，虽然早期模型强调模型的生物学合理性（Biological Plausibility），但后期更关注对某种特定认知能力的模拟，如物体识别、语言理解等。尤其在引入误差反向传播来改进学习能力之后，神经网络越来越多地应用在各种机器学习任务上。随着训练数据的增多及（并行）计算能力的增强，神经网络在很多机器学习任务上已经取得了很大的突破，特别是在语音、图像等感知信号的处理上，神经网络表现出了卓越的学习能力。

在本书中，我们主要关注采用误差反向传播来进行学习的神经网络，即作为一种机器学习模型的神经网络。从机器学习的角度来看，神经网络一般可以看作一个非线性模型，其基本组成单元为具有非线性激活函数的神经元。通过大量神经元之间的连接，神经网络成为一种高度非线性的模型。神经元之间的连接权重就是需要学习的参数，可以通过机器学习框架中的梯度下降法来进行学习。本章主要介绍前馈神经网络，它是一种简单的神经网络，其各神经元分层排列，每个神经元只与前一层的神经元相连。各层接收前一层的输出，并输出给下一层，各层间没有反馈。前馈神经网络是应用最广泛、发展最迅速的神经网络之一。关于前馈神经网络的研究从 20 世纪 60 年代开始，其理论研究和实际应用达到了很高的水平。通过本章的学习，我们的主要任务是理解神经网络的概念，掌握前馈神经网络的模型结构和基本特征，了解在机器学习领域神经网络是如何自主学习的，并且能够自主完成神经网络的搭建。本章思维导图如图 4-1 所示。

图 4-1　本章思维导图

4.1　神经元与感知机

人工神经元（Artificial Neuron）简称神经元（Neuron），是构成神经网络的基本单元，其主要模拟生物神经元的结构和特性，接收一组输入信号并产生输出。人类的大脑拥有数以亿计的神经元。它们彼此相连，来给大脑传递信息，帮助人类做出决策、分类事物，以及进行各种运算等。

一个生物的神经元结构分为细胞体和突起两部分，具有联络和整合输入信息并输出信息的作用。突起包含树突和轴突，树突用来接收其他的神经元传递过来的信号，其一端连接轴突用来给其他的神经元传递信号，轴突的末端连接到其他神经元的树突或轴突上。神经元结构图如图 4-2 所示。

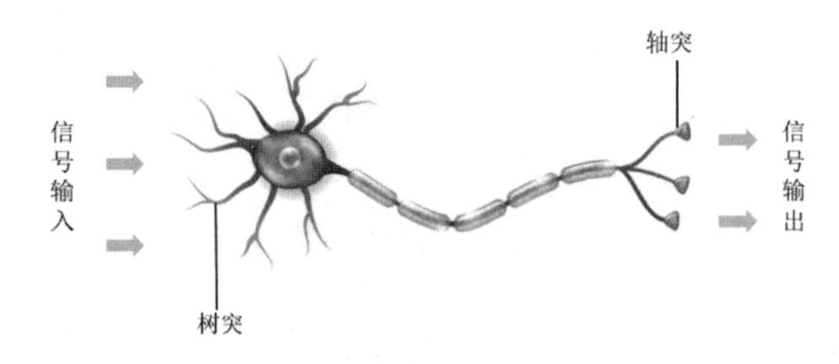

图 4-2　神经元结构图

我们所说的神经网络中的人造神经元是以类似的方法工作的。神经网络以人造神经元为基础，各神经元相互连接，完成信号传输、接收和处理。在神经网络的实现中，人造神经元间的传输信号为实数，随着学习深度的加深，该参数发生一定变化，每个神经元均对应一个阈值，当总信号高于阈值时，借助激励函数完成信号计算。在一般情况下，人造神经元为多层结构，每层可能具备不同的转换处理功能。信号从输入层进入，到输出层输出，其间经历多次穿层活动，最终的输出结果受拓扑结构影响，节点间的权重反映节点上的映射关系。神经网络模型拟合复杂非线性函数的功能极强，依靠带有标签的数据即可完成判断、识别活动。

在学习神经网络之前，我们先来了解什么是感知机。感知机在 20 世纪 50 年代末和 20 世纪 60 年代初由科学家 Frank Rosenblatt 提出，其灵感来自早期 Warren McCulloch 与 Walter Patts 的神经研究工作。图 4-3 介绍了感知机的工作原理。

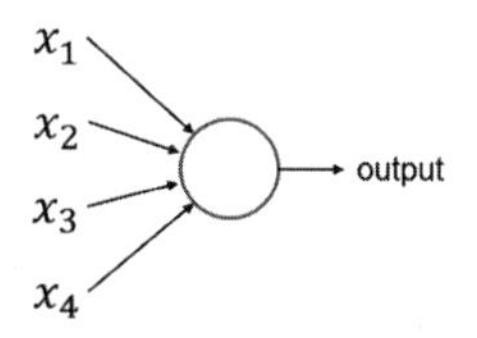

图 4-3　感知机的工作原理

感知机非常类似我们大脑的神经元，x_1, x_2, x_3, x_4 为输入信号，output 为输出信号，中间的圆形表示神经元细胞体。在图 4-3 中，我们只表示了 4 个输入信号，也可以用更多的输入信号。Frank Rosenblatt 提出了一个简单的规则来计算输出信号，他首先给每一个输入信号 x 引入了一个权重，然后将它们累加求和，计算的方法为

$$\sum_j w_j x_j$$

这类似于我们大脑的神经元对来自其他神经元传递的刺激脉冲的累加。Frank Rosenblatt 对于这个结果的 output，给予了一个阈值（Threshold），阈值是神经元的一个参数。当大于或等于这个阈值时，output 为 1；当小于这个阈值时，output 为 0。公式表示为

$$\text{output}\begin{cases}0 & \sum_j w_j x_j < \text{Threshold} \\ 1 & \sum_j w_j x_j \geqslant \text{Threshold}\end{cases}$$

感知机的工作原理可以理解为，将输入信号通过一系列的权重加权求和后，通过中间的某个激活函数得出的结果来和某个阈值进行比较，从而决定是否要继续输出。这种工作原理非常类似于我们大脑中的神经元。

从上面我们可以看出，单个感知机的作用非常小，就像我们大脑中的神经元一样，单个神经元并不能完成我们日常生活中的种种任务，但是如果加入非常多的神经元，它们就能组成像我们大脑中的神经网络一样的网络模型，完成复杂的任务。这就是我们所说的神经网络模型。

1943 年，心理学家 McCulloch 和数学家 Pitts 根据生物神经元的结构，提出了一种非常简单的神经元模型——MP 神经元。现代神经网络中的神经元和 MP 神经元的结构并无太多不同。值得注意的是，MP 神经元中的激活函数 f 为 0 或 1 的阶跃函数，而现代神经网络中的神

经元中的激活函数通常要求是连续可导的函数。

假设一个神经元接收 n 个输入信号 $x_1, x_2, \cdots, x_n$，令向量 $\boldsymbol{x} = (x_1, x_2, \cdots, x_n)$ 来表示这组输入信号。净输入（Net Input）也叫净活性值（Net Activation），用净输入 $z \in \mathbb{R}$ 表示一个神经元所获得的输入信号的加权和：

$$z = \sum_{d=1}^{D} w_d x_d + b = \boldsymbol{w}^{\mathrm{T}} \boldsymbol{x} + b$$

净输入 z 在经过一个非线性函数 f 后，得到神经元的活性值（Activation）a。

$$a = f(z)$$

式中，非线性函数 f 称为激活函数（Activation Function）。

图 4-4 给出了一个典型的神经元结构。

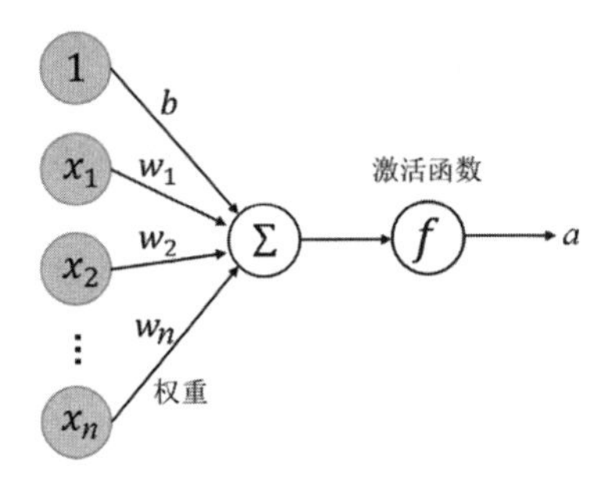

图 4-4　典型的神经元结构

4.2　激活函数

激活函数（Activation Function）是在神经网络中的神经元上运行的函数，负责将神经元的输入映射到输出端。在之前的感知机模型中，神经元对待输入参数是以加权求和的方式来进行运算的。如果我们不使用激活函数，那么我们输出的结果是输入参数的线性叠加的结果，一个神经元的结果又作为下一层神经网络中神经元的输入参数并且进行同样的操作。因此最后的整个神经网络的输出是线性的。但生活中的实际问题往往是非线性的，因此为了能够适应非线性的空间，在输出的结果之前加上一个非线性的激活函数，这样神经网络可以任意逼近任何非线性函数，从而可以应用到众多的非线性模型中。

激活函数在神经元中是非常重要的。为了增强神经网络的表示能力和学习能力，激活函数需要具备以下几点性质。

（1）连续可导（允许少数点上不可导）的非线性函数。可导的激活函数可以直接利用数值优化的方法来学习网络参数。

（2）激活函数及其导数要尽可能的简单，这样有利于提高网络计算效率。

（3）激活函数的导数的值域要在一个合适的区间内，不能太大也不能太小，否则会影响训练的效率和稳定性。

接下来我们介绍几种在神经网络中常用的激活函数。

4.2.1　Sigmoid 函数

前面章节曾简单地介绍过 Sigmoid 函数，为了章节的系统和完整性，在这里再次说明。Sigmoid 函数也叫逻辑函数，是机器学习中常见的 S 形函数，也称 S 形生长曲线，为两端饱和函数。

Sigmoid 函数定义为

$$S(x)=\frac{1}{1+\mathrm{e}^{-x}}$$

其对 x 的导数可以表示为

$$S'(x)=\frac{\mathrm{e}^{-x}}{\left(1+\mathrm{e}^{-x}\right)^2}$$

$$T=S(x)\big(1-S(x)\big)$$

图 4-5 给出了 Sigmoid 函数的曲线图。Sigmoid 函数连续且光滑，严格单调，关于(0,0.5)中心对称，可以将变量映射到(0,1)之间，是一个非常良好的阈值函数。当输入在 0 附近时，Sigmoid 函数近似为线性函数；当输入靠近横轴两端时，对输入进行抑制。输入越小，输出越接近 0；输入越大，输出越接近 1。这样的特点和生物神经元类似，对一些输入会产生兴奋（输出为 1），对另一些输入会进行抑制（输出为 0）。和感知机使用的阶跃函数相比，Sigmoid 函数是连续可导的，其数学性质更好。Sigmoid 函数可以用来进行二分类，并且在数据特征相差比较大或相差不是特别大时，效果都比较好。

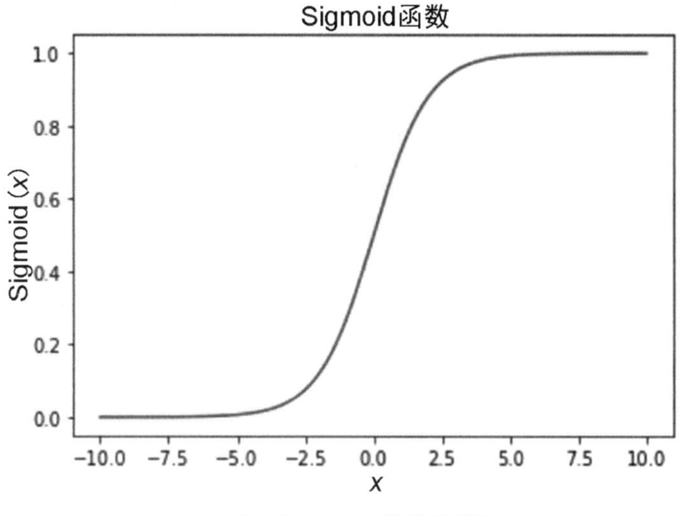

图 4-5　Sigmoid 函数的曲线图

Sigmoid 函数作为激活函数有以下优缺点。

优点：平滑、易于求导。

缺点：①Sigmoid 函数极容易导致梯度消失问题。假设神经元输入 Sigmoid 函数的值特别大或特别小，那么对应的梯度约等于 0，即使从上一步传导来的梯度较大，该神经元权重和偏置的梯度也会趋近 0，导致参数无法得到有效更新。②计算费时。在神经网络训练中，常常要计算 Sigmoid 函数的值，进行幂计算会导致耗时增加。③Sigmoid 函数不是关于原点中心对称的（Zero-centered）。

4.2.2 Tanh 函数

Sigmoid 函数有一个缺点，就是输出不以 0 为中心，进而使得收敛变慢。Tanh 函数则解决了这个问题，它是一个双曲正切函数。

Tanh 函数定义为

$$\mathrm{Tanh}(x)=\frac{\mathrm{Sinh}(x)}{\mathrm{Cosh}(x)}=\frac{\mathrm{e}^{x}-\mathrm{e}^{-x}}{\mathrm{e}^{x}+\mathrm{e}^{-x}}$$

其对 x 的导数可以表示为

$$\mathrm{Tanh}'(x)=1-\mathrm{Tanh}^{2}(x)$$

Tanh 函数图像如图 4-6 所示。Tanh 函数是一个奇函数，可以证明 Tanh 函数两边趋于无穷极限是饱和的，它可以视为放大并平移的 Sigmoid 函数，其值域是(−1,1)。

Tanh 函数作为激活函数有以下优缺点。

优点：①平滑、易于求导。②解决了 Sigmoid 函数收敛变慢的问题，相对于 Sigmoid 函数提高了收敛速度。

缺点：①梯度消失问题依然存在。②函数值的计算复杂度高，是指数级的。

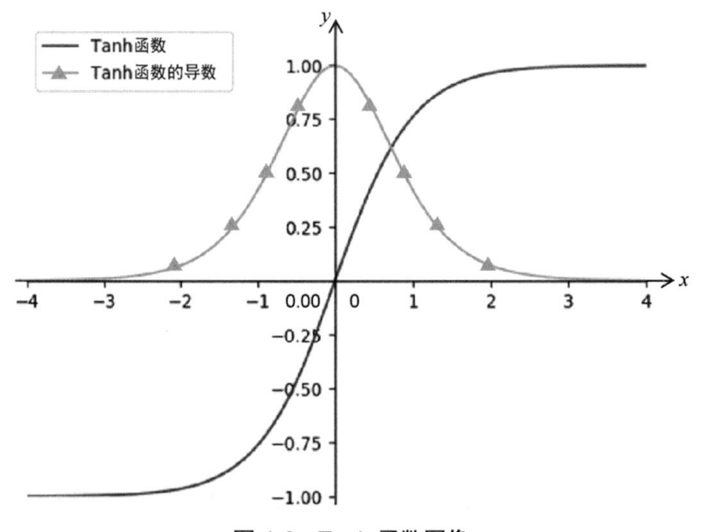

图 4-6　Tanh 函数图像

4.2.3 ReLU 函数

ReLU（Rectified Linear Unit，修正线性单元）函数也叫 Rectifier 函数。ReLU 函数实际上

是一个斜坡（Ramp）函数。

ReLU 函数定义为

$$\mathrm{ReLU}(x)=\begin{cases}x & x\geqslant 0\\0 & x<0\end{cases}=\max(0,x)$$

图 4-7 所示为 ReLU 函数图像。从 ReLU 函数表达式和图像可以明显看出，ReLU 函数其实是分段线性函数，把所有的负值都变为 0，而正值不变，这种操作被称为单侧抑制（也就是说，在输入是负值的情况下，它会输出 0，那么神经元就不会被激活。这意味着同一时间只有部分神经元会被激活，从而使得网络很稀疏，进而对计算来说是非常高效的）。正因为有了这种单侧抑制，神经网络中的神经元才具有了稀疏激活性。尤其是体现在深度神经网络模型（如 CNN）中，当模型增加 N 层之后，理论上 ReLU 神经元的激活率将降低到 2^N。

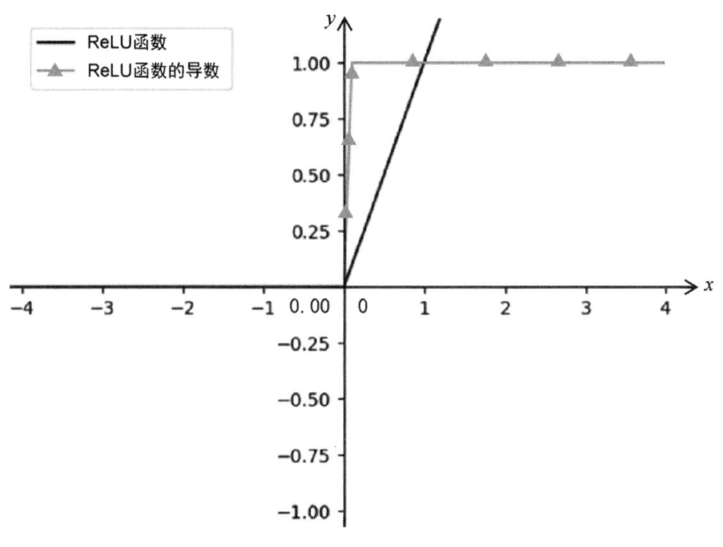

图 4-7　ReLU 函数图像

ReLU 函数作为激活函数有以下优缺点。

优点：①相比于 Sigmoid 函数的两端饱和，ReLU 函数为左饱和函数，且在 $x>0$ 时导数为 1，这在一定程度上缓解了神经网络的梯度消失问题。②没有复杂的指数运算，计算简单、效率提高。③收敛速度较快，比 Sigmoid 函数和 Tanh 函数快很多。④单侧抑制、宽兴奋边界使得 ReLU 函数比 Sigmoid 函数更符合生物学神经元激活机制。

缺点：①输出是非零中心化的，给后一层的神经网络引入偏置，会影响梯度下降的效率。②ReLU 神经元在训练时比较容易“死亡”。在训练时，如果参数在一次不恰当的更新后，第 1 个隐藏层中的某个 ReLU 神经元在所有的训练数据上都不能被激活，那么这个神经元自身参数的梯度永远都会是 0，在以后的训练过程中永远不能被激活。这种现象称为死亡 ReLU 问题（Dying ReLU Problem），并且有可能会发生在其他隐藏层。

在实际使用中，为了改善 ReLU 函数的缺点，提出了 ReLU 函数的变种函数，如 Leaky ReLU 函数、ELU（Exponential Linear Unit，指数线性单元）函数和 PReLU 函数。

Leaky ReLU 函数即带泄露的 ReLU 函数，在输入 $x<0$ 时，其保持一个很小的梯度 γ。这样当神经元非激活时，也能有一个非零的梯度可以更新参数，避免永远不能被激活。Leaky ReLU 函数图像如图 4-8 所示。Leaky ReLU 函数的定义如下。

$$\text{Leaky ReLU}(x)=\begin{cases}x & x>0\\ \gamma x & x\leqslant 0\end{cases}$$
$$=\max(0,x)+\gamma\min(0,x)$$

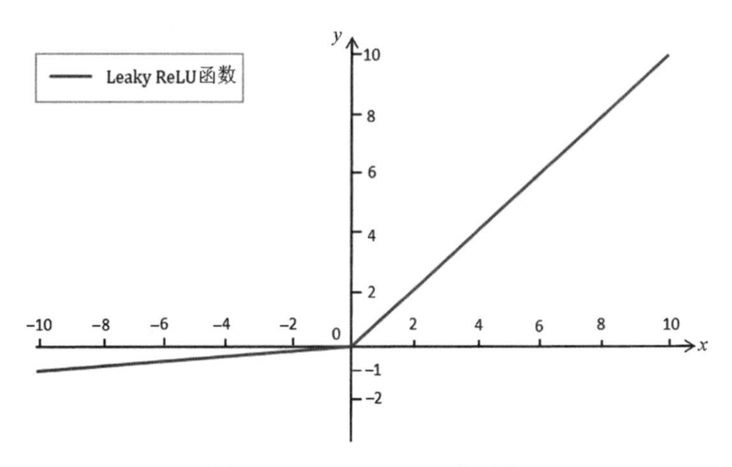

图 4-8　Leaky ReLU 函数图像

ELU 函数是一个近似的零中心化的非线性函数，其定义如下。

$$\text{ELU}(x)=\begin{cases}x & x>0\\ \alpha(\exp(x)-1) & x\leqslant 0\end{cases}$$
$$=\max(0,x)+\min(0,\alpha(\exp(x)-1))$$

式中，$\alpha\geqslant 0$ 是一个超参数，决定 $x\leqslant 0$ 时的饱和曲线，并调整输出的平均值在 0 附近。ELU 函数图像如图 4-9 所示。

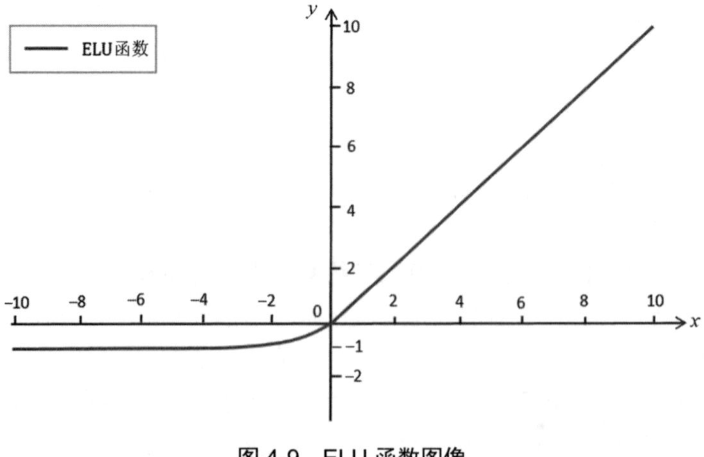

图 4-9　ELU 函数图像

PReLU 函数即带参数的 ReLU（Parametric ReLU）函数，它在 ReLU 函数的基础上引入一个可学习的参数，不同神经元可以有不同的参数。对于第 i 个神经元，PReLU 函数的定义如下。

$$\begin{aligned}\mathrm{PReLU}_i(x)&=\begin{cases}x & x>0\\ \alpha_i x & x\leqslant 0\end{cases}\\ &=\max(0,x)+\min(0,x)\end{aligned}$$

式中，a_i 为 $x\leqslant 0$ 时函数的斜率。因此，PReLU 函数是非饱和函数。如果 $a_i=0$，那 PReLU 函数就退化为 ReLU 函数。如果 a_i 为一个很小的常数，则 PReLU 函数可以看作带泄露的 ReLU 函数。PReLU 函数允许不同神经元具有不同的参数，也允许一组神经元共享一个参数。PReLU 函数图像如图 4-10 所示。

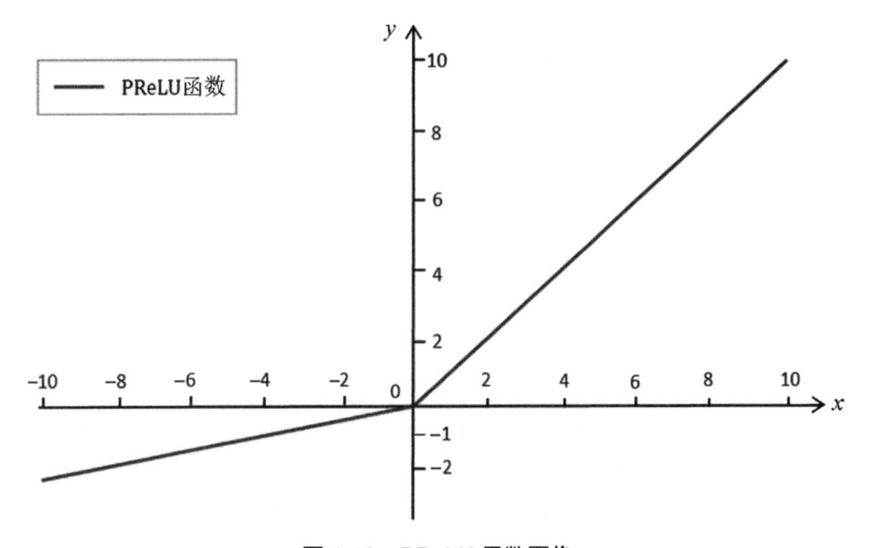

图 4-10　PReLU 函数图像

4.2.4　Swish 函数

Swish 函数是一种自门控（Self-Gated）激活函数，其定义为

$$\mathrm{Swish}(x)=x\sigma(\beta x)$$

式中，$\sigma(\cdot)$ 为 Sigmoid 函数；β 为可学习的参数或一个固定超参数。$\sigma(\cdot)\in(0,1)$可以看作一种软性的门控机制。当 $\sigma(\beta x)$ 接近 1 时，门处于“开”状态，激活函数的输出近似 x 本身；当 $\sigma(\beta x)$ 接近 0 时，门处于“关”状态，激活函数的输出近似 0。图 4-11 给出了 Swish 函数图像。

Swish 函数的设计受到了 LSTM 和高速网络中门控 Sigmoid 函数的启发，但 Swish 函数使用相同的门控值来简化门控机制，这称为自门控。自门控的优点在于只需要单个标量输入，而普通的门控需要多个标量输入。这使得类似 Swish 函数的自门控激活函数能够轻松替换以单个标量为输入的激活函数（如 ReLU 函数），而无须更改隐藏容量或参数数量。

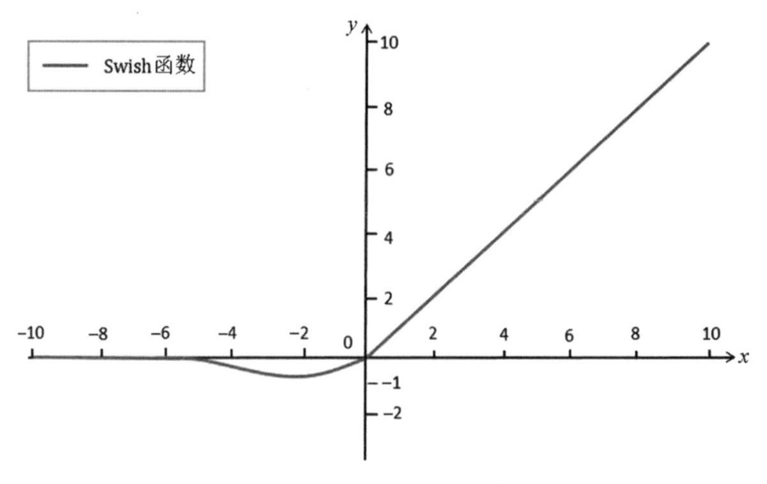

图 4-11　Swish 函数图像

Swish 函数的主要优点如下。

（1）Swish 函数的无界性有助于防止在慢速训练期间梯度逐渐接近 0 并导致饱和。

（2）Swish 函数的平滑度在优化和泛化中起了重要作用。

4.2.5　Maxout 函数

Sigmoid 函数、ReLU 函数等激活函数的输入是神经元的净输入，是一个标量。而 Maxout 函数的输入是上一层神经元的全部原始输出，是一个向量 $\boldsymbol{x}=(x_1,x_2,\cdots,x_D)$。Maxout 函数可以参考论文 *Maxout Networks*。Maxout 层是深度学习网络中的一层网络，就像池化层、卷积层等一样，我们可以把 Maxout 层看成网络的激活函数层。假设网络某一层的输入特征向量为 $\boldsymbol{x}=(x_1,x_2,\cdots,x_D)$，也就是输入 D 个神经元，则 Maxout 层每个神经元的计算公式为

$$\text{Maxout}(\boldsymbol{x})=\max_{k\in[1,K]}(z_k)$$

式中，K 是 Maxout 层所需要的参数，人为设定大小。其与 Dropout 层（随机失活层）的参数 p（每个神经元随机失活的概率）类似。z_k 的计算公式为

$$z_k=\boldsymbol{w}_k^{\mathrm{T}}\boldsymbol{x}+b_k$$

假设 Maxout 层的参数 K=5，则 Maxout 层如图 4-12 所示。

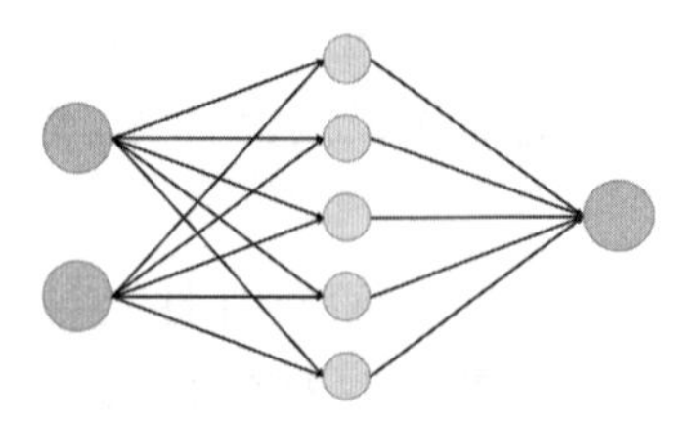

图 4-12　Maxout 层

4.2.6　Softplus 函数

Softplus 函数可以视为 ReLU 函数的平滑版本。相比于早期的激活函数，Softplus 函数和 ReLU 函数更加接近脑神经元的激活模型。神经网络正是基于脑神经科学发展而来的，这两个激活函数的应用促成了神经网络研究的新浪潮。Softplus 函数的定义为

$$\text{Softplus}(x) = \ln\left(1 + \mathrm{e}^{x}\right)$$

Softplus 函数的导数刚好是 Sigmoid 函数。相比于 ReLU 函数，Softplus 函数虽然也具有单侧抑制、宽兴奋边界的特性，却没有稀疏激活性。图 4-13 所示为 Softplus 函数图像。

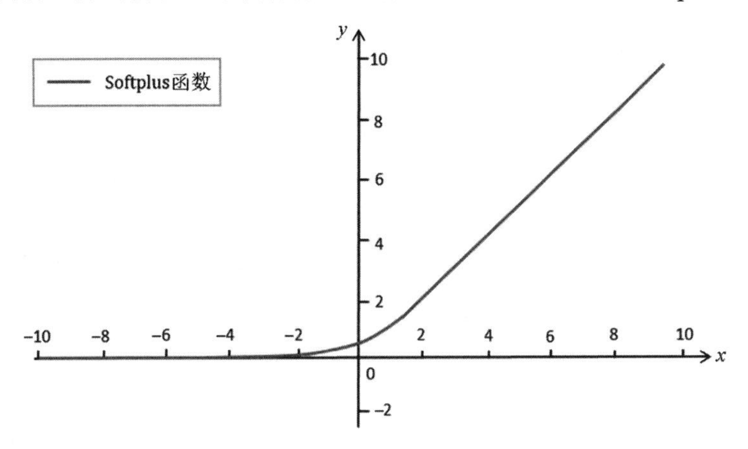

图 4-13　Softplus 函数图像

4.2.7　Softmax 函数

Softmax 函数常在神经网络输出层中充当激活函数，将输出层的值通过激活函数映射到(0,1)区间，当前输出可以看作属于各个分类的概率，从而用来进行多分类。Softmax 函数的映射值越大，则真实类别的可能性越大。Softmax 函数的计算公式为

$$\text{Softmax}(x) = \frac{\mathrm{e}^{x_i}}{\sum_{i} \mathrm{e}^{x_i}}$$

在图 4-14 中，Softmax 函数将一个[2.0,1.0,0.1]的向量转化为了[0.8,0.1,0.1]，而且各项之和为 1。

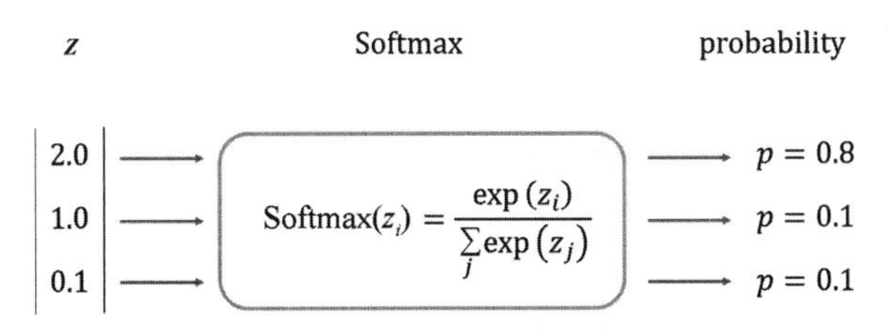

图 4-14　Softmax 函数计算示意图

Softmax 函数把输出映射成在(0,1)区间的值，并且做了归一化，所有元素的和累加起来等于 1。映射值可以直接当作概率对待，选取概率最大的分类作为预测目标。

4.3 前馈神经网络结构

给定一组神经元，我们可以将神经元作为节点来构建一个网络。不同的神经网络模型有不同网络连接的拓扑结构，一种比较直接的拓扑结构是前馈结构。前馈神经网络（Feedforward Neural Network，FNN）是最早发明的简单神经网络。前馈神经网络也经常称为多层感知机（Multi-Layer Perceptron，MLP），但多层感知机的叫法并不十分合理。因为前馈神经网络其实是由多层的逻辑回归模型（连续的非线性函数）组成的，而不是由多层的感知机（不连续的非线性函数）组成的。

在前馈神经网络中，各神经元分别属于不同的层。每一层的神经元可以接收前一层神经元的信号，并产生信号输出到下一层。第 0 层称为输入层，最后一层称为输出层。其他中间层称为隐藏层。整个前馈神经网络中无反馈，信号从输入层向输出层单向传播，可用一个有向无环图表示。图 4-15 给出了前馈神经网络的结构。表 4-1 给出了前馈神经网络符号含义。

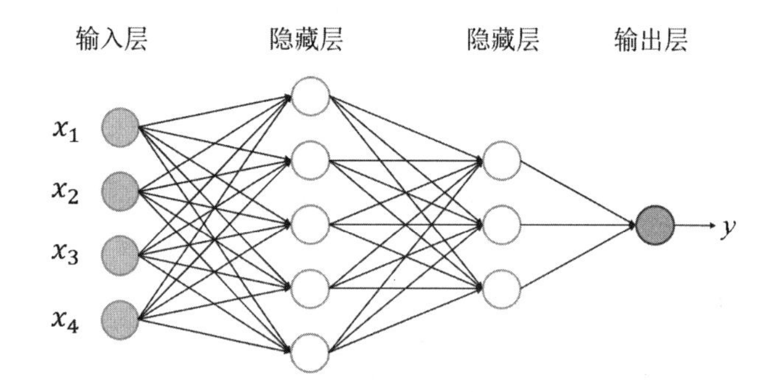

图 4-15　前馈神经网络的结构

表 4-1　前馈神经网络符号含义

符　号	含　义
L	神经网络的层数
M_l	第 l 层神经元的数量
$f_l(\cdot)$	第 l 层神经元的激活函数
$\boldsymbol{W}^{(l)} \in \mathbb{R}^{M_l \times M_{l-1}}$	第 $l-1$ 层到第 l 层的权重矩阵
$\boldsymbol{b}^{(l)} \in \mathbb{R}^{M_l}$	第 $l-1$ 层到第 l 层的偏置矩阵
$\boldsymbol{z}^{(l)} \in \mathbb{R}^{M_l}$	第 l 层神经元的净输入（净活性值）矩阵
$\boldsymbol{a}^{(l)} \in \mathbb{R}^{M_l}$	第 l 层神经元的输出（活性值）矩阵

令 $\boldsymbol{a}^{(0)} = \boldsymbol{x}$，前馈神经网络通过不断迭代下面的公式进行信息传输：

$$\boldsymbol{z}^{(l)} = \boldsymbol{W}^{(l)}\boldsymbol{a}^{(l-1)} + \boldsymbol{b}^{(l)} \tag{4-1}$$

$$\boldsymbol{a}^{(l)}=f_l\left(\boldsymbol{z}^{(l)}\right) \tag{4-2}$$

首先根据第 $l-1$ 层神经元的活性值 $\boldsymbol{a}^{(l-1)}$ 计算出第 l 层神经元的净活性值 $\boldsymbol{z}^{(l)}$。然后经过一个激活函数得到第 l 层神经元的活性值。因此，我们可以把每个神经层看作一个仿射变换（Affine Transformation）和一个非线性变换。式（4-1）和式（4-2）也可以合并写为

$$\boldsymbol{z}^{(l)}=\boldsymbol{W}^{(l)}f_{l-1}\left(\boldsymbol{z}^{(l-1)}\right)+\boldsymbol{b}^{(l)}$$

$$\boldsymbol{a}^{(l)}=f_l\left(\boldsymbol{W}^{(l)}\boldsymbol{a}^{(l-1)}+\boldsymbol{b}^{(l)}\right)$$

这样，前馈神经网络可以通过逐层的信息传输，得到网络最后的输出 $\boldsymbol{a}^{(L)}$。整个网络可以看作一个复合函数 $\phi(\boldsymbol{x};\boldsymbol{W},\boldsymbol{b})$，将向量 $\boldsymbol{x}$ 作为第 l 层的输入 $\boldsymbol{a}^{(0)}$，将第 L 层的输出 $\boldsymbol{a}^{(L)}$ 作为整个复合函数的输出。其中，$\boldsymbol{W}$ 和 $\boldsymbol{b}$ 表示网络中所有层的连接权重和偏置。

$$\boldsymbol{x}=\boldsymbol{a}^{(0)}\to\boldsymbol{z}^{(1)}\to\boldsymbol{a}^{(1)}\to\boldsymbol{z}^{(2)}\to\cdots\to\boldsymbol{a}^{(l-1)}\to\boldsymbol{z}^{(l)}\to\boldsymbol{a}^{(L)}=\phi(\boldsymbol{x};\boldsymbol{W},\boldsymbol{b})$$

4.3.1　通用近似定理

神经网络最有价值的地方可能在于，它可以在理论上证明：一个包含足够多隐藏层神经元的多层前馈神经网络，能以任意精度逼近任意预定的连续函数。这个定理即通用近似定理（Universal Approximation Theorem）。这里的 Universal 也有人将其翻译成“万能的”。因此，也有人将其译为“万能近似定理”。前馈神经网络具有很强的拟合能力，常见的连续非线性函数都可以用前馈神经网络来近似。

令 $\phi(\cdot)$ 是一个非常数、有界、单调递增的连续函数，$\mathcal{J}_D$ 是一个 D 维的单位超立方体 $[0,1]^D$，$C(\mathcal{J}_D)$ 是定义在 $\mathcal{J}_D$ 上的连续函数集合。对于任意给定的一个函数 $f\in C(\mathcal{J}_D)$，存在一个整数 M、一组实数 $v_m,b_m\in\mathbb{R}$ 及实数向量 $\boldsymbol{w}_m\in\mathbb{R}^D$，$m=1,2,\cdots,M$，从而我们可以定义函数：

$$F(\boldsymbol{x})=\sum_{m=1}^{M}v_m\phi\left(\boldsymbol{w}_m^{\mathrm{T}}\boldsymbol{x}+b_m\right)$$

作为函数 f 的近似实现，即

$$\left|F(\boldsymbol{x})-f(\boldsymbol{x})\right|<\epsilon,\quad \forall\boldsymbol{x}\in\mathcal{J}_D$$

式中，$\epsilon>0$ 是一个很小的正数。通用近似定理在实数空间 $\mathbb{R}^D$ 中的有界闭集上依然成立。

根据通用近似定理，对于具有线性输出层和至少一个使用“挤压”性质的激活函数的隐藏层组成的前馈神经网络，只要其隐藏层神经元的数量足够，它就可以以任意的精度来近似任意一个定义在实数空间 $\mathbb{R}^D$ 中的有界闭集函数。所谓“挤压”性质的激活函数，是指类似 Sigmoid 函数的有界激活函数。神经网络的通用近似性质被证明对于其他类型的激活函数，如 ReLU 函数，也都是适用的。

通用近似定理只是说明了神经网络的计算能力可以去近似一个给定的连续函数，但并没有给出如何找到这样一个网络，以及它是否是最优的。此外，当应用到机器学习上时，并不知道真实的映射函数，一般是通过经验风险最小化和正则化来进行参数学习的，因为神经网络的强大能力容易导致在训练集上过拟合。

4.3.2　应用到机器学习

根据通用近似定理，神经网络在某种程度上可以作为一个“万能”函数来使用，可以用来进行复杂的特征转换，或者近似一个复杂的条件分布。在机器学习中，输入样本的特征对分类器的影响很大。以监督学习为例，好的特征可以极大提高分类器的性能。因此，要取得好的分类效果，需要将样本的原始特征向量 $\boldsymbol{x}$ 转换为更有效的特征向量 $\phi(\boldsymbol{x})$，这个过程叫作特征提取。

多层前馈神经网络可以看作一个非线性复合函数 ϕ：$\mathbb{R}^{D} \to \mathbb{R}^{D'}$，将输入 $\boldsymbol{x} \in \mathbb{R}^{D}$ 映射为输出 $\phi(\boldsymbol{x}) \in \mathbb{R}^{D'}$。因此，多层前馈神经网络可以看作一种特征转换方法，其输出 $\phi(\boldsymbol{x})$ 作为分类器的输入进行分类。

给定一个训练样本 $(\boldsymbol{x}, y)$，先利用多层前馈神经网络将 $\boldsymbol{x}$ 映射为 $\phi(\boldsymbol{x})$，再将 $\phi(\boldsymbol{x})$ 输入分类器 $g(\cdot)$，即

$$\hat{\boldsymbol{y}} = g(\phi(\boldsymbol{x}); \boldsymbol{\theta})$$

式中，$g(\cdot)$ 为线性或非线性的分类器；$\boldsymbol{\theta}$ 为分类器 $g(\cdot)$ 的参数；$\hat{\boldsymbol{y}}$ 为分类器的输出。

特别地，如果分类器 $g(\cdot)$ 为逻辑回归分类器或 Softmax 回归分类器，那么 $g(\cdot)$ 可以看作网络的最后一层，即神经网络直接输出不同类别的条件概率 $p(y|\boldsymbol{x})$。

对于二分类问题 $y \in \{0,1\}$，并且采用逻辑回归，那么逻辑回归分类器可以看作神经网络的最后一层。也就是说，网络的最后一层只用一个神经元，并且其激活函数为 Sigmoid 函数。网络的输出可以直接作为类别 $y=1$ 的条件概率：

$$p(y=1|\boldsymbol{x}) = \boldsymbol{a}^{(L)}$$

对于多分类问题 $y \in \{1, 2, \cdots, C\}$，如果使用 Softmax 回归分类器，则相当于网络最后一层设置了 C 个神经元，其激活函数为 Softmax 函数。网络最后一层（第 L 层）的输出可以作为每个类别的条件概率，即

$$\hat{\boldsymbol{y}} = \text{Softmax}\left(\boldsymbol{z}^{(L)}\right)$$

式中，$\boldsymbol{z}^{(L)} \in \mathbb{R}^{C}$ 为第 L 层神经元的净输入；$\hat{\boldsymbol{y}} \in \mathbb{R}^{C}$ 为第 L 层神经元的输出，每一维分别表示不同类别标签的预测条件概率。

4.3.3　参数学习

在神经网络的学习中，需要寻找最优参数（权重和偏置），即寻找使损失函数的值尽可能小的参数。为了找到使损失函数的值尽可能小的参数，首先需要计算参数的梯度（导数），然后以这个导数为指引，逐步更新参数的值。

在神经网络的训练过程中，大部分模型通常使用交叉熵损失函数，对于样本$(\boldsymbol{x},y)$，其损失函数为

$$\mathcal{L}(\boldsymbol{y},\hat{\boldsymbol{y}})=-\boldsymbol{y}^{\mathrm{T}}\lg\hat{\boldsymbol{y}}$$

式中，$\boldsymbol{y}\in\{0,1\}^{C}$为标签$y$对应的 One-hot 编码向量表示。

给定训练集$\mathcal{D}=\left\{\left(\boldsymbol{x}^{(n)},\boldsymbol{y}^{(n)}\right)\right\}_{n=1}^{N}$，将每个样本$\boldsymbol{x}^{(n)}$输入前馈神经网络，得到网络输出为$\hat{\boldsymbol{y}}^{(n)}$，其在训练集$\mathcal{D}$上的结构化风险函数为

$$R(\boldsymbol{W},\boldsymbol{b})=\frac{1}{N}\sum_{n=1}^{N}\mathcal{L}\left(\boldsymbol{y}^{(n)},\hat{\boldsymbol{y}}(n)\right)+\frac{1}{2}\lambda\|\boldsymbol{W}\|_{\mathrm{F}}^{2}$$

式中，$\boldsymbol{W}$和$\boldsymbol{b}$分别表示网络中所有的权重和偏置；$\|\boldsymbol{W}\|_{\mathrm{F}}^{2}$是正则化项，用来防止过拟合；$\boldsymbol{\lambda}>0$为超参数。$\lambda$越大，$\boldsymbol{W}$越接近 0。这里的$\|\boldsymbol{W}\|_{\mathrm{F}}^{2}$为 Frobenius 范数：

$$\|\boldsymbol{W}\|_{\mathrm{F}}^{2}=\sum_{l=1}^{L}\sum_{i=1}^{M_l}\sum_{j=1}^{M_l}\left(w_{ij}^{(l)}\right)^{2}$$

有了学习准则和训练样本，网络参数就可以通过梯度下降法来进行学习。在梯度下降法的每次迭代中，第l层的参数$\boldsymbol{W}^{(l)}$和$\boldsymbol{b}^{(l)}$的更新方式为

$$\boldsymbol{W}^{(1)}-\alpha\frac{\partial R(\boldsymbol{W},\boldsymbol{b})}{\partial\boldsymbol{W}^{(1)}}\rightarrow\boldsymbol{W}^{(1)}$$

$$\boldsymbol{W}^{(l)}=\boldsymbol{W}^{(1)}-\alpha\left(\frac{1}{N}\sum_{n=1}^{N}\left(\frac{\partial\mathcal{L}\left(\boldsymbol{y}^{(n)},\hat{\boldsymbol{y}}^{(n)}\right)}{\partial\boldsymbol{W}^{(l)}}\right)+\lambda\boldsymbol{W}^{(l)}\right)$$

$$\boldsymbol{b}^{(1)}-\alpha R\frac{\partial R(\boldsymbol{W},\boldsymbol{b})}{\partial\boldsymbol{b}^{(1)}}\rightarrow\boldsymbol{b}^{(1)}$$

$$\boldsymbol{b}^{(l)}=\boldsymbol{b}^{(1)}-\alpha\left(\frac{1}{N}\sum_{n=1}^{N}\frac{\partial\mathcal{L}\left(\boldsymbol{y}^{(n)},\hat{\boldsymbol{y}}^{(n)}\right)}{\partial\boldsymbol{b}^{(l)}}\right)$$

式中，α为学习率。

梯度下降法需要计算损失函数对参数的偏导数。如果通过链式法则逐一对每个参数求偏导数，则比较低效。在神经网络的训练中，经常使用反向传播算法来高效地计算偏导数。

4.4 反向传播算法

反向传播（BackPropagation，BP）算法是目前用来训练神经网络的常用且有效的算法。将训练集数据输入神经网络的输入层，经过隐藏层，最后到达输出层并输出结果，这就是神经网络的前向传播过程。由于神经网络的输出结果与实际结果有误差，因此应先计算输出结果与实际结果之间的误差，并将该误差从输出层向隐藏层反向传播，直至传播到输入层。在反向传播的过程中，根据误差调整各种参数的值。不断迭代上述过程，直至收敛。

假设采用随机梯度下降法进行神经网络参数的学习，给定一个样本$(\boldsymbol{x}, y)$，将其输入神经网络，得到网络输出为$\hat{\boldsymbol{y}}$。假设损失函数为$\mathcal{L}(\boldsymbol{y}, \hat{\boldsymbol{y}})$，要进行参数学习就需要计算损失函数关于每个参数的偏导数。下面对第l层中的参数$\boldsymbol{W}^{(l)}$和$\boldsymbol{b}^{(l)}$计算偏导数。因为$\dfrac{\partial \mathcal{L}(\boldsymbol{y}, \hat{\boldsymbol{y}})}{\partial \boldsymbol{W}^{(l)}}$的计算涉及向量对矩阵的微分，因此我们先计算$\mathcal{L}(\boldsymbol{y}, \hat{\boldsymbol{y}})$关于参数矩阵中每个元素的偏导数$\dfrac{\partial \mathcal{L}(\boldsymbol{y}, \hat{\boldsymbol{y}})}{\partial w_{ij}^{(l)}}$。根据链式法则，有

$$\frac{\partial \mathcal{L}(\boldsymbol{y}, \hat{\boldsymbol{y}})}{\partial w_{ij}^{(l)}} = \frac{\partial \boldsymbol{z}^{(l)}}{\partial w_{ij}^{(l)}} \frac{\partial \mathcal{L}(\boldsymbol{y}, \hat{\boldsymbol{y}})}{\partial \boldsymbol{z}^{(l)}} \tag{4-3}$$

$$\frac{\partial \mathcal{L}(\boldsymbol{y}, \hat{\boldsymbol{y}})}{\partial b_{ij}^{(l)}} = \frac{\partial \boldsymbol{z}^{(l)}}{\partial b_{ij}^{(l)}} \frac{\partial \mathcal{L}(\boldsymbol{y}, \hat{\boldsymbol{y}})}{\partial \boldsymbol{z}^{(l)}} \tag{4-4}$$

式（4-3）和式（4-4）中的第 2 项都是目标函数关于第l层的神经元$\boldsymbol{z}^{(l)}$的偏导数，称为误差项，可以一次计算得到。这样我们只需要计算 3 个偏导数，分别为$\dfrac{\partial \boldsymbol{z}^{(l)}}{\partial w_{ij}^{(l)}}$、$\dfrac{\partial \boldsymbol{z}^{(l)}}{\partial \boldsymbol{b}^{(l)}}$和$\dfrac{\partial \mathcal{L}(\boldsymbol{y}, \hat{\boldsymbol{y}})}{\partial \boldsymbol{z}^{(l)}}$。

下面分别来计算上述 3 个偏导数。

（1）计算偏导数$\dfrac{\partial \boldsymbol{z}^{(l)}}{\partial w_{ij}^{(l)}}$。因为$\boldsymbol{z}^{(l)} = \boldsymbol{W}^{(l)}\boldsymbol{a}^{(l-1)} + \boldsymbol{b}^{(l)}$，所以

$$\begin{aligned}\frac{\partial \boldsymbol{z}^{(l)}}{\partial w_{ij}^{(l)}} &= \left[\frac{\partial z_1^{(l)}}{\partial w_{ij}^{(l)}}, \cdots, \frac{\partial z_i^{(l)}}{\partial w_{ij}^{(l)}}, \cdots, \frac{\partial z_{M_l}^{(l)}}{\partial w_{ij}^{(l)}}\right] = \left[0, \cdots, \frac{\partial\left(\boldsymbol{w}_{i:}^{(l)}\boldsymbol{a}^{(l-1)} + \boldsymbol{b}_i^{(l)}\right)}{\partial w_{ij}^{(l)}}, \cdots, 0\right] \\ &= \left[0, \cdots, a_j^{(l-1)}, \cdots, 0\right] \triangleq \boldsymbol{w}_i a_j^{(l-1)} \in \mathbb{R}^{1 \times M_l}\end{aligned}$$

式中，$\boldsymbol{w}_{i:}^{(l)}$为权重矩阵$\boldsymbol{W}^{(l)}$的第$i$行；$\boldsymbol{w}_i^{(l)} a_j^{(l-1)}$表示$i$个元素为$a_j^{(l-1)}$、其余元素为 0 的行向量。

（2）计算偏导数$\dfrac{\partial \boldsymbol{z}^{(l)}}{\partial \boldsymbol{b}^{(l)}}$。因为$\boldsymbol{z}^{(l)}$和$\boldsymbol{b}^{(l)}$的函数关系为$\boldsymbol{z}^{(l)} = \boldsymbol{W}^{(l)}\boldsymbol{a}^{(l-1)} + \boldsymbol{b}^{(l)}$，所以

$$\frac{\partial \boldsymbol{z}^{(l)}}{\partial \boldsymbol{b}^{(l)}} = \boldsymbol{I}_{M_l} \in \mathbb{R}^{M_l \times M_l}$$

式中，$\boldsymbol{I}_{M_l}$ 为 $M_l \times M_l$ 的单位矩阵。

（3）计算偏导数 $\frac{\partial \mathcal{L}(\boldsymbol{y},\hat{\boldsymbol{y}})}{\partial \boldsymbol{z}^{(l)}}$。偏导数 $\frac{\partial \mathcal{L}(\boldsymbol{y},\hat{\boldsymbol{y}})}{\partial \boldsymbol{z}^{(l)}}$ 表示第 l 层神经元对最终损失的影响，同时反映了最终损失对第 l 层神经元的敏感程度，因此一般称为第 l 层神经元的误差项，用 $\boldsymbol{\delta}^{(l)}$ 来表示。

$$\boldsymbol{\delta}^{(l)} = \frac{\partial \mathcal{L}(\boldsymbol{y},\hat{\boldsymbol{y}})}{\partial \boldsymbol{z}^{(l)}} \in \mathbb{R}^{M_l}$$

误差项 $\boldsymbol{\delta}^{(l)}$ 间接反映了不同神经元对网络能力的贡献程度，从而较好地解决了贡献度分配问题（Credit Assignment Problem，CAP）。

根据 $\boldsymbol{z}^{(l+1)} = \boldsymbol{W}^{(l+1)}\boldsymbol{a}^{(l)} + \boldsymbol{b}^{(l+1)}$，有

$$\frac{\partial \boldsymbol{z}^{(l+1)}}{\partial \boldsymbol{a}^{(l)}} = \left(\boldsymbol{W}^{(l+1)}\right)^{\mathrm{T}} \in \mathbb{R}^{M_l \times M_{l+1}}$$

根据 $\boldsymbol{a}^{(l)} = f_l\left(\boldsymbol{z}^{(l)}\right)$，其中 $f_l(\cdot)$ 为按位计算的函数，有

$$\frac{\partial \boldsymbol{a}^{(l)}}{\partial \boldsymbol{z}^{(l)}} = \frac{\partial f_l\left(\boldsymbol{z}^{(l)}\right)}{\partial \boldsymbol{z}^{(l)}} = \mathrm{diag}\left(f_l'\left(\boldsymbol{z}^{(l)}\right)\right) \in \mathbb{R}^{M_l \times M_l}$$

因此，根据链式法则，第 l 层神经元的误差项为

$$\begin{aligned}\boldsymbol{\delta}^{(l)} &= \frac{\partial \mathcal{L}(\boldsymbol{y},\hat{\boldsymbol{y}})}{\partial \boldsymbol{z}^{(l)}} = \frac{\partial \boldsymbol{a}^{(l)}}{\partial \boldsymbol{z}^{(l)}} \cdot \frac{\partial \boldsymbol{z}^{(l+1)}}{\partial \boldsymbol{a}^{(l)}} \cdot \frac{\partial \mathcal{L}(\boldsymbol{y},\hat{\boldsymbol{y}})}{\partial \boldsymbol{z}^{(l+1)}} \\ &= \mathrm{diag}\left(f_l'\left(\boldsymbol{z}^{(l)}\right)\right)\left(\boldsymbol{W}^{(l+1)}\right)^{\mathrm{T}} \boldsymbol{\delta}^{(l+1)} \\ &= f_l'\left(\boldsymbol{z}^{(l)}\right) \odot \left(\left(\boldsymbol{W}^{(l+1)}\right)^{\mathrm{T}} \boldsymbol{\delta}^{(l+1)}\right) \in \mathbb{R}^{M_l}\end{aligned} \tag{4-5}$$

式中，$\odot$表示向量的阿达马积，表示每个元素相乘。

从式（4-5）可以看出，第 l 层神经元的误差项可以通过第 l+1 层神经元的误差项计算得到，这就是误差的反向传播。反向传播算法的含义是：第 l 层的一个神经元的误差项（或敏感性）是所有与该神经元相连的第 l+1 层的神经元的误差项的权重和，再乘上该神经元激活函数的梯度。

在计算出上面 3 个偏导数之后，式（4-3）可以写为

$$\begin{aligned}\frac{\partial \mathcal{L}(\boldsymbol{y},\hat{\boldsymbol{y}})}{\partial w_{ij}^{(l)}} &= \boldsymbol{w}_i\left(a_j^{(l-1)}\right)\boldsymbol{\delta}^{(l)} \\ &= \left[0,\cdots,a_j^{(l-1)},\cdots,0\right]\left[\delta_1^{(l)},\cdots,\delta_i^{(l)},\cdots,\delta_{M_l}^{(l)}\right]^{\mathrm{T}} = \delta_i^{(l)} a_j^{(l-1)}\end{aligned} \tag{4-6}$$

式中，$\delta_i^{(l)} a_j^{(l-1)}$ 相当于向量 $\boldsymbol{\delta}^{(l)}$ 和向量 $\boldsymbol{a}^{(l-1)}$ 的外积的第 i 行第 j 列元素。式（4-6）可以进一步写为

$$\left[\frac{\partial \mathcal{L}(\boldsymbol{y},\hat{\boldsymbol{y}})}{\partial \boldsymbol{W}^{(l)}}\right]_{ij}=\left[\boldsymbol{\delta}^{(l)}\left(\boldsymbol{a}^{(l-1)}\right)^{\mathrm{T}}\right]_{ij}$$

因此，$\partial \mathcal{L}(\boldsymbol{y},\hat{\boldsymbol{y}})$ 关于第 l 层权重 $\boldsymbol{W}^{(l)}$ 的梯度为

$$\frac{\partial \mathcal{L}(\boldsymbol{y},\hat{\boldsymbol{y}})}{\partial \boldsymbol{W}^{(l)}}=\boldsymbol{\delta}^{(l)}\left(\boldsymbol{a}^{(l-1)}\right)^{\mathrm{T}} \in \mathbb{R}^{M_l \times M_{l-1}}$$

同理，$\partial \mathcal{L}(\boldsymbol{y},\hat{\boldsymbol{y}})$ 关于第 l 层偏置 $\boldsymbol{b}^{(l)}$ 的梯度为

$$\frac{\partial \mathcal{L}(\boldsymbol{y},\hat{\boldsymbol{y}})}{\partial \boldsymbol{b}^{(l)}}=\boldsymbol{\delta}^{(l)} \in \mathbb{R}^{M_l}$$

在计算出每一层的误差项之后，我们就可以得到每一层参数的梯度。因此，使用误差反向传播算法的前馈神经网络训练过程可以分为以下 3 步。

（1）前馈计算每一层的净输入 $\boldsymbol{z}^{(l)}$ 和输出 $\boldsymbol{a}^{(l)}$，直到最后一层。

（2）反向传播计算每一层的误差项 $\boldsymbol{\delta}^{(l)}$。

（3）计算每一层参数的偏导数，并更新参数。

算法 4.1 给出了使用反向传播算法的随机梯度下降训练过程。

算法 4.1　使用反向传播算法的随机梯度下降训练过程

输入：训练集 $\mathcal{D}=\left\{\left(\boldsymbol{x}^{(n)},\boldsymbol{y}^{(n)}\right)\right\}_{n=1}^{N}$、验证集 $\mathcal{V}$、学习率 α、正则化系数 λ、神经网络的层数 L、第 l 层神经元的数量 M_l，$1 \leqslant l \leqslant L$。

1　随机初始化 $\boldsymbol{W}$、$\boldsymbol{b}$；
2　repeat
3　　对训练集 $\mathcal{D}$ 中的样本随机重排序；
4　　for n=1,2,⋯, N do
5　　　从训练集 $\mathcal{D}$ 中选取样本 $\left(\boldsymbol{x}^{(n)},\boldsymbol{y}^{(n)}\right)$；
6　　　前馈计算每一层的净输入 $\boldsymbol{z}^{(l)}$ 和输出 $\boldsymbol{a}^{(l)}$，直到最后一层；
7　　　反向传播计算每一层的误差项 $\boldsymbol{\delta}^{(l)}$；
8　　　//计算每一层参数的偏导数
9　　　$\forall l,\ \dfrac{\partial \mathcal{L}\left(\boldsymbol{y}^{(n)},\hat{\boldsymbol{y}}^{(n)}\right)}{\partial \boldsymbol{W}^{(l)}}=\boldsymbol{\delta}^{(l)}\left(\boldsymbol{a}^{(l-1)}\right)^{\mathrm{T}}$；
10　　　$\forall l,\ \dfrac{\partial \mathcal{L}\left(\boldsymbol{y}^{(n)},\hat{\boldsymbol{y}}^{(n)}\right)}{\partial \boldsymbol{b}^{(l)}}=\boldsymbol{\delta}^{(l)}$；
11　　　//更新参数
12　　　$\boldsymbol{W}^{(l)}-\alpha\left(\boldsymbol{\delta}^{(l)}\left(\boldsymbol{a}^{(l-1)}\right)^{\mathrm{T}}+\lambda \boldsymbol{W}^{(l)}\right) \rightarrow \boldsymbol{W}^{(1)}$；
13　　　$\boldsymbol{b}^{(l)}-\alpha \boldsymbol{\delta}^{(l)} \rightarrow \boldsymbol{b}^{(1)}$；
14　　end

15　until 神经网络模型在验证集 $\mathcal{V}$ 上的错误率不再下降；
16　输出：$\boldsymbol{W}$ 、$\boldsymbol{b}$

4.5　梯度计算

前面已经介绍了神经网络的最终目标，即使所定义的损失函数的值达到最小。为了使损失函数的值最小，常使用的核心方法是“梯度法”。本节将介绍神经网络中参数的梯度是如何计算的。

当确定了风险函数及网络结构后，我们就可以手动用链式法则来计算风险函数对每个参数的梯度，并用代码进行实现。如果手动求导，则其过程非常琐碎并容易出错，导致神经网络的实现变得十分低效。实际上，参数的梯度可以让计算机来自动计算。目前，主流的深度学习框架都包含了自动梯度计算的功能。即我们可以只考虑网络结构并用代码实现，其梯度可以自动进行计算，无须人工干预，这样可以大幅提高开发效率。自动计算梯度的方法可以分为以下三类：数值微分、符号微分和自动微分。

4.5.1　数值微分

数值微分（Numerical Differentiation）是指用数值方法来计算函数 $f(x)$ 的导数。函数 $f(x)$ 在点 x 处的导数定义为

$$f'(x)=\lim_{\Delta x\to 0}\frac{f(x+\Delta x)-f(x)}{\Delta x}$$

要计算函数 $f(x)$ 在点 x 处的导数，可以对其加上一个很小的非零的扰动 Δx，通过上述定义来直接计算函数 $f(x)$ 的导数。数值微分方法非常容易实现，但找到一个合适的扰动 Δx 十分困难。如果 Δx 过小，则会引起数值计算问题，如舍入误差；如果 Δx 过大，则会增加截断误差，使得导数计算不准确。因此，数值微分的实用性比较差。

数学小知识

舍入误差（Round-off Error）是指数值计算中由于数字舍入造成的近似值和精确值之间的差异，如用浮点数来表示实数。

截断误差（Truncation Error）是数学模型的理论解与数值计算问题的精确解之间的误差。在实际应用中，经常使用下面的公式来计算导数，这样可以减少截断误差。

$$f'(x)=\lim_{\Delta x\to 0}\frac{f(x+\Delta x)-f(x-\Delta x)}{2\Delta x}$$

假设参数数量为 N，则每个参数都需要单独施加扰动，并计算梯度。假设每次前向传播的计算复杂度为 $O(N)$，则数值微分的总体计算复杂度为 $O(N^2)$。

4.5.2 符号微分

符号微分（Symbolic Differentiation）是一种基于符号计算的自动求导方法。和符号计算相对应的概念是数值计算，即将数值代入数学表示中进行计算。符号计算也叫代数计算，是指用计算机来处理带有变量的数学表达式。这里的变量被看作符号（Symbols），一般不需要代入具体的值。符号计算的输入和输出都是数学表达式，一般包括对数学表达式的化简、因式分解、微分、积分、求解代数方程、求解常微分方程等运算。

例如，数学表达式的化简：

$$输入：3x - x + 2x + 1$$

$$输出：4x + 1$$

一般来讲，符号计算是指对输入的数学表达式，通过迭代或递归使用一些事先定义的规则进行转换。当转换结果不能再继续使用规则时，便停止计算。

符号微分可以在编译时就计算梯度的数学表示，并进一步利用符号计算方法进行优化。此外，符号计算的一个优点是符号计算和平台无关，可以在 CPU 或 GPU 上运行。符号微分的不足之处：①编译时间较长，特别是对于循环，需要很长的时间进行编译；②为了进行符号微分，一般需要设计一种专门的语言来表示数学表达式，并且要对变量（符号）进行预先声明；③很难对程序进行调试。

4.5.3 自动微分

自动微分（Automatic Differentiation，AD）是一种可以对一个（程序）函数计算导数的方法。符号微分的处理对象是数学表达式，而自动微分的处理对象是一个函数或一段程序。

自动微分的基本原理是首先将所有的数值计算分解为一些基本操作，包含+、−、×、/和一些初等函数 exp、log、sin、cos 等，然后利用链式法则来自动计算一个复合函数的导数。

为简单起见，这里以一个神经网络中常见的复合函数的例子来说明自动微分的过程。令复合函数 $f(x;w,b)$ 为

$$f(x;w,b) = \frac{1}{\exp(-(wx+b))+1}$$

式中，x 为输入；w 和 b 分别为权重和偏置参数。

首先，我们将复合函数 $f(x;w,b)$ 分解为一系列的基本操作，并构成一个计算图（Computational Graph）。计算图是数学运算的图形化表示。计算图中的每个非叶子节点表示一个基本操作，每个叶子节点为一个输入变量或常量。图 4-16 给出了当 $x=1$, $w=0$, $b=0$ 时复合函数 $f(x;w,b)$ 的计算图，其中边上的数字表示前向计算时复合函数中每个变量的实际取值。

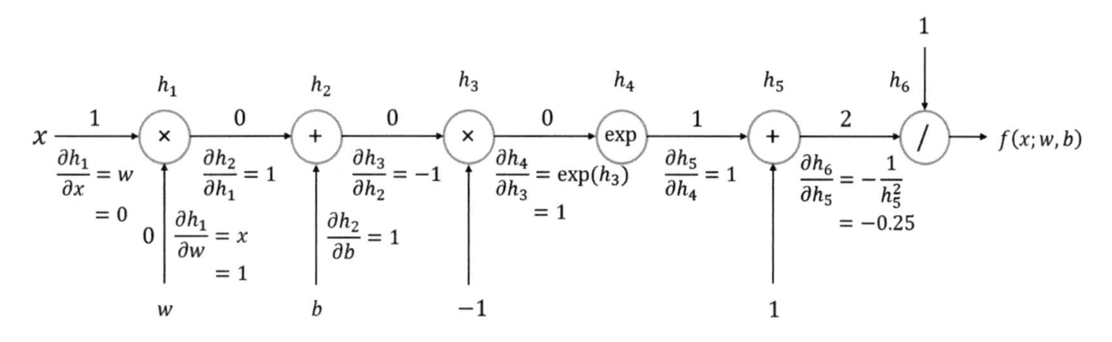

图 4-16　复合函数 $f(x;w,b)$ 的计算图

从图 4-16 可以看出，复合函数 $f(x;w,b)$ 由 6 个基本函数 h_i，$1\leqslant i\leqslant 6$ 组成，如表 4-2 所示，每个基本函数的导数都十分简单，可以通过规则来实现求导。

表 4-2　复合函数 $f(x;w,b)$ 的 6 个基本函数及其导数

函　数	导　数	
$h_1=x\times w$	$\frac{\partial h_1}{\partial w}=x$	$\frac{\partial h_1}{\partial x}=w$
$h_2=h_1+b$	$\frac{\partial h_2}{\partial h_1}=1$	$\frac{\partial h_2}{\partial b}=1$
$h_3=h_2\times(-1)$	$\frac{\partial h_3}{\partial h_2}=-1$	
$h_4=\exp(h_3)$	$\frac{\partial h_4}{\partial h_3}=\exp(h_3)$	
$h_5=h_4+1$	$\frac{\partial h_5}{\partial h_4}=1$	
$h_6=\frac{1}{h_5}$	$\frac{\partial h_6}{\partial h_5}=-\frac{1}{h_5^2}$	

复合函数 $f(x;w,b)$ 关于参数 w 和 b 的导数可以通过计算图上的节点值与参数 w 和 b 之间路径上所有的导数连乘来得到，即

$$
\begin{aligned}
\frac{\partial f(x;w,b)}{\partial w} &= \frac{\partial f(x;w,b)}{\partial h_6}\frac{\partial h_6}{\partial h_5}\frac{\partial h_5}{\partial h_4}\frac{\partial h_4}{\partial h_3}\frac{\partial h_3}{\partial h_2}\frac{\partial h_2}{\partial h_1}\frac{\partial h_1}{\partial w}\frac{\partial f(x;w,b)}{\partial b} \\
&= \frac{\partial f(x;w,b)}{\partial h_6}\frac{\partial h_6}{\partial h_5}\frac{\partial h_5}{\partial h_4}\frac{\partial h_4}{\partial h_3}\frac{\partial h_3}{\partial h_2}\frac{\partial h_2}{\partial b}
\end{aligned}
$$

以 $\frac{\partial f(x;w,b)}{\partial w}$ 为例，当 $x=1$，$w=0$，$b=0$ 时，可以得到

$$
\begin{aligned}
\left.\frac{\partial f(x;w,b)}{\partial w}\right|_{x=1,w=0,b=0} &= \frac{\partial f(x;w,b)}{\partial h_6}\frac{\partial h_6}{\partial h_5}\frac{\partial h_5}{\partial h_4}\frac{\partial h_4}{\partial h_3}\frac{\partial h_3}{\partial h_2}\frac{\partial h_2}{\partial h_1}\frac{\partial h_1}{\partial w} \\
&= 1\times 1-0.25\times 1\times 1\times(-1)\times 1\times 1 \\
&= 1.25
\end{aligned}
$$

如果复合函数和参数之间有多条路径，则可以将这多条路径上的导数进行相加，得到最终的导数。

按照计算导数的顺序，自动微分可以分为两种模式：前向模式和反向模式。

前向模式是指按计算图中计算方向的相同方向来递归地计算导数。以 $\frac{\partial f(x;w,b)}{\partial w}$ 为例，当 $x=1, w=0, b=0$ 时，前向模式的计算顺序如下。

$$\frac{\partial h_1}{\partial w} = x = 1$$

$$\frac{oh_2}{\partial w} = \frac{\partial h_2}{\partial h_1}\frac{\partial h_1}{\partial w} = 1\times 1 = 1$$

$$\frac{\partial h_3}{\partial w} = \frac{\partial h_3}{\partial h_2}\frac{\partial h_2}{\partial w} = (-1)\times 1 = -1$$

$$\vdots$$

$$\frac{\partial h_6}{\partial w} = \frac{\partial h_6}{\partial h_5}\frac{\partial h_5}{\partial w} = (-0.25)\times(-1) = 0.25$$

$$\frac{\partial f(x;w,b)}{\partial w} = \frac{\partial f(x;w,b)}{\partial h_6}\frac{\partial h_6}{\partial w} = 1\times 0.25 = 0.25$$

反向模式是指按计算图中计算方向的相反方向来递归地计算导数。以 $\frac{\partial f(x;w,b)}{\partial w}$ 为例，当 $x=1, w=0, b=0$ 时，反向模式的计算顺序如下。

$$\frac{\partial f(x;w,b)}{\partial h_6} = 1$$

$$\frac{\partial f(x;w,b)}{\partial h_5} = \frac{\partial f(x;w,b)}{\partial h_6}\frac{\partial h_6}{\partial h_5} = 1\times(-0.25) = -0.25$$

$$\frac{\partial f(x;w,b)}{\partial h_4} = \frac{\partial f(x;w,b)}{\partial h_5}\frac{\partial h_5}{\partial h_4} = (-0.25)\times 1 = -0.25$$

$$\vdots$$

$$\frac{\partial f(x;w,b)}{\partial w} = \frac{\partial f(x;w,b)}{\partial h_1}\frac{\partial h_1}{\partial w} = 1\times 0.25 = 0.25$$

前向模式和反向模式可以看作应用链式法则的两种导数累积方式。从反向模式的计算顺序可以看出，反向模式和反向传播的计算导数的方式相同。

对于一般的函数形式 $f:\mathbb{R}^N \to \mathbb{R}^M$，前向模式需要对每一个输入都遍历一遍，共需要 N

遍。而反向模式需要对每一个输出都遍历一遍，共需要 M 遍。当 $N>M$ 时，反向模式更高效。在前馈神经网络的参数学习中，风险函数的取值变化为 $\mathbb{R}^N \to \mathbb{R}$，输出为标量，因此采用反向模式更加有效，只需要一遍计算。

计算图按构建方式可以分为静态计算图（Static Computational Graph）和动态计算图（Dynamic Computational Graph）。静态计算图在编译时构建计算图，计算图构建好之后在程序运行时不能改变。而动态计算图在程序运行时动态构建。两种构建方式各有优缺点。静态计算图在构建时可以进行优化，并行能力强，但灵活性比较差。动态计算图则不容易优化，当不同输入的网络结构不一致时，难以并行计算，但是灵活性比较高。

符号微分和自动微分都利用计算图和链式法则来自动求解导数。符号微分在编译阶段先构造一个复合函数的计算图，再通过符号计算得到导数的表达式，还可以对导数表达式进行优化，在程序运行阶段代入变量的具体数值来计算导数。自动微分则无须事先编译，在程序运行阶段边计算边记录计算图，计算图上的局部导数都直接代入数值进行计算，用前向模式或反向模式来计算最终导数。

图 4-17 给出了符号微分与自动微分的对比。

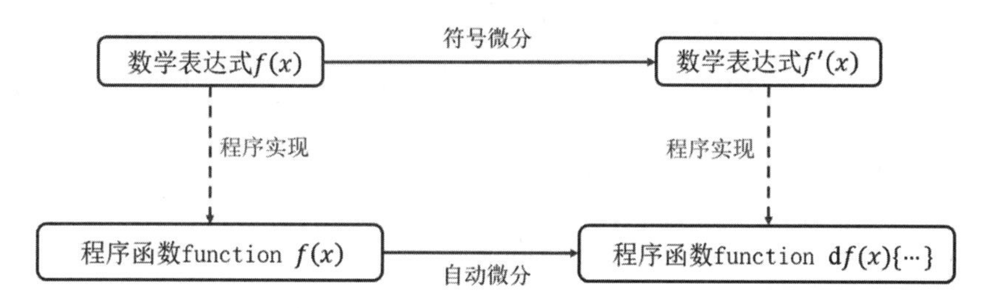

图 4-17　符号微分与自动微分的对比

4.6　网络优化

神经网络的参数学习比线性模型更加困难，当前神经网络模型的难点主要如下。

（1）优化问题。神经网络模型是一个非凸函数，再加上在深度神经网络中的梯度消失问题，很难进行优化。另外，深度神经网络一般参数比较多，训练数据也比较多，这会导致训练的效率比较低。

（2）泛化问题。因为神经网络的拟合能力强，反而容易在训练集上产生过拟合。因此在训练深度神经网络时，需要通过一定的正则化方法来改善网络的泛化能力。

4.6.1　优化问题

深度神经网络是一个高度非线性的模型，其风险函数是一个非凸函数，因此风险最小化是一个非凸优化问题，会存在很多局部最优点。网络优化问题的难点主要在于以下几个方面。

网络结构的多样性：在当前的神经网络结构中，如卷积神经网络、循环神经网络等，有些结构比较深，有些结构比较宽。不同参数在网络中的作用有很大的差异，如连接权重和偏置，以及循环神经网络中循环连接上的权重和其他权重。所以很难找到一种通用的优化方法。不同优化方法在不同网络结构上的作用差异比较大。另外，网络的超参数比较多，这给网络模型设计带来很大的挑战。

高维变量的非凸优化：低维空间的非凸优化问题主要是存在一些局部最优点。基于梯度下降的优化方法会陷入局部最优点。因此低维空间非凸优化的主要难点是如何选择初始化参数及逃离局部最优点。深度神经网络的参数非常多，其参数学习是在高维空间中的非凸优化问题，其挑战和在低维空间中的非凸优化问题有所不同。

鞍点：在高维空间中，非凸优化的难点并不在于如何逃离局部最优点，而在于如何逃离鞍点（Saddle Point）。鞍点的梯度为 0，其在一些维度上是最高点，在另一些维度上是最低点。但是在高维空间中，局部最优点要求在每个维度上都是最低点，这样的概率是非常低的。假设网络有 10000 维参数，一个点在某个维度是局部最低点的概率为 p，那么在整个参数空间中，该点是局部最优点的概率非常小。换句话说，在高维空间中，大部分梯度为 0 的点都是鞍点，基于梯度下降的优化方法会在鞍点附近停滞，同样很难从鞍点中逃离。

平坦底部：深度神经网络的参数非常多，并且有一定的冗余性，这使得每个参数对最终损失的影响都比较小，这导致了损失函数在局部最优点附近是一个平坦的区域，称为平坦最小值。在非常大的神经网络中，大部分局部最小值是相等的。虽然神经网络有一定概率收敛于比较差的局部最小值，但随着网络规模增加，网络陷入局部最小值的概率将大大降低。

神经网络的优化问题是一个非凸优化问题。以一个简单的 1-1-1 结构的两层神经网络为例，

$$y = \sigma\left(w_2\sigma\left(w_1 x\right)\right)$$

式中，w_1 和 w_2 为网络参数，$\sigma(\cdot)$ 为 Sigmoid 函数。

给定一个输入样本(1,1)，分别使用两种损失函数，第 1 种损失函数为平方损失函数 $\mathcal{L}(w_1,w_2)=(1-\overline{y})^2$，第 2 种损失函数为交叉熵损失函数 $\mathcal{L}(w_1,w_2)=\lg\overline{y}$，其中 $\overline{y}$ 是预测值。当 $x=1,y=1$ 时，其平方损失函数和交叉熵损失函数分别为：$\mathcal{L}(w_1,w_2)=(1-\overline{y})^2$ 和 $\mathcal{L}(w_1,w_2)=\lg\overline{y}$。损失函数值与参数 w_1 和 w_2 的关系如图 4-18 所示，可以看出两种损失函数都是关于参数的非凸函数。

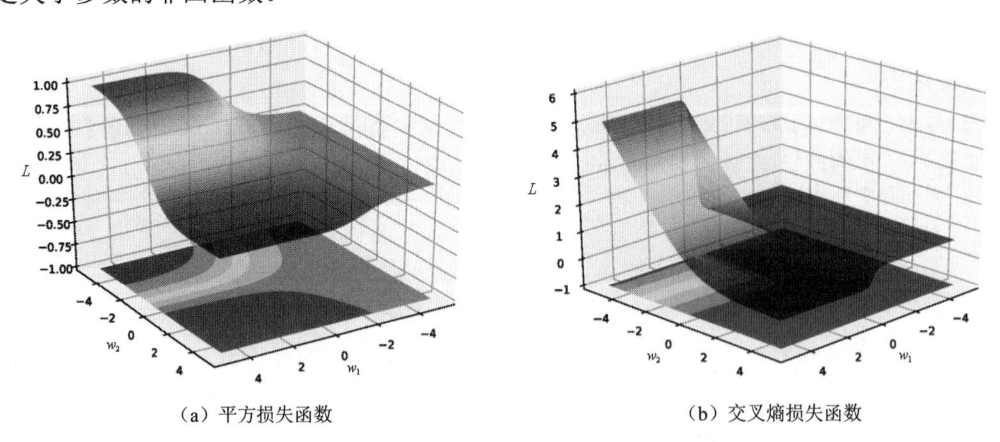

（a）平方损失函数　（b）交叉熵损失函数

图 4-18　损失函数值与参数 w_1 和 w_2 的关系

4.6.2　优化算法

深度神经网络的参数学习主要通过梯度下降法来寻找一组最小化结构风险的参数，梯度下降法一般可以分为批量梯度下降（Batch Gradient Descent，BGD）、随机梯度下降（SGD）及小批量梯度下降 3 种形式。根据收敛效果和效率上的差异，这 3 种形式存在一些共同的问题：①如何初始化参数；②如何预处理数据；③如何选择合适的学习率，避免陷入局部最优点。

1．批量梯度下降

T 为训练集，为了使得损失函数能够达到全局最优值，对权重的更新公式为

$$\mathcal{J}_T(\theta) = -\frac{1}{m}\sum_{i=1}^{m}\frac{\partial T\left(y^{(m)} - f\left(x^{(m)},\theta\right)\right)}{\partial\theta}$$

式中，$\mathcal{J}_T(\cdot)$ 为可微分的损失函数；m 为训练集样本总数。

$$\theta_t = \theta_{t-1} - \alpha\mathcal{J}_m(\theta)$$

这样得到的会是一个全局最优解。但是每次更新都要用到训练集中所有的样本。如果训练集规模很大的话，则计算资源占用会很大，计算效率会变慢。

2．随机梯度下降

批量梯度下降每次更新参数都需要用到所有的样本。随机梯度下降的区别在于每更新一次参数所用到的样本数只有 l 个，且是随机选取的。

$$\mathcal{J}_l(\theta) = \frac{\partial T\left(y^{(l)}, f\left(x^l,\theta\right)\right)}{\partial\theta}$$

式中，l 为样本数以内的随机数。

$$\theta_t = \theta_{t-1} - \alpha\mathcal{J}_l(\theta)$$

假如训练集中有 10 万个样本，则批量梯度下降每次更新都需要用到 10 万个样本，而随机梯度下降有可能只需要其中 5 万个样本就可以得到全局最优解。但是随机梯度下降伴随的一个问题是对噪声比较敏感。当遇到噪声时，随机梯度下降的方向有可能就不是朝着全局最优解方向，因此优化过程比较“曲折”。另外，因为每次只用到少数样本进行参数优化，所以得到全局最优解之前可能需要经历若干次更新，这影响了计算效率。

3．小批量梯度下降

目前在训练深度神经网络时，由于数据规模比较大，因此梯度下降法每次更新都要计算整个训练集上的梯度，需要占用很大的计算资源。大规模训练集中的数据通常是非常冗余的，没必要在整个训练集上计算梯度。在训练深度神经网络时，经常会用到小批量梯度下降的方法。

令 $f(x,\theta)$ 表示一个深度神经网络，在使用小批量梯度下降进行优化时，每次随机选取 K 个样本 $T=\left\{\left(x^{(k)},y^{(k)}\right)\right\}_{k=1}^{K}$，第 t 次更新时损失函数关于参数 θ 的偏导数为

$$\mathcal{J}(\theta)=\frac{1}{K}\sum_{\left(x^{(k)},y^{(k)}\right)\in T}\frac{\partial T\left(y^{(k)},f\left(x^{(k)},\theta\right)\right)}{\partial\theta}$$

这里忽略了正则化项，其中 K 为批量大小（Batch Size）。第 t 次更新的梯度 g_t 定义为

$$g_t \Leftarrow g\left(\theta_{t-1}\right)$$

当使用梯度下降法来更新参数时，$\theta_t=\theta_{t-1}-\alpha g_t$（$\alpha$ 为学习率）。

在 MNIST 数据集上，批量大小对损失下降有一定的影响。一般当批量较小时，需要设置较小的学习率，否则模型容易不收敛。每次更新选取的批量越大，下降效果越明显，下降曲线越平滑。当每次选取一个样本时（随机梯度下降），损失整体呈下降趋势，但局部看来会有振荡，如果按照整个数据集上的迭代次数（Epoch）来看损失变化情况，则批量越小，下降效果越明显。

注： Epoch 和 Iteration（单次更新）的关系为 1 个 Epoch 等于 $\frac{\text{训练集样本总数}N}{\text{批量大小}K}$ 次 Iteration。

4.7 前馈神经网络应用实例

前馈神经网络是所有神经网络类型中最简单的一种，相邻的两层神经元之间的关系为全连接，因此前馈神经网络也称为全连接神经网络（Fully Connected Neural Network，FCNN）或多层感知机，如图 4-19 所示。前馈神经网络在很多模式识别和机器学习的教材中都有介绍，读者可以参考一些经典文献，如 *Pattern Recognition and Machine Learning* 和 *Pattern Classification* 等。在本节中，主要向读者介绍前馈神经网络模型在 PyTorch 中的简单构建。

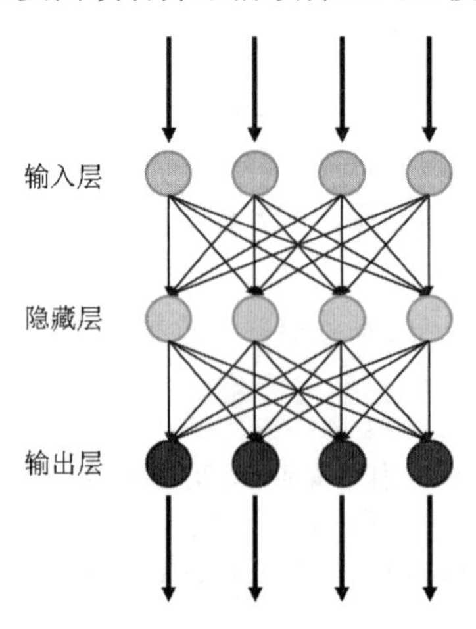

图 4-19　前馈神经网络示意图

关于数据集的准备，本节的示例中使用手写数字的 MNIST 数据集。该数据集包含 60000 个用于训练的数字和 10000 个用于测试的数字。这些数字均经过尺寸标准化并位于图像中心，图像是固定大小的（28 像素×28 像素），其值为 0～10。为简单起见，每个图像都被展平并转换为 784（28×28）个特征的一维 NumPy 数组。

代码实现如下。

```
1. import torch
2. import torch.nn as nn
3. import torchvision
4. import torchvision.transforms as transforms
5. # 配置
6. device=torch.device('cuda' if torch.cuda.is_available() else 'cpu')
7. # 超参数
8. input_size=784
9. hidden_size=500
10. num_classes=10
11. num_epochs=5
12. batch_size=100
13. learning_rate=0.001
14.
15. # 数据集
16. train_dataset=torchvision.datasets.MNIST(root='../../data',
17.                                          train=True,
18.                                          transform=transforms.ToTensor(),
19.                                          download=True)
20.
21. test_dataset=torchvision.datasets.MNIST(root='../../data',
22.                                         train=False,
23.                                         transform=transforms.ToTensor())
24.
25. # 引入数据集
26. train_loader=torch.utils.data.DataLoader(dataset=train_dataset,
27.                                          batch_size=batch_size,
28.                                          shuffle=True)
29.
30. test_loader=torch.utils.data.DataLoader(dataset=test_dataset,
31.                                         batch_size=batch_size,
32.                                         shuffle=False)
33.
34. # 全连接层
35. class NeuralNet(nn.Module):
36.     def __init__(self,input_size,hidden_size,num_classes):
37.         super(NeuralNet,self).__init__()
38.         self.fc1=nn.Linear(input_size,hidden_size)
```

```
39.         self.relu=nn.ReLU()
40.         self.fc2=nn.Linear(hidden_size,num_classes)
41.
42.     def forward(self,x):
43.         out=self.fc1(x)
44.         out=self.relu(out)
45.         out=self.fc2(out)
46.         return out
47.
48. model=NeuralNet(input_size,hidden_size,num_classes).to(device)
49.
50. # 损失与优化
51. criterion=nn.CrossEntropyLoss()
52. optimizer=torch.optim.Adam(model.parameters(),lr=learning_rate)
53.
54. # 训练模型
55. total_step=len(train_loader)
56. for epoch in range(num_epochs):
57.     for i,(images,labels) in enumerate(train_loader):
58.         # Move tensors to the configured device
59.         images=images.reshape(-1,28 * 28).to(device)
60.         labels=labels.to(device)
61.
62.         # 前向传播和计算损失
63.         outputs=model(images)
64.         loss=criterion(outputs,labels)
65.
66.         # 反向优化
67.         optimizer.zero_grad()
68.         loss.backward()
69.         optimizer.step()
70.
71.         if (i + 1) % 100 == 0:
72.             print('Epoch [{}/{}],Step [{}/{}],Loss: {:.4f}'
73.                 .format(epoch + 1,num_epochs,i + 1,total_step,loss.item()))
74.
75. # 测试
76. # In test phase,we don't need to compute gradients (for memory efficiency)
77. with torch.no_grad():
78.     correct=0
79.     total=0
80.     for images,labels in test_loader:
81.         images=images.reshape(-1,28 * 28).to(device)
```

```
82.         labels=labels.to(device)
83.         outputs=model(images)
84.         _,predicted=torch.max(outputs.data,1)
85.         total += labels.size(0)
86.         correct += (predicted == labels).sum().item()
87.
88.     print('Accuracy of the network on the 10000 test images: {} %'.format(100 * correct / total))
89.
90. # 保存
91. torch.save(model.state_dict(),'model.ckpt')
```

结果显示如图 4-20 所示。

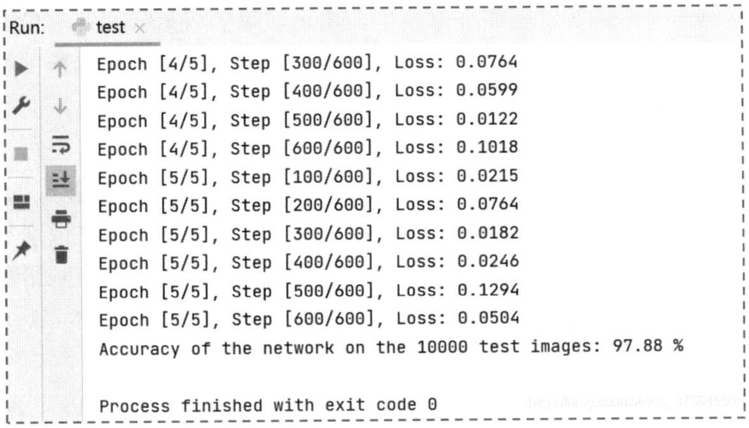

```
Run:    test
Epoch [4/5], Step [300/600], Loss: 0.0764
Epoch [4/5], Step [400/600], Loss: 0.0599
Epoch [4/5], Step [500/600], Loss: 0.0122
Epoch [4/5], Step [600/600], Loss: 0.1018
Epoch [5/5], Step [100/600], Loss: 0.0215
Epoch [5/5], Step [200/600], Loss: 0.0764
Epoch [5/5], Step [300/600], Loss: 0.0182
Epoch [5/5], Step [400/600], Loss: 0.0246
Epoch [5/5], Step [500/600], Loss: 0.1294
Epoch [5/5], Step [600/600], Loss: 0.0504
Accuracy of the network on the 10000 test images: 97.88 %

Process finished with exit code 0
```

图 4-20　结果显示

第 5 章　卷积神经网络

卷积神经网络（Convolutional Neural Network，CNN）是机器学习中常用的代表算法之一。它是一类包含卷积计算且具有局部连接、权重共享特点的深度前馈神经网络。卷积神经网络具有表征学习的能力，常用于视觉图像分析等。

卷积神经网络与普通的神经网络非常相似，由可学习的权重和偏置常量的神经元组成。每个神经元接收前一层神经元的输出，普通的神经网络的计算技巧在卷积神经网络中依然适用。卷积神经网络的提出受到生物学上感受野的启发。对于视觉神经系统而言，一个神经元的感受野是指视网膜上的特定区域。当视网膜上的光感受器受到刺激兴奋时，这个区域的神经元被激活并将神经冲动传到视觉皮层。卷积神经网络的输入一般是图像，其主要运用到图像和视频分析的各项任务中，如图像分割、图像分类、人脸识别、物体识别等。其准确率在这方面的应用上远比其他神经网络的效果更佳。近年来，由于卷积神经网络在图像领域取得了显著的效果，它也逐渐被运用到自然语言处理、推荐系统等领域中。本章思维导图如图 5-1 所示。

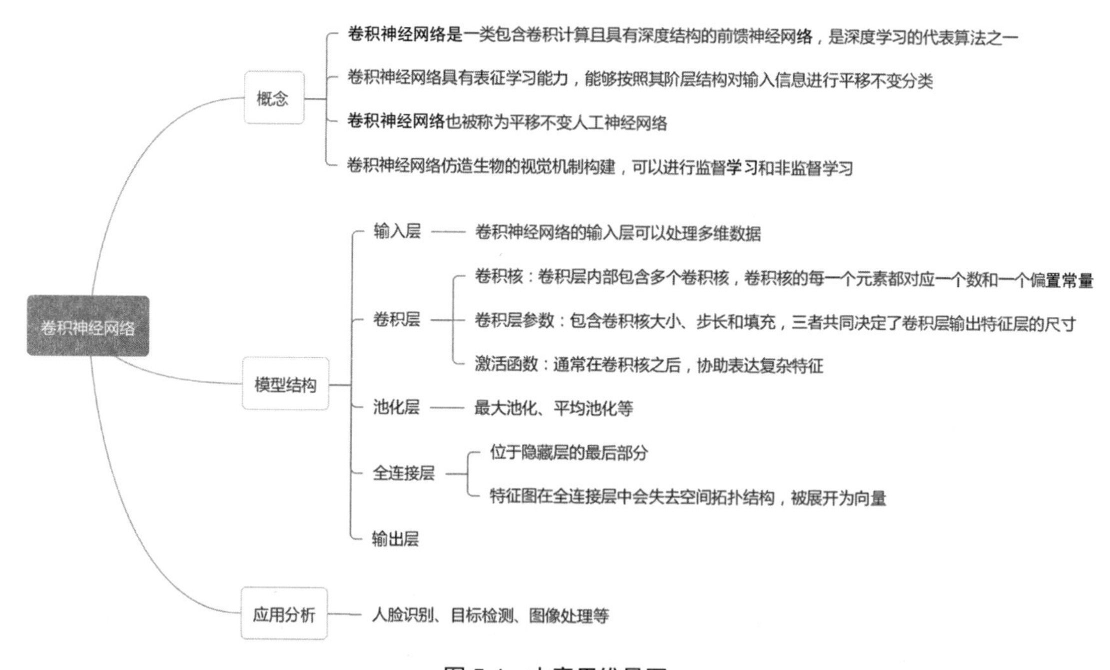

图 5-1　本章思维导图

卷积神经网络最早主要用来处理图像信息。它能够有效地改进用前馈神经网络处理图像信息时存在的下列问题。

（1）参数多。假设输入图像的大小为 100×100×3（图像高度为 100 像素，宽度为 100 像素，以及 3 个 RGB 颜色通道）。如果使用前馈神经网络，则第 1 个隐藏层的每个神经元到输入层有 100×100×3=30000 个互相独立的连接，每个连接都对应一个权重参数。随着隐藏层神经元数量的增多，参数的规模会急剧增加。这会导致整个网络的训练非常困难，并且容易出现过拟合的情况。

（2）局部不变性特征。自然图像中的物体都具有局部不变性特征，如缩放、平移、旋转等操作不影响其语义信息。而前馈神经网络很难提取这些局部不变性特征，一般需要进行数据增强来提高性能。

目前的卷积神经网络一般是由卷积层、汇聚层和全连接层交叉堆叠而成的前馈神经网络。它具有 3 个结构特性：局部连接、权重共享及汇聚。这些特性使卷积神经网络在一定程度上具有平移、缩放和旋转不变性。与前馈神经网络相比，卷积神经网络的参数更少。

5.1　卷积运算

卷积又称为旋积或褶积（Convolution），在许多方面（特别是图像特征提取）得到了广泛的应用。在信号处理或图像处理中，经常使用一维卷积或二维卷积。

5.1.1　一维卷积

一维卷积运算通常运用在信号处理中，用于计算信号的延迟累积。假设一个信号发生器每个时刻 t 产生一个信号 x_t，其信息的衰减率为 w_k，即在 $k-1$ 个时间步长后，信息为原来的 w_k 倍。假设 $w_1=1, w_2=1/2, w_3=1/4$，那么在时刻 t 收到的信号 y_t 为当前时刻产生的信息和以前时刻延迟信息的叠加，即

$$
\begin{aligned}
y_t &= 1\times x_t + \frac{1}{2}\times x_{t-1} + \frac{1}{4}\times x_{t-2} \\
&= w_1\times x_t + w_2\times x_{t-1} + w_3\times x_{t-2} \\
&= \sum_{k=1}^{3} w_k x_{t-k+1}
\end{aligned}
$$

上式中的 w_1、w_2、……称为过滤器（Filter）或卷积核（Convolution Kernel）。假设卷积核的长度为 K，它和一个信号序列 x_1、x_2、……的卷积为

$$
y_t = \sum_{k=1}^{K} w_k x_{t-k+1}
$$

为了简单起见，这里假设卷积运算的输出 y_t 的下标 t 从 K 开始。

信号序列 $\boldsymbol{x}$ 和卷积核 $\boldsymbol{w}$ 的卷积定义为

$$
\boldsymbol{y} = \boldsymbol{w} * \boldsymbol{x}
$$

式中，$*$表示卷积运算。在一般情况下，卷积核的长度 K 远小于信号序列 $\boldsymbol{x}$ 的长度。

我们可以设计不同的卷积核来提取信号序列的不同特征。例如，令卷积核

$\boldsymbol{w}=\left[1/K,1/K,\cdots,1/K\right]$，卷积操作相当于信号序列的简单平均移动（窗口大小为 K）。

令卷积核 $\boldsymbol{w}=[1,-2,1]$，可以近似实现对信号序列的二阶微分，即

$$\boldsymbol{x}''(t)=\boldsymbol{x}(t+1)+\boldsymbol{x}(t-1)-2\boldsymbol{x}(t)$$

图 5-2 给出了两个卷积核的一维卷积示例。可以看出，两个卷积核分别提取了信号序列的不同特征。卷积核 $\boldsymbol{w}=[1/3,1/3,1/3]$可以检测信号序列中的低频信息，而卷积核 $\boldsymbol{w}=[1,-2,1]$可以检测信号序列中的高频信息。

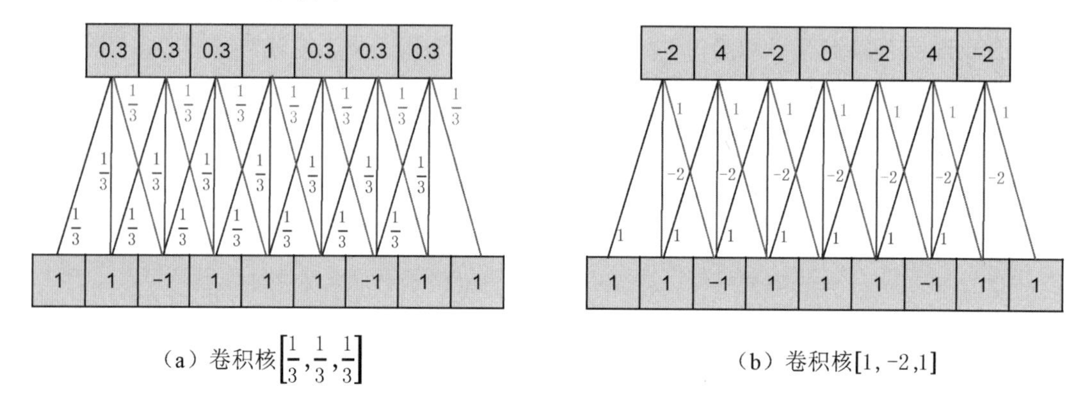

（a）卷积核$\left[\frac{1}{3},\frac{1}{3},\frac{1}{3}\right]$　　（b）卷积核[1, -2,1]

图 5-2　一维卷积示例

5.1.2　二维卷积

二维卷积运算通常用于图像处理中，其在一维卷积运算上进行了扩展。二维卷积运算一般用一个正方形卷积核遍历图像上的每一个像素点，图像与卷积核重合区域内的每一个像素值乘卷积核内相对应点的权重，然后求和，再加上偏置，最后得到输出图像中的一个像素值。给定一个图像 $\boldsymbol{X}\in\mathbb{R}^{M\times N}$ 和一个卷积核 $\boldsymbol{W}\in\mathbb{R}^{U\times V}$，一般$U\ll M,V\ll N$，其卷积运算为

$$y_{ij}=\sum_{u=1}^{U}\sum_{v=1}^{V}w_{uv}x_{i-u+1,j-v+1}$$

为了简单起见，这里假设卷积运算的输出 y_{ij} 的下标(i,j)从(U,V)开始。输入信号 $\boldsymbol{X}$ 和卷积核$\boldsymbol{W}$ 的二维卷积定义为

$$\boldsymbol{Y}=\boldsymbol{W}*\boldsymbol{X}$$

图 5-3 给出了二维卷积的示例。

在图像处理中，常用的平均值过滤器（Mean Filter）就是一种二维卷积核，将当前位置的像素值设为过滤器（卷积核）窗口中所有像素的平均值，即 $w_{uv}=\dfrac{1}{UV}$。

在图像处理中，卷积经常作为特征提取的有效方法。一幅图像在经过卷积操作后得到结果称为特征映射（Feature Map）。图 5-4 给出了图像处理中常用的卷积核。图 5-4 中上面的卷积核是常用的高斯卷积核，可以用来对图像进行平滑去噪；中间和下面的卷积核可以用来提取边缘特征。

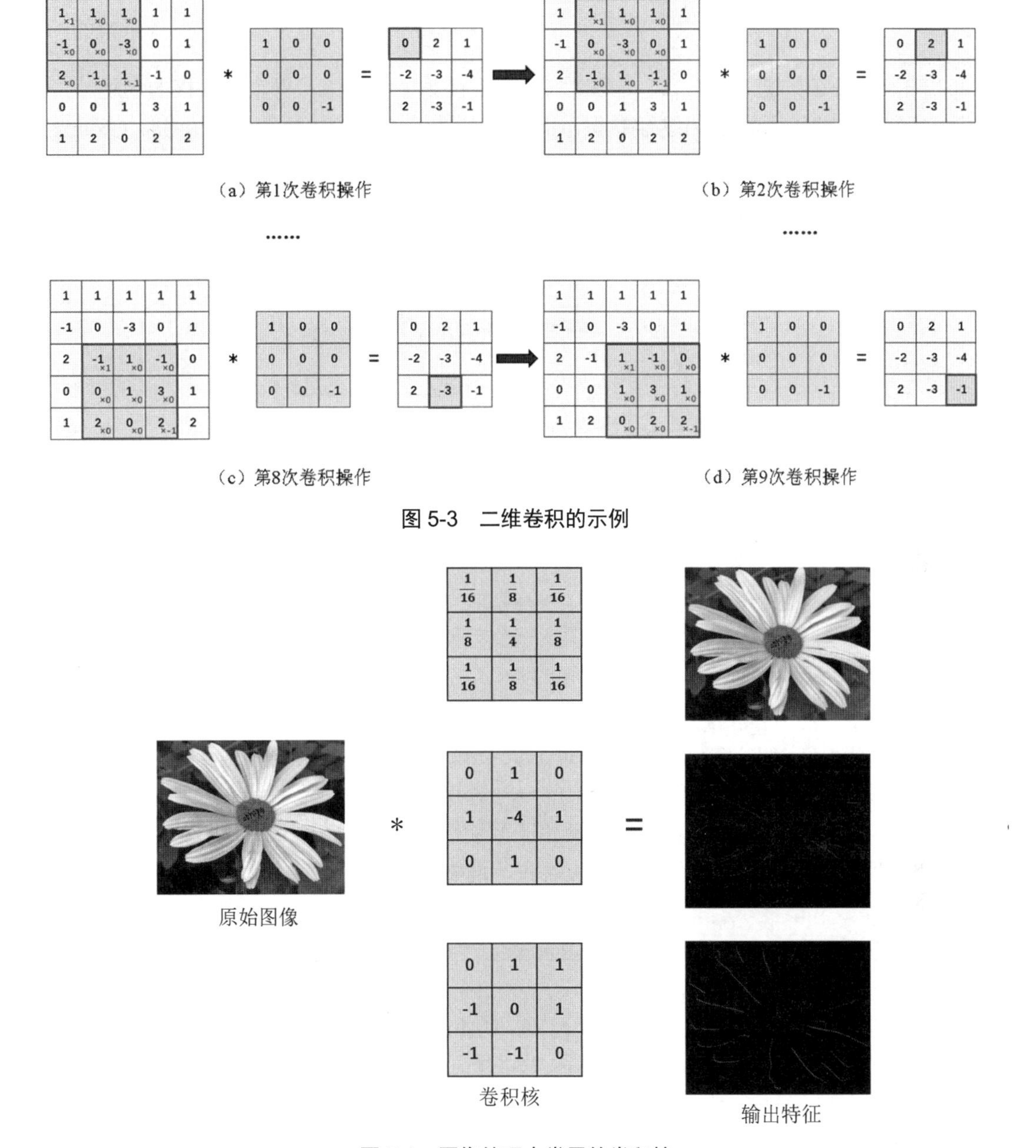

图 5-3　二维卷积的示例

图 5-4　图像处理中常用的卷积核

5.1.3　卷积的变种

分组卷积（Group Convolution）：分组卷积首先将输入特征映射为输入特征图进行分组，然后每组分别卷积。假设输入特征图的尺寸为 $C \times H \times W$，输出特征图的数量为 N。如果设定要分成 G 组，则每组的输入特征图数量为$\frac{C}{G}$，每组的输出特征图数量为$\frac{N}{G}$，每个卷积核的尺寸为$\frac{C}{G} \times K \times K$，卷积核的总数仍为 N，每组的卷积核数量为$\frac{N}{G}$，卷积核只与其同组的输入特征图进行卷积，卷积核的总参数量为 $N\times\frac{C}{G}\times K\times K$。可见，总参数量减少为原来的 $\frac{1}{G}$，Group1 输出特征图的通道数为 2，这表示 Group1 有 2 个卷积核，每个卷积核的通道数为 4。卷积核只与同组的输入特征图进行卷积，而不与其他组的输入特征图进行卷积，Group2 与 Group3 同理。分组卷积如图 5-5 所示。

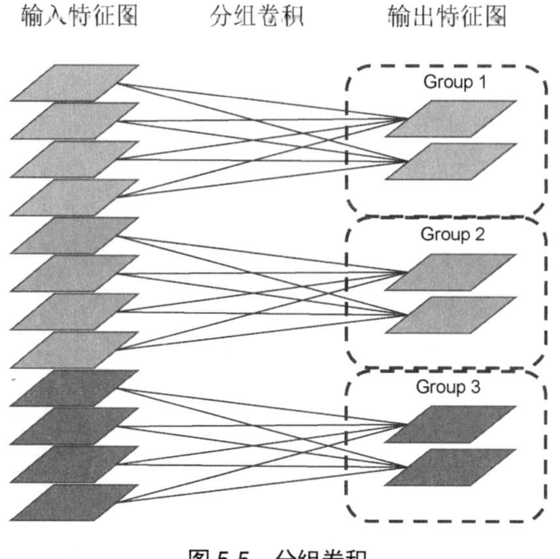

图 5-5　分组卷积

空洞（扩张）卷积（Atrous/Dilated Convolution）：空洞卷积是针对图像语义分割问题中下采样会降低图像分辨率、丢失信息而提出的一种卷积方法。空洞卷积通过添加空洞扩大感受野，让原本 3×3 的卷积核，在相同参数量和计算量下拥有 5×5（扩张率为 2）或更大的感受野，从而无须下采样。空洞卷积又名扩张卷积，向卷积层引入了一个称为"扩张率（Dilated Rate）"的新参数。该参数定义了卷积核处理数据时各值的间距。换句话说，相比原来的标准卷积，空洞卷积多了一个超参数（Hyper-Parameter），称为扩张率，指的是卷积核各点之间的间距（标准卷积的扩张率为 1）。

图 5-6（a）对应 3×3 的扩张率为 1 的卷积，和普通的卷积操作一样。图 5-6（b）对应 3×3 的扩张率为 2 的卷积，实际的卷积核大小还是 3×3，空洞数为 1，需要注意的是空洞的位置全填入 0，填入 0 之后再卷积即可，即图 5-7。图 5-6（c）所示为扩张率为 4 的空洞卷积操作。

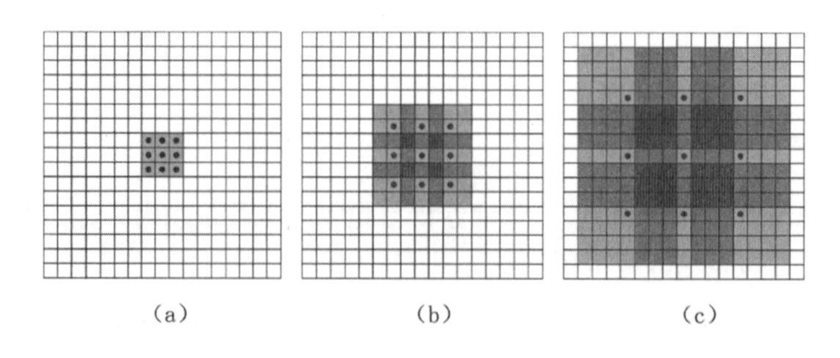

图 5-6　空洞卷积示例

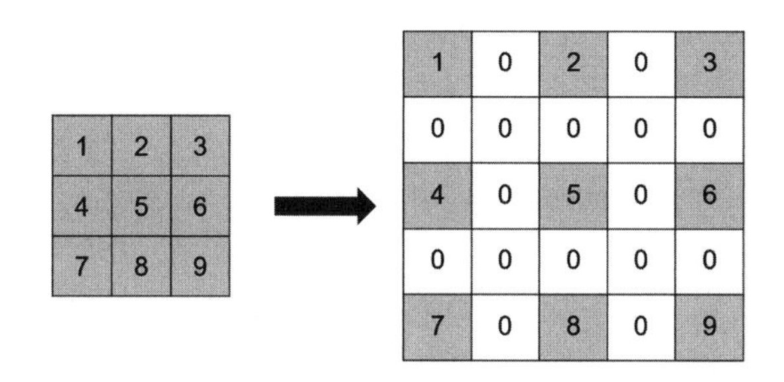

图 5-7 图 5-6（b）对应的空洞卷积示例

5.2 卷积神经网络结构

卷积神经网络（Convolutional Neural Network，CNN）是一种具有局部连接、权重共享等特点的深度前馈神经网络（Feedforward Neural Network，FNN）。它是深度学习（Deep Learning）的代表算法之一。其擅长处理图像，特别是图像识别等相关机器学习问题，在图像分类、目标检测、图像分割等各种视觉任务中都有显著的效果。卷积神经网络是目前应用最广泛的模型之一。

卷积神经网络具有表征学习（Representation Learning）能力。它能够按其阶层结构对输入信息进行平移不变分类（Shift-Invariant Classification），可以进行监督学习和非监督学习。其隐藏层内的卷积核参数共享和层间连接的稀疏性，使得卷积神经网络能够以较少的计算资源对格点化（Grid-like Topology）特征，如像素和音频，进行学习。这种结构有稳定的效果，而且无须额外进行数据的特征工程（Feature Engineering）。卷积神经网络被广泛应用于计算机视觉、自然语言处理等领域。

卷积神经网络包括输入层、卷积层、池化层、全连接层、输出层等。卷积神经网络的结构如图 5-8 所示。

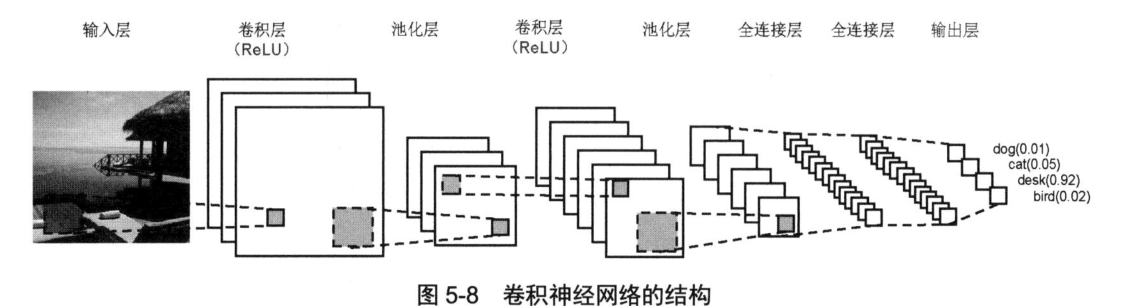

图 5-8 卷积神经网络的结构

5.2.1 输入层

输入层（Input Layer）主要对原始数据进行初步处理，使卷积神经网络能有更好的效果。有以下几种处理方法。

灰度化：图像一般是通过一个三维矩阵存储的，矩阵的大小为(width,height,3)，其中 width

是图像的宽度，height 是图像的高度，3 表示红（Red）、绿（Green）、蓝（Blue）三个颜色通道。我们可以认为任何图像都是通过不同程度的红色、绿色、蓝色叠加形成的。由于 RGB 不能反映图像的形状特征，只是从光学的原理上进行颜色的调配，而我们一般需要提取图像的形状特征，所以可以将三个通道的图像变成一个通道，这个过程就是灰度化。

常用的灰度化方法如下。

（1）分量法：将图像 R、G、B 三个分量中的一个分量作为灰度图像的灰度值。

（2）最大值法：将图像 R、G、B 三个分量中最大的分量作为灰度图像的灰度值。

（3）加权平均法：将图像 R、G、B 三个分量以不同的权重进行加权平均。在三种颜色中，人眼对绿色敏感度最高，对蓝色敏感度最低，故采用心理学灰度化公式 Gray=0.114B + 0.587G + 0.299R。

归一化：在神经网络中经常会使用 Sigmoid 函数当作激活函数。Sigmoid 函数的函数值在[0,1]之间。当输入{20,30,40,50,60}等远大于 1 的数据时，经过 Sigmoid 函数的作用，数据值将会非常接近，甚至相等。这样就无法起到应有的训练作用，将数据归一化就可以较好地解决这个问题，而且归一化可以使神经网络更快地收敛。

常用的归一化方法如下。

（1）min-max 标准化：也称为离差标准化，是对原始数据的线性变换，使结果值映射到[0,1]之间。变换函数为

$$\bar{x} = \frac{x - \min}{\max - \min}$$

式中，max 为样本数据的最大值；min 为样本数据的最小值。这种方法有个缺陷，就是当有新数据加入时，可能导致 max 和 min 的变化，需要重新定义。

（2）Z-score 标准化：这种方法对原始数据的平均值（Mean）和标准差（Standard Deviation）进行数据的标准化。经过处理的数据符合标准正态分布，即平均值为 0，标准差为 1。变换函数为

$$X = \frac{x - \mu}{\sigma}$$

式中，μ 为所有样本数据的平均值；σ 为所有样本数据的标准差。

5.2.2 卷积层

卷积层（Convolutional Layer）是卷积神经网络的核心。对卷积层的认识有助于理解卷积神经网络。卷积层的作用是对输入数据进行卷积操作，也就是前面讲到的卷积运算。卷积层的作用也可以理解为过滤过程，一个卷积核就是一个过滤器，在网络训练过程中，使用自定义大小的卷积核作为一个滑动窗口对输入数据进行卷积。卷积神经网络中每个卷积层由若干个卷积单元组成，每个卷积单元的参数都是通过反向传播算法优化得到的。

原图像经过卷积核的过滤后就可以得到这个图像的特征图谱了。使用不同的卷积核就相当于使用不同的特征提取器，可以得到图像的不同特征。例如，现在有一个识别时尚服饰图像并找出类似款式的项目。在这个项目中，主要关心服饰的外形，服饰的颜色、品牌之类的

细节反而不重要，所以需要使用卷积核过滤掉服饰的颜色等一些细节，只保留像外形特征这种有用的特征，可以通过索贝尔边缘检测卷积核来实现，结果如图 5-9 所示。

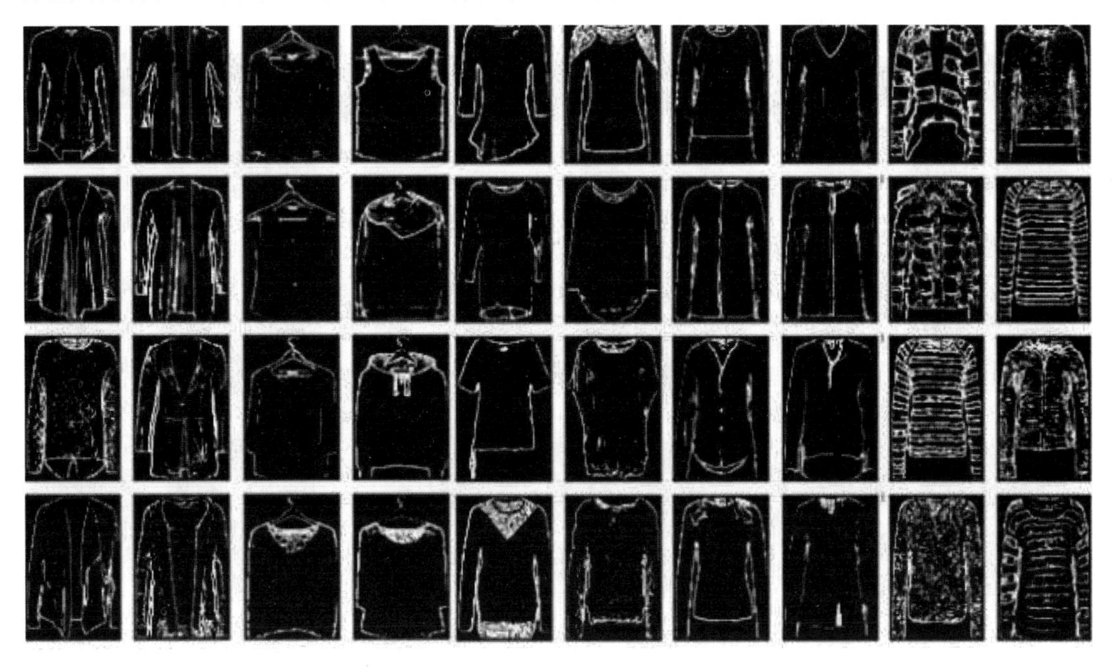

图 5-9　提取服饰外形特征的结果

在提取特征的过程中，每个卷积核只提取输入图像的部分特征。在多数情况下，特征提取是不充分的，所以需要通过增加卷积核的个数，来提取多个图像特征，而卷积核的深度就是卷积核的个数。

卷积层中有两个重要的参数，分别是偏置和激活（独立层，但一般将激活层和卷积层放在一起)。偏置向量的作用是对卷积后的数据进行简单线性的加法，就是卷积后的数据加上偏置向量中的数据。为了增强网络的非线性能力，需要对数据进行激活操作。在神经元中，激活操作就是将没有用的数据除掉，而有用的数据被输入神经元，让神经元做出反应。

卷积层中的卷积运算类似于加权求和的过程，将卷积核理解成权重矩阵，计算方式如图 5-10 所示。

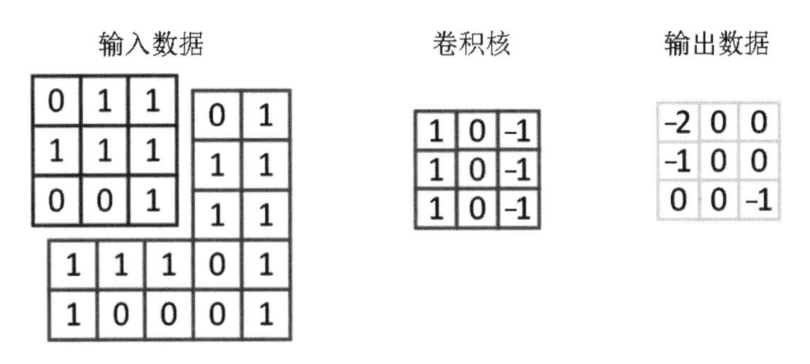

图 5-10　卷积层中的卷积运算

卷积层的前向传播过程是将一个卷积核从神经网络当前层的左上角移动到右下角，并且在移动过程中计算每一个对应的单位矩阵。步长（步幅）就是卷积核移动的长度，如图 5-11

所示，卷积核每次移动的长度为 1，即步长为 1。

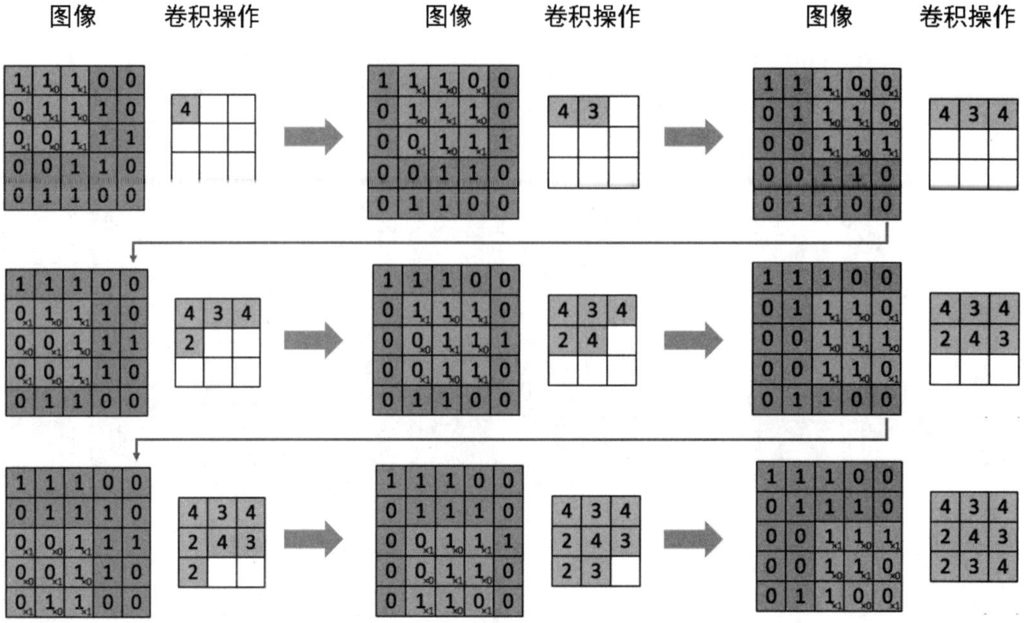

图 5-11　步长为 1 的前向传播卷积过程

由图 5-11 可以看到，5×5 的矩阵经过卷积运算后变成 3×3 的矩阵了，为避免经过多次卷积后矩阵变得太小，可以在矩阵周围填充上一圈零来保证卷积后的矩阵和原矩阵大小一样。如图 5-12 所示，输入数据中灰色的部分就是零填充部分，这时进行卷积运算即可得到与原数据一样大小的输出数据。

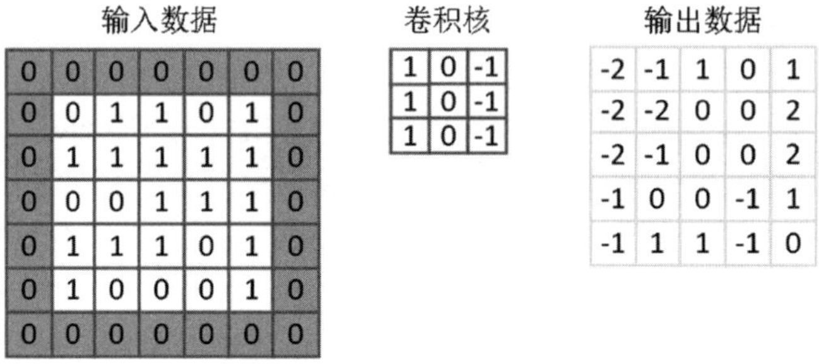

输入数据

0	0	0	0	0	0	0
0	0	1	1	0	1	0
0	1	1	1	1	1	0
0	0	0	1	1	1	0
0	1	1	1	0	1	0
0	1	0	0	0	1	0
0	0	0	0	0	0	0

卷积核

1	0	-1
1	0	-1
1	0	-1

输出数据

-2	-1	1	0	1
-2	-2	0	0	2
-2	-1	0	0	2
-1	0	0	-1	1
-1	1	1	-1	0

图 5-12　零填充后的卷积操作

5.2.3　池化层

池化层（Pooling Layer）是对输入数据进行压缩，提取主要特征的层。一般来说，池化分为最大池化和平均池化。

（1）最大池化（Maximum Pooling 或 Max Pooling）：对于一个区域 $R_{m,n}^{d}$，选择这个区域内所有神经元的最大活性值作为这个区域的表示。设 x_i 为区域 $R_{m,n}^{d}$ 内每个神经元的活性值，最大池化表示为

$$y_{m,n}^{d}=\max_{i\in R_{m,n}^{d}}x_{i}$$

（2）平均池化（Mean Pooling）：一般取区域内所有神经元活性值的平均值，即

$$y_{m,n}^{d}=\frac{1}{\left|R_{m,n}^{d}\right|}\sum_{i\in R_{m,n}^{d}}x_{i}$$

池化运算与卷积运算有些相似，一般用一个 2×2 的矩阵对输入数据进行扫描，最大池化即取 2×2 区域的最大值，如图 5-13 所示。平均池化与最大池化类似，如图 5-14 所示，即对 2×2 区域取平均值。值得注意的是，池化层的输入一般是卷积层的输出（经过激活函数后）。

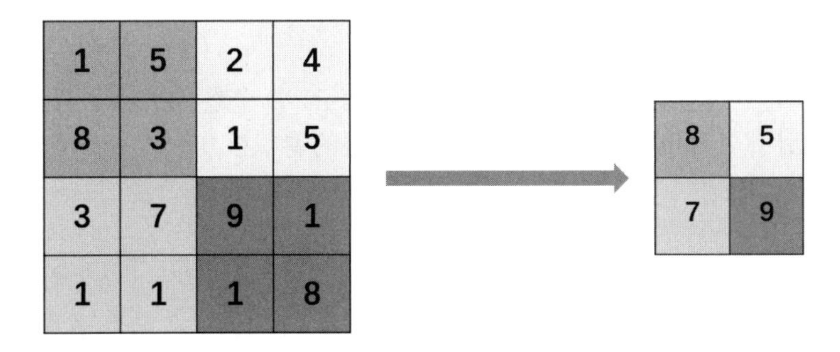

图 5-13　最大池化示例

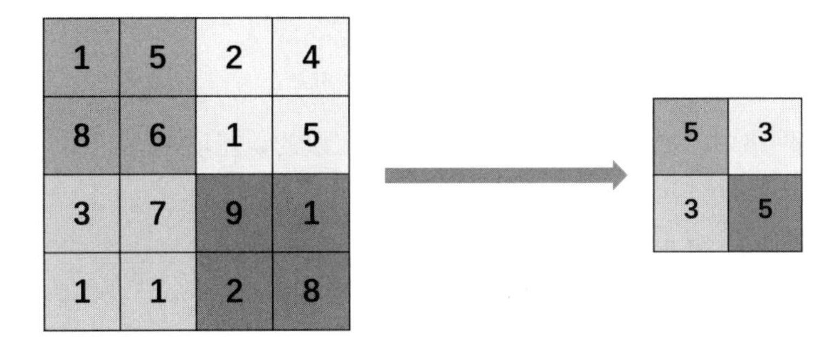

图 5-14　平均池化示例

在经过几轮卷积层和池化层的处理之后，就可以认为图像中的特征已经被抽象成了信息含量更高的特征。在此之后，需要使用全连接层来完成分类任务。全连接层的主要作用是把所有局部特征结合变成全局特征，用来计算最后每一类的得分。全连接层往往在分类问题中用作网络的最后层，作用主要为将数据矩阵进行全连接（激活函数一般为 Softmax 函数），并按照分类数量输出数据，在回归问题中，全连接层则可以省略，但是需要增加卷积层来对数据进行逆卷积操作。

5.3 参数学习

在卷积神经网络中，参数为卷积核及偏置。和全连接前馈神经网络类似，卷积神经网络可以通过误差反向传播算法来进行参数学习。在全连接前馈神经网络中，梯度主要通过每一层的误差项$\boldsymbol{\delta}$进行反向传播，并进一步计算每层参数的梯度。在卷积神经网络中，主要有两种不同功能的神经层：卷积层和汇聚层，参数为卷积核及偏置，因此只需要计算卷积层中参数的梯度。

不失一般性，设第l层为卷积层，将第$l-1$层的输入特征映射为$\boldsymbol{X}^{(l-1)} \in \mathbb{R}^{M \times N \times D}$。通过卷积运算得到第$l$层的特征映射净输入$\boldsymbol{Z}^{(l)} \in \mathbb{R}^{M' \times N' \times P}$。第$l$层的第$p$（$1 \leqslant p \leqslant P$）个特征映射净输入为

$$\boldsymbol{Z}^{(l,p)} = \sum_{d=1}^{D} \boldsymbol{W}^{(l,p,d)} \otimes \boldsymbol{X}^{(l-1,d)} + \boldsymbol{b}^{(l,p)}$$

式中，$\boldsymbol{W}^{(l,p,d)}$和$\boldsymbol{b}^{(l,p)}$为卷积核和偏置。第l层中共有$P \times D$个卷积核和P个偏置，可以分别使用链式法则来计算其梯度。损失函数$\mathcal{L}$关于第l层的卷积核$\boldsymbol{W}^{(l,p,d)}$的偏导数为

$$\begin{aligned} \frac{\partial \mathcal{L}}{\partial \boldsymbol{W}^{(l,p,d)}} &= \frac{\partial \mathcal{L}}{\partial \boldsymbol{Z}^{(l,p)}} \otimes \boldsymbol{X}^{(l-1,d)} \\ &= \boldsymbol{\delta}^{(l,p)} \otimes \boldsymbol{X}^{(l-1,d)} \end{aligned}$$

式中，$\boldsymbol{\delta}^{(l,p)} = \dfrac{\partial \mathcal{L}}{\partial \boldsymbol{Z}^{(l,p)}}$，为损失函数关于第$l$层的第$p$个特征映射净输入$\boldsymbol{Z}^{(l,p)}$的偏导数。

同理可得，损失函数关于第l层的第p个偏置$\boldsymbol{b}^{(l,p)}$的偏导数为

$$\frac{\partial \mathcal{L}}{\partial \boldsymbol{b}^{(l,p)}} = \sum_{i,j} \left[\boldsymbol{\delta}^{(l,p)} \right]_{i,j}$$

在卷积神经网络中，每层参数的梯度依赖其所在层的误差项$\boldsymbol{\delta}^{(l,p)}$。

5.4 几种典型的卷积神经网络

5.4.1 LeNet-5

LeNet-5 诞生于 1994 年，由被称为卷积神经网络之父的 Yan LeCun 提出。LeNet-5 奠定了现代卷积神经网络的基础。LeNet-5 主要用来进行手写数字的识别与分类，准确率达到 98%，并在美国的银行中投入使用，被用于读取北美约 10%的支票。

20 世纪 90 年代，基于 LeNet-5 的手写数字识别系统应用于美国很多家银行。LeNet-5 的网络结构如图 5-15 所示。

LeNet-5 共有 7 层，输入图像的大小为 32 像素×32 像素，输出对应 10 个类别的得分。LeNet-5 中的每一层结构如下。

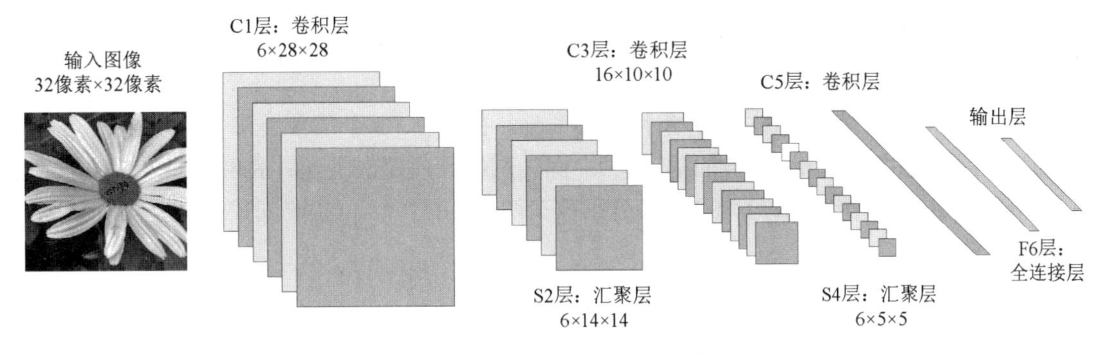

图 5-15　LeNet-5 的网络结构

（1）C1 层是卷积层，使用 6 个 5×5 的卷积核，得到 6 个大小为 28×28(784)的输出特征。因此，C1 层的神经元数量为 6×784=4704，可训练参数数量为 6×25+6=156，连接数为 156×784=122304（包括偏置在内，下同）。

（2）S2 层为汇聚层，采样窗口大小为 2×2，进行平均汇聚操作，并使用一个非线性激活函数。神经元数量为 6×14×14=1176，可训练参数数量为 6×(1+1)=12，连接数为 6×196×(4+1)=5880。

（3）C3 层为卷积层。LeNet-5 用一个连接表来定义输入特征和输出特征之间的依赖关系，C3 层共使用 16 个 5×5 的卷积核，得到 16 个大小为 10×10 的输出特征，可训练参数数量为 (5×5×3+1)×6+(5×5×4+1)×6+(5×5×4+1)×3+(5×5×6+1)=1516，神经元数量为 1516×100=151600。

（4）S4 层为汇聚层，采样窗口大小为 2×2，得到 6 个 5×5 大小的输出特征，可训练参数数量为 16×2=32，连接数为 16×25×(4+1)=2000。

（5）C5 层为卷积层，使用 120×16=1920 个 5×5 大小的卷积核，得到 120 组大小为 1×1 的输出特征，神经元数量为 120，可训练参数数量为 1920×25+120=48120，连接数为 120×(16×25+1)=48120。

（6）F6 层为全连接层，有 84 个神经元，可训练参数数量为 84×(120+1)=10164，连接数和可训练参数数量相同，为 10164。

（7）输出层：输出层由 10 个径向基函数（Radial Basis Function，RBF）组成。

5.4.2　AlexNet

LeNet-5 虽然在手写数字识别领域取得了成功，但是其存在的缺点比较明显，如下。

（1）难以寻找到合适的大型训练集对网络进行训练，以适应更为复杂的应用需求。

（2）过拟合问题使得 LeNet-5 的泛化能力较弱。

（3）网络的训练开销大，硬件性能支持的不足使得网络结构的研究十分困难。

以上三大缺点是制约卷积神经网络发展的重要因素。

在近期的研究中，取得突破性的进展是卷积神经网络成为一个新的研究热点的重要原因。近期针对卷积神经网络的深度和结构优化方面的研究进一步提升了网络的数据拟合能力。针对 LeNet-5 的缺陷，Krizhevsky 等人提出了 AlexNet。

AlexNet 是第一个现代深度卷积神经网络模型。其首次使用了很多现代深度卷积神经网络的技术和方法，如使用 GPU 进行并行训练，采用 ReLU 函数作为非线性激活函数，使用

Dropout 方法防止过拟合，使用数据增强技术来提高模型准确率等。AlexNet 赢得了 2012 年 ImageNet 图像分类竞赛的冠军。

AlexNet 的网络结构如图 5-16 所示，包括 5 个卷积层、3 个汇聚层和 3 个全连接层（其中最后一层是使用 Softmax 函数的输出层）。因为网络规模超出了当时的单个 GPU 的内存限制，所以 AlexNet 将网络拆分为两半，分别放在两个 GPU 上，GPU 间只在某些层（如第 3 层）进行通信。

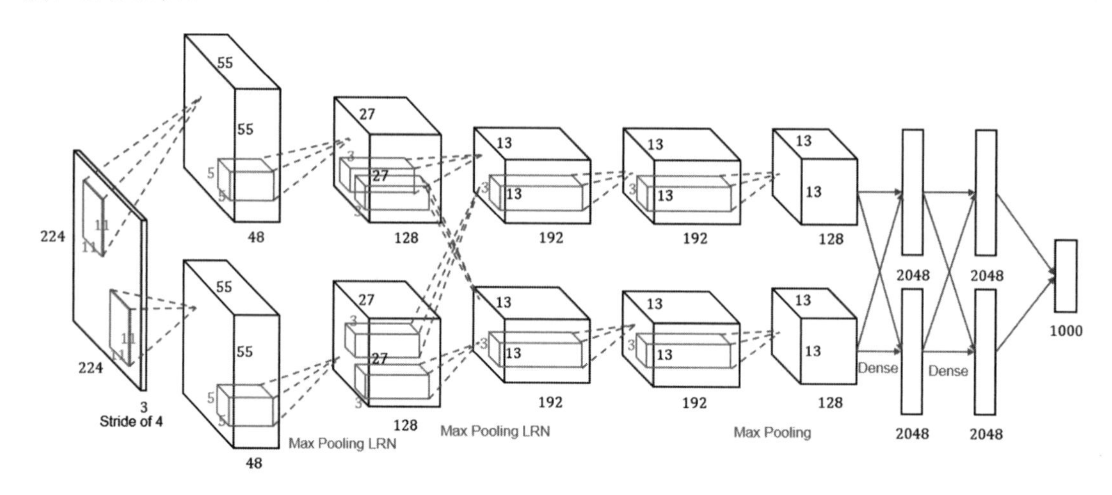

图 5-16　AlexNet 的网络结构

AlexNet 的输入为 224×224×3 大小的图像，输出为 1000 个类别的条件概率，具体结构如下。

（1）第 1 个卷积层，使用两个大小为 1×11×3×48 的卷积核，步长 $S=4$，零填充数 $P=3$，得到两个大小为 55×55×48 的特征映射组。

（2）第 1 个汇聚层，进行大小为 3×3 的最大汇聚操作，步长 $S=2$，得到两个 27×27×48 的特征映射组。

（3）第 2 个卷积层，使用两个大小为 5×5×48×128 的卷积核，步长 $S=1$，零填充数 $P=2$，得到两个大小为 27×27×128 的特征映射组。

（4）第 2 个汇聚层，进行大小为 3×3 的最大汇聚操作，步长 $S=2$，得到两个大小为 13×13×128 的特征映射组。

（5）第 3 个卷积层为两个路径的融合，使用一个大小为 3×3×256×384 的卷积核，步长 $S=1$，零填充数 $P=1$，得到两个大小为 13×13×192 的特征映射组。

（6）第 4 个卷积层，使用两个大小为 3×3×192×192 的卷积核，步长 $S=1$，零填充数 $P=1$，得到两个大小为 13×13×192 的特征映射组。

（7）第 5 个卷积层，使用两个大小为 3×3×192×128 的卷积核，步长 $S=1$，零填充数 $P=1$，得到两个大小为 3×3×192 的特征映射组。

（8）第 3 个汇聚层，进行大小为 3×3 的最大汇聚操作，步长 $S=2$，得到两个大小为 6×6×128 的特征映射组。

（9）3 个全连接层，神经元数量分别为 4096、4096 和 1000。

5.4.3 VGG 网络

Simonyan 等人在 AlexNet 的基础上，针对卷积神经网络的深度进行了研究，提出了 VGG 网络。VGG 网络由 3×3 的卷积核构建而成，通过对比不同深度的网络在图像应用中的性能，Simonyan 等人证明了网络深度的增加有助于提高图像分类的准确率。然而，这种深度的增加并非没有限制，在恰当的网络深度基础上继续增加网络的层数，会带来训练误差增大的网络退化问题。因此，VGG 网络的最佳网络深度被设定为 16～19 层。VGG 网络的结构如图 5-17 所示。

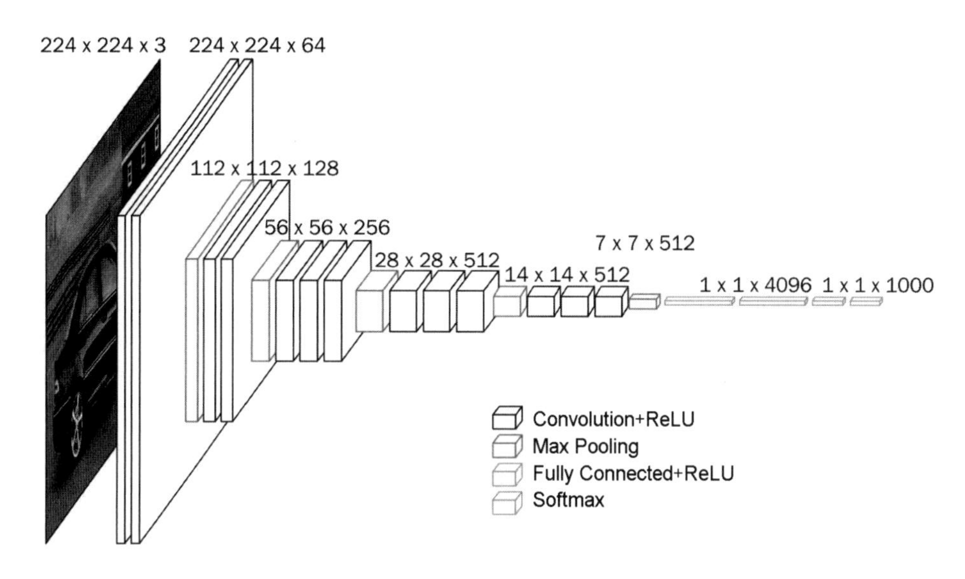

图 5-17　VGG 网络的结构

5.4.4 ResNet

针对深度网络的退化问题，He 等人分析认为：如果网络中增加的每一个层次都能够得到完善的训练，那么训练误差是不会在网络深度增大的情况下提高的。因此，网络退化问题说明深度网络中并不是每一个层次都得到了完善的训练。He 等人提出了一种 ResNet（残差网络）结构。ResNet 通过 Short Connection（短连接）将低层的特征图 $\boldsymbol{x}$ 直接映射到高层的网络中，如图 5-18 所示。ResNet 是由一系列残差块组成的。一个残差块可以表示为

$$\boldsymbol{x}_{l+1}=\boldsymbol{x}_l+F\left(\boldsymbol{x}_l,\boldsymbol{W}_l\right)$$

He 等人提出这一方法的依据是 $F(\boldsymbol{x})+\boldsymbol{x}$ 的优化相比 $F(\boldsymbol{x})$ 会更加容易。因为，从极端角度考虑，如果 $\boldsymbol{x}$ 已经是一个优化的映射，那么 Short Connection 之间的网络映射经过训练后就会更趋近 0。这意味着数据的前向传播可以在一定程度上通过 Short Connection 跳过一些没有经过完善训练的层次，从而提高网络的性能。实验证明，ResNet 虽然使用了和 VGG 网络同样大小的卷积核，但是网络退化问题的解决使其可以构建为一个 152 层的网络，并且 ResNet 相比 VGG 网络有更低的训练误差和更高的测试准确率。

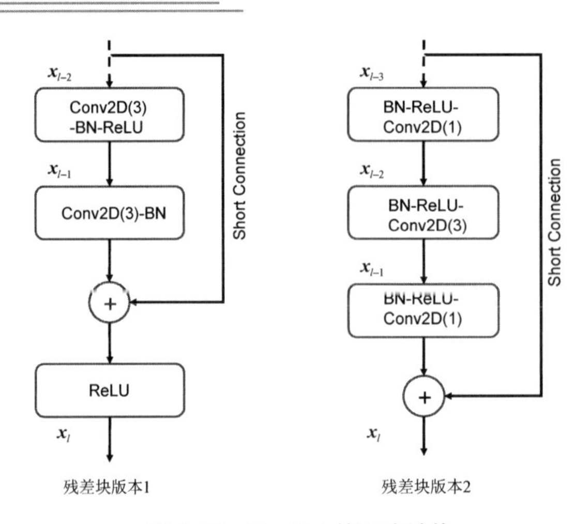

图 5-18　ResNet 的网络结构

虽然 ResNet 在一定程度上解决了深度网络退化的问题，但是关于深度网络的研究仍然存在一些疑问，如下。

（1）如何判断深度网络中哪些层次未能得到完善的训练。

（2）是什么原因导致了深度网络中部分层次训练的不完善。

（3）如何处理深度网络中训练不完善的层次。

5.4.5　Inception 网络

在卷积神经网络深度的研究以外，Szegedy 等人关注通过优化网络结构从而降低网络的复杂程度。他们提出了一种卷积神经网络的基本模块，称为 Inception。在 Inception 网络中，一个卷积层包含多个不同大小的卷积核。Inception 网络由多个 Inception 模块和少量的汇聚层堆叠而成。Inception 模块由 1×1、3×3、5×5 的卷积核组成，并将得到的特征映射在深度上拼接（堆叠）起来作为输出特征映射。图 5-19 给出了 Inception v1 的模块结构，采用了 4 组平行的特征提取方式，分别为 1×1、3×3、5×5 的卷积和 3×3 的最大汇聚。同时，为了提高计算效率，减少参数数量，Inception 模块在进行 3×3、5×5 的卷积之前，3×3 的最大汇聚之后，进行一次 1×1 的卷积来减少特征映射的深度。如果输入特征映射之间存在冗余信息，则 1×1 的卷积相当于先进行一次特征提取。

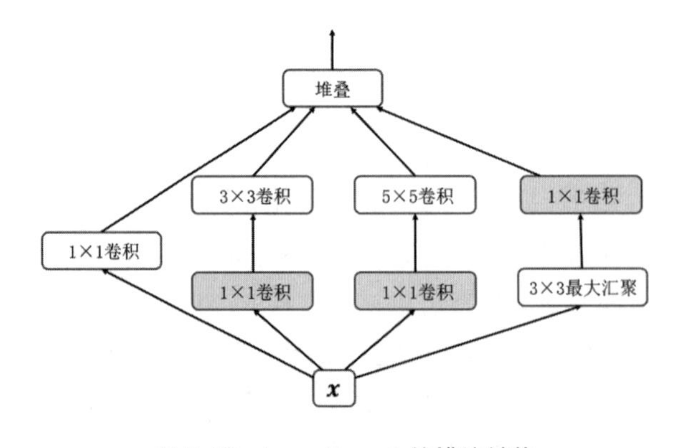

图 5-19　Inception v1 的模块结构

Inception 网络有多个版本，其中最早的 Inception v1 版本就是非常著名的 GoogLeNet。GoogLeNet 赢得了 2014 年 ImageNet 图像分类竞赛的冠军。GoogLeNet 由 9 个 Inception v1 模块和 5 个汇聚层及其他一些卷积层和全连接层构成，总共为 22 层，如图 5-20 所示。

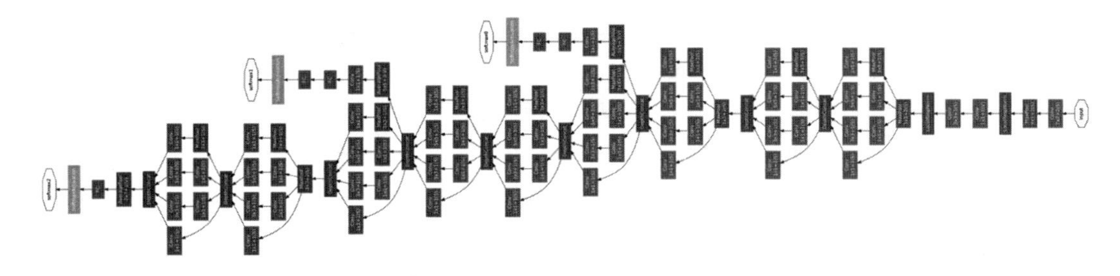

图 5-20　GoogLeNet 的网络结构

小卷积核的使用主要有两大优点：①限制了整个网络中的可训练参数数量，降低了网络的复杂度；②不同大小的卷积核在多尺度上针对同一图像或特征图进行了特征提取。实验表明，使用 Inception 模块构建的 GoogLeNet 的可训练参数数量只有 AlexNet 的 1/12，但是其在 ImageNet 上的图像分类准确率高出 AlexNet 大约 10%。

5.5　应用实例：基于卷积神经网络的人脸识别

生物特征识别技术在近几十年得到了飞速的发展。作为人的一种内在属性，并且具有很强的自身稳定性及个体差异性，生物特征成为自动身份验证的理想依据。当前的生物特征识别技术主要包括：指纹识别、视网膜识别、虹膜识别、步态识别、静脉识别、人脸识别等。与其他生物特征识别技术相比，人脸识别具有直接、友好、方便的特点，使用者无任何心理障碍，易于为用户所接受，从而得到了广泛的研究与应用。本节将介绍基于卷积神经网络的人脸识别应用实例。

1. 具体目标

通过计算机的本地摄像头，拍摄实时人脸照片（图像），与训练好的卷积神经网络模型中存储的人脸信息进行比对，同时在桌面上显示识别出的人脸标签值。

2. 环境搭建

使用的各种软件如下。

- Python 3.5；
- TensorFlow CPU 1.11.0；
- OpenCV 3.4.3；
- Keras 2.2.4；
- NumPy 1.14.6。

具体安装过程及环境搭建步骤省略，请自行完成。

3. 实现步骤

人脸识别实现步骤如图 5-21 所示。

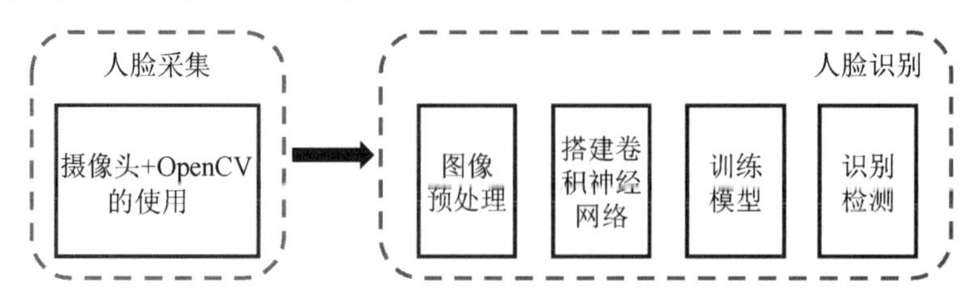

图 5-21　人脸识别实现步骤

5.5.1　人脸数据采集

首先通过 OpenCV 打开摄像头，获取实时视频流，然后通过 OpenCV 自带的人脸特征分类器 Haar 来识别并标记出人脸区域，将当前帧保存为图像并存储到指定的文件夹下面。相关代码如下。

```
1. #catchpicture.py
2. import cv2
3. cap=cv2.VideoCapture(0)
4. num=0
5. while cap.isOpened():
6.    ret,frame=cap.read() #读取一帧数据
7.    gray=cv2.cvtColor(frame,cv2.COLOR_BGR2GRAY)#将图像转化成灰度图
8.    face_cascade=cv2.CascadeClassifier("haarcascade_frontalface_alt2.xml")
9.    face_cascade.load('F:\python35\haarcascade_frontalface_alt2.xml')#一定要告诉编译器文件所在的具体位置
10.    '''此文件是 OpenCV 的 Haar 人脸特征分类器'''
11.    faces=face_cascade.detectMultiScale(gray,1.3,5)
12.    if len(faces) > 0:
13.        for (x,y,w,h) in faces:
14.         #将当前帧保存为图像
15.         img_name='%s/%d.jpg'%("F:\data\me",num)
16.         image=frame[y - 10: y + h + 10,x - 10: x + w + 10]
17.         cv2.imwrite(img_name,image)
18.         num += 1
19.         if num > 1000:  #如果超过指定最大存储数量，则退出循环
20.           break
21.         cv2.rectangle(frame,(x,y),(x+w,y+h),(0,0,255),2)
22.         #显示当前捕捉到了多少人脸图像
23.         font=cv2.FONT_HERSHEY_SIMPLEX
24.         cv2.putText(frame,'num:%d'%(num),(x + 30,y + 30),font,1,(255,0,255),4)
25.    #超过指定最大存储数量，结束程序
26.    if num > 1000 :break
```

```
27.     #显示图像并等待 10ms 后按键输入，输入“q”退出程序
28.     cv2.imshow("capture",frame)
29.     if cv2.waitKey(10) & 0xFF == ord('q'):
30.       break
31.     #释放摄像头并销毁所有窗口
32. cap.release()
33. cv2.destroyAllWindows()
```

5.5.2 图像预处理

采集的图像样本形状可能存在不规则大小，需要对图像做尺寸变换。人脸图像集中的每一幅图像大小都不一样，为了后续操作的方便，需要将捕获到的人脸图像压缩为 64 像素×64 像素并进行灰度化处理。所以，图像预处理一共分为两步，第 1 步定义了一个 resize_image() 函数，其作用是将图像补成正方形之后压缩成 64 像素×64 像素，第 2 步利用 OpenCV 自带的 cvtColor()函数将图像灰度化。代码如下。

```
1. #picturepraction.py
2. import os
3. import cv2
4. IMAGE_SIZE=64
5. def resize_image(image,height=IMAGE_SIZE,width=IMAGE_SIZE):
6.    top,bottom,left,right=(0,0,0,0)
7.    h,w,_=image.shape
8.    longest_edge=max(h,w)
9.    if h < longest_edge:
10.       dh=longest_edge - h
11.       top=dh // 2
12.       bottom=dh - top
13.     elif w < longest_edge:
14.       dw=longest_edge - w
15.       left=dw // 2
16.       righ=dw - left
17.     else:
18.       pass
19.     BLACK=[0,0,0]
20.     constant=cv2.copyMakeBorder(image,top,bottom,left,right,cv2.BORDER_CONSTANT,value=BLACK)
21.     return cv2.resize(constant,(height,width))
22. if __name__ == '__main__':
23.     path_name="F:\data\me"
24.     i=0
25.     for dir_item in os.listdir(path_name):
26.       full_path=os.path.abspath(os.path.join(path_name,dir_item))
27.       i += 1
28.       image=cv2.imread(full_path) #读取图像
```

```
29.        image=resize_image(image)  #将图像转为 64 像素×64 像素
30.        image=cv2.cvtColor(image,cv2.COLOR_RGB2GRAY)  #将图像转为灰度图
31.        cv2.imwrite(full_path,image)
```

5.5.3 加载图像

将图像预处理之后的图像集以多维数组的形式加载到内存中，并且为每一类样本数据标记标签值。代码如下。

```
1. #loaddata.py
2. import os
3. import sys
4. import numpy as np
5. import cv2
6. #读取图像数据并与标签值绑定
7. def read_path(images,labels,path_name,label):
8.     for dir_item in os.listdir(path_name):
9.         full_path=os.path.abspath(os.path.join(path_name,dir_item))
10.         image=cv2.imread(full_path)
11.         images.append(image)
12.         labels.append(label)
13.
14. def loaddata(parent_dir):
15.     images=[]
16.     labels=[]
17.     read_path(images,labels,parent_dir+"me",0)
18.     read_path(images,labels,parent_dir+"chen",1)
19.     read_path(images,labels,parent_dir+"jia",2)
20.     read_path(images,labels,parent_dir+"other",3)
21.     images=np.array(images)
22.     labels=np.array(labels)
23.     return images,labels
24. if __name__ == '__main__':
25.         images,labels=loaddata("F:/example/")
```

5.5.4 模型搭建

搭建卷积神经网络模型前，需要先完成 6 个步骤：第 1 步，需要把数据加载到内存中，即将图像预处理之后的图像集以多维数组的形式加载到内存中，并且为每一类样本数据标记标签值；第 2 步，划分数据集，即按照交叉验证原则划分数据集。交叉验证是机器学习中的一种常用来测试精度的方法，拿出大部分数据用来训练模型，少部分数据用来验证模型，将验证结果与真实结果计算出平方差，以上工作重复进行，直至平方差为 0，模型训练完毕，可以交付使用。

在本模型中，导入了 sklearn 库的交叉验证模块，利用 train_test_split()函数来划分训练集、验证集和测试集。train_test_split()函数中的 test_size 参数用来指定划分比例，random_state 参数用来指定一个随机数种子，从全部数据中随机选取数据建立自己的训练集、验证集和测试集；第 3 步，改变图像的维度，此处用到了 Keras 库，这个库是建立在 TensorFlow 或 Theano 基础上的，所以 Keras 库的后端系统可以是 TensorFlow，也可以是 Theano。但是 TensorFlow 和 Theano 定义的图像数据输入卷积神经网络的维度顺序是不一样的，TensorFlow 的维度顺序为行数、列数、通道数，Theano 则是通道数、行数、列数。所以需要调用 image_dim_ordering()函数来确定后端系统的类型（用“th”来代表 Theano，用“tf”来代表 TensorFlow），最后用 NumPy 库提供的 reshape()函数来调整维度；第 4 步，进行 One-hot 编码，因为本模型采用了 categorical_crossentropy 函数作为损失函数，而这个函数要求标签集必须采用 One-hot 编码；第 5 步，归一化图像数据，即先让数据集浮点化，再归一化，目的是提升网络收敛速度，缩短模型的训练时间，同时适应值域在(0,1)之间的激活函数，增大区分度。

归一化还有一个特别重要的目的，就是确保特征值权重一致；第 6 步，确定优化器，最开始使用的是 SGD 优化器，针对每一个样本集 $\boldsymbol{x}(i)$和 $\boldsymbol{y}(i)$，SGD 优化器采用 SGD 算法更新参数。BGD 算法在数据量大时会产生大量的冗余计算，如每次针对相似样本都会重新计算。在这种情况下，SGD 算法每次则只更新一次。因此 SGD 算法更快，并且适合在线学习。但是 SGD 算法以高方差进行快速更新，这会导致目标函数出现严重抖动的情况。一方面，计算的抖动可以让梯度计算跳出局部最优，最终到达一个更好的最优点；另一方面，SGD 算法会因此产生过调。之后改进使用了 Adam 优化器。Adam 算法是一种自适应参数更新算法。和 Adadelta 算法、RMSProp 算法一样，对历史平方梯度 $v(t)$乘上一个衰减因子，Adam 算法还存储了一个历史梯度 $m(t)$。$m(t)$和 $v(t)$分别是梯度一阶矩（平均值）和二阶矩（方差）。

这里搭建一个卷积神经网络模型，这个卷积神经网络模型一共 13 层：3 个卷积层、2 个池化层、4 个 Dropout 层、1 个 Flatten 层、2 个全连接层和 1 个分类层，其结构如图 5-22 所示。

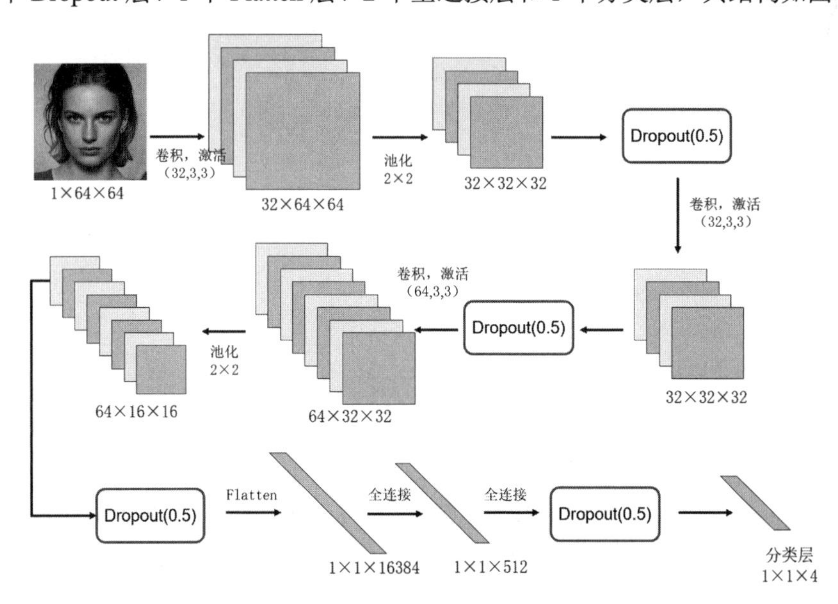

图 5-22　卷积神经网络模型结构图

相关代码如下。

```
1. #face_CNN_keras.py
2. import random
3.
4. import numpy as np
5. from sklearn.model_selection import train_test_split
6. from keras.preprocessing.image import ImageDataGenerator
7. from keras.models import Sequential
8. from keras.layers import Dense,Dropout,Activation,Flatten
9. from keras.layers import Convolution2D,MaxPooling2D
10. from keras.optimizers import SGD
11. from keras.utils import np_utils
12. from keras.models import load_model
13. from keras import backend as K
14. #Adam 优化器
15. from keras.optimizers import Adam
16.
17. from loaddata import loaddata
18. from picturepraction import resize_image,IMAGE_SIZE
19.
20. class Dataset:
21.     def __int__(self):
22.
23.         # 训练数据
24.         self.train_images=None
25.         self.train_labels=None
26.
27.         # 验证数据
28.         self.valid_images=None
29.         self.valid_labels=None
30.
31.         # 测试数据
32.         self.test_images=None
33.         self.test_labels=None
34.
35.         # 当前库采用的维度顺序
36.         self.input_shape=None
37.
38.     # 加载数据并预处理
39.     def load(self,img_rows=IMAGE_SIZE,img_cols=IMAGE_SIZE,img_channels=3,nb_classes=4):
40.         images,labels=loaddata("F:/example/")
41.
42.         # 随机划分训练集、验证集（利用交叉验证原则）
```

```
43.        train_images,valid_images,train_labels,valid_labels=train_test_split(images,labels,test_size=0.3,rand
om_state=random.randint(0,100))
44.        # 划分测试集
45.        _,test_images,_,test_labels=train_test_split(images,labels,test_size=0.5,
46.                                      random_state=random.randint(0,100))
47.
48.        # 判断后端系统类型来调整数组维度顺序
49.        if (K.image_dim_ordering() == 'th'):#如果后端系统是 Theano，则维度顺序为通道数、行数、
列数
50.            train_images=train_images.reshape(train_images.shape[0],img_channels,img_rows,img_cols)
51.            valid_images=valid_images.reshape(valid_images.shape[0],img_channels,img_rows,img_cols)
52.            test_images=test_images.reshape(test_images.shape[0],img_channels,img_rows,img_cols)
53.            self.input_shape=(img_channels,img_rows,img_cols)
54.        else:
55. #如果后端系统是 TensorFlow，则维度顺序为行数、列数、通道数
56.            train_images=train_images.reshape(train_images.shape[0],img_rows,img_cols,img_channels)
57.            valid_images=valid_images.reshape(valid_images.shape[0],img_rows,img_cols,img_channels)
58.            test_images=test_images.reshape(test_images.shape[0],img_rows,img_cols,img_channels)
59.            self.input_shape=(img_rows,img_cols,img_channels)
60.
61.        # 输出训练集、验证集、测试集的样本数量
62.        print(train_images.shape[0],'train samples')
63.        print(valid_images.shape[0],'valid_samples')
64.        print(test_images.shape[0],'test_samples')
65.
66.        #模型使用 categorical_crossentropy 函数作为损失函数
67.        #因此需要根据图像集样本数量将图像集标签进行 One-hot 编码使其向量化
68.        train_labels=np_utils.to_categorical(train_labels,nb_classes)
69.        valid_labels=np_utils.to_categorical(valid_labels,nb_classes)
70.        test_labels=np_utils.to_categorical(test_labels,nb_classes)
71.
72.        #像素数据浮点化和归一化
73.        train_images=train_images.astype('float32')
74.        valid_images=valid_images.astype('float32')
75.        test_images=test_images.astype('float32')
76.        train_images /= 255
77.        valid_images /= 255
78.        test_images /= 255
79.
80.        self.train_images=train_images
81.        self.valid_images=valid_images
82.        self.test_images=test_images
83.        self.train_labels=train_labels
```

```
84.         self.valid_labels=valid_labels
85.         self.test_labels=test_labels
86.
87. class Model:
88.     def __init__(self):
89.         self.model=None
90.
91.     def build_model(self,dataset,nb_classes=4):
92.         self.model=Sequential()
93.
94.         #第 1 个卷积层
95.         #保留边界像素
96 .         self.model.add(Convolution2D(32,3,3,border_mode='same',input_shape=dataset.input_shape,activati
on='relu'))#卷积层和激活函数
97.         ##输出(32,64,64)
98.
99. #池化层
100. self.model.add(MaxPooling2D(pool_size=(2,2)))
101.         #输出(32,32,32)
102.         self.model.add(Dropout(0.5))
103.
104.         #第 2 个卷积层
105.         #保留边界像素
106.         self.model.add(Convolution2D(32,3,3,border_mode='same',activation='relu'))#卷积层和激活函数
107.         ##输出(32,32,32)
108.
109.         self.model.add(Dropout(0.5))
110.
111.         #第 3 个卷积层
112.         self.model.add(Convolution2D(64,3,3,border_mode='same',activation='relu'))
113.         #输出(64,32,32)
114.
115.         self.model.add(MaxPooling2D(pool_size=(2,2)))
116.         #输出(64,16,16)
117.
118.         self.model.add(Dropout(0.5))
119.
120.         self.model.add(Flatten())  #数据从二维转为一维
121.         #输出大小为 64×16×16= 16384
122.
123.         #二层全连接神经网络
124.         self.model.add(Dense(512))
125.         self.model.add(Activation('relu'))
```

```
126.        self.model.add(Dropout(0.5))
127.        self.model.add(Dense(nb_classes))
128.
129.        self.model.add(Activation('softmax'))
130.        self.model.summary()
131.
132.    def train(self,dataset,batch_size=20,nb_epoch=10,data_augmentation=True):
133.        #sgd=SGD(lr=0.01,decay=1e-6,momentum=0.9,nesterov=True)
134.
135.        #self.model.compile(loss='categorical_crossentropy',optimizer=sgd,metrics=['accuracy'])
136.        #Adam 优化器
137.        adam=Adam(lr=0.001,beta_1=0.9,beta_2=0.999,epsilon=1e-8)
138.        self.model.compile(loss='categorical_crossentropy',optimizer=adam,metrics=['accuracy'])
139.
140.        self.model.fit(dataset.train_images,dataset.train_labels,batch_size=batch_size,nb_epoch=nb_epoch
141.                ,validation_data=(dataset.valid_images,dataset.valid_labels),shuffle=True)
142.
143.    MODEL_PATH='F:/example/number3.h5'
144.
145.
146.    def save_model(self,file_path=MODEL_PATH):
147.        self.model.save(file_path)
148.
149.    def load_model(self,file_path=MODEL_PATH):
150.        self.model=load_model(file_path)
151.
152.    def evaluate(self,dataset):
153.        score=self.model.evaluate(dataset.test_images,dataset.test_labels,verbose=1)
154.        print("%s: %.2f%%" % (self.model.metrics_names[1],score[1] * 100))
155.
156.    def face_predict(self,image):
157.        if K.image_dim_ordering() == 'th' and image.shape != (1,3,IMAGE_SIZE,IMAGE_SIZE):
158.            image=resize_image(image)
159.            image=image.reshape((1,3,IMAGE_SIZE,IMAGE_SIZE))
160.        elif K.image_dim_ordering() == 'tf' and image.shape != (1,IMAGE_SIZE,IMAGE_SIZE,3):
161.            image=resize_image(image)
162.            image=image.reshape((1,IMAGE_SIZE,IMAGE_SIZE,3))
163.
164.        image=image.astype('float32')
165.        image /= 255
166.
167.        result=self.model.predict_proba(image)
168.
```

```
169.            result=self.model.predict_classes(image)
170.
171.            return result[0]
172.
173. if __name__ == '__main__':
174.        dataset=Dataset()
175.        dataset.load()
176.        model=Model()
177.        model.build_model(dataset)
178.        model.train(dataset)
179.        model.save_model(file_path="F:/example/number3.h5")
```

5.5.5 识别与验证

利用 OpenCV 获取实时人脸数据，调用训练好的卷积神经网络模型来识别人脸。代码如下。

```
1. #faceclassify.py
2. import cv2
3. import sys
4. import gc
5. from face_CNN_keras import Model
6. import tensorflow as tf
7. if __name__ == '__main__':
8.     model=Model()#加载模型
9.     model.load_model(file_path='F:/example/number1.h5')
10.     color=(0,255,255)#框住人脸的矩形边框颜色
11.     cap=cv2.VideoCapture(0)#捕获指定摄像头的实时视频流
12.     cascade_path="F:\python35\haarcascade_frontalface_alt2.xml"#人脸特征分类器本地存储路径
13.     #循环检测识别人脸
14.     while cap.isOpened():
15.         ret,frame=cap.read()  #读取一帧视频
16.         gray=cv2.cvtColor(frame,cv2.COLOR_BGR2GRAY)#图片灰度化，降低计算复杂度
17.         cascade=cv2.CascadeClassifier(cascade_path)#使用人脸特征分类器，读入分类器
18.         faceRects=cascade.detectMultiScale(gray,scaleFactor=1.2,minNeighbors=3,minSize=(16,16))#利用分
类器识别出哪个区域为人脸
19.         if len(faceRects) > 0:
20.             for faceRect in faceRects:
21.                 x,y,w,h=faceRect
22.                 #截取脸部图像提交给模型识别
23.                 image=frame[y - 10: y + h + 10,x - 10: x + w + 10]
24.                 cv2.rectangle(frame,(x - 10,y - 10),(x + w + 10,y + h + 10),color,thickness=2)
25.                 faceID=model.face_predict(image)
26.                 #如果是“我”
```

```
27.             if faceID == 0:
28.                 cv2.putText(frame,"zhuang",(x+30,y+30),cv2.FONT_HERSHEY_SIMPLEX,1,(255,0,
255),2)#在显示界面输出
29.                 print("zhuang")#在控制台输出
30.             elif faceID == 1:
31.                 cv2.putText(frame,"chen",(x+30,y+30),cv2.FONT_HERSHEY_SIMPLEX,1,(255,0,
255),2)#在显示界面输出
32.                 print("chen")#在控制台输出
33.             elif faceID == 2:
34.                 cv2.putText(frame,"jia",(x+30,y+30),cv2.FONT_HERSHEY_SIMPLEX,1,(255,0,255),
2)#在显示界面输出
35.                 print("jia")#在控制台输出
36.             else:
37.                 cv2.putText(frame,"unknown",(x+30,y+30),cv2.FONT_HERSHEY_SIMPLEX,1,(255,
0,255),2)#在显示界面输出
38.                 print("unknown")#在控制台输出
39.         cv2.imshow("classify me",frame)
40.         k=cv2.waitKey(10)#等待 10ms 看是否有命令输入
41.         if k & 0xFF == ord('q'):#输入“q”退出
42.             break
43.     #释放摄像头并销毁所有窗口
44.     cap.release()
45.     cv2.destroyAllWindows()
```

完成上述步骤就可以实现对人脸的识别。

第 6 章　循环神经网络

我们已经遇到了两种不同类型的数据：表格数据和图像数据。对于图像数据而言，它具有特殊的数据结构，因此我们需要设计一种专门的卷积神经网络架构来对其进行建模。换句话说，当我们处理一幅图像时，像素的位置是非常重要的。如果我们对图像中的像素位置进行任意的重新排列，则会极大地影响对图像内容的推断和理解。因此，在处理图像数据时，我们需要采取特定的方法来有效地利用像素的位置信息。

在我们的学习过程中，我们默认数据是从某种分布中获取的，并且所有样本数据都是独立同分布的。然而，实际上，大多数数据并不符合这个假设。举个例子，一篇文章中的单词是按照特定的顺序排列的，如果我们随机打乱这些单词的顺序，就很难理解文章的原始含义。同样地，视频中的图像帧、对话中的音频信号及网站上的浏览行为都具有一定的顺序性。因此，对于这类数据，我们需要设计特定的模型来更好地处理它们，以获得更好的效果。这意味着我们需要考虑数据的顺序结构，而不单是数据本身的特征。

还有一个问题需要考虑：我们不仅需要接收一个序列作为输入，还可能需要继续预测该序列的后续部分。举个例子，我们可能需要预测接下来的数字序列是 2、4、6、8、10……。这在时间序列分析中非常常见，可以用于预测股市波动、患者的体温曲线或赛车的加速度需求等。因此，我们需要设计特定的模型来处理这些数据，以便能够进行连续的预测。这意味着我们需要考虑数据的时间性质，并构建适合处理这种序列数据的模型。本章思维导图如图 6-1 所示。

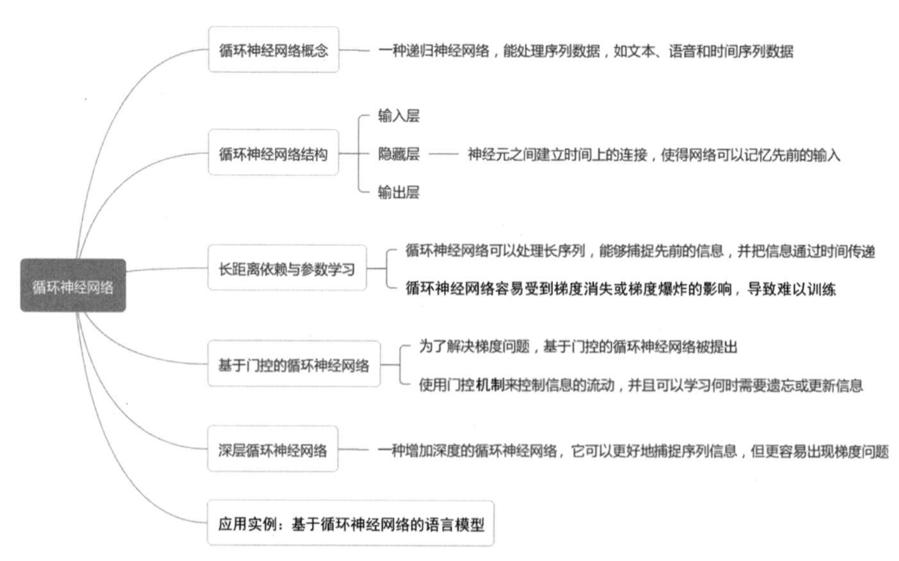

图 6-1　本章思维导图

卷积神经网络擅长处理空间信息，在本章中，我们将介绍循环神经网络（Recurrent Neural Network，RNN），它能够更好地处理序列信息。循环神经网络引入了状态变量，用于存储过去的信息和当前的输入，从而能够准确地确定当前的输出。通过这种方式，循环神经网络可以对序列数据进行建模，捕捉序列中的上下文和依赖关系。无论是语言处理、时间序列分析，还是机器翻译等任务，循环神经网络都展现了出色的性能。

许多实际应用循环神经网络的案例都基于文本数据，因此在本章中，我们将着重介绍语言模型。在对序列数据进行深入回顾之后，我们将探讨文本预处理的实用技巧。接下来，我们将详细讨论语言模型的基本概念，并将其作为设计循环神经网络的灵感来源。通过了解语言模型的原理和应用，我们将能够更好地理解循环神经网络的工作方式，并且能够在实践中灵活运用它们。让我们开始对语言模型的探索之旅吧。

6.1　循环神经网络概念

循环神经网络是一种被广泛使用的神经网络结构，它起源于 1982 年 Saratha Sathasivam 提出的霍普菲尔德网络。循环神经网络具有独特的循环性质，这使得它在处理和预测序列数据的问题上表现出色。通过循环的方式，循环神经网络可以利用过去的信息和当前的输入来确定当前的输出，从而有效地捕捉序列数据中的时序关系。特别是在进行自然语言处理和语音识别等任务时，循环神经网络能够处理变长的输入序列，并且具备一定的记忆能力，这使得循环神经网络在这些领域中成为一种强大的工具。

循环神经网络是一种神经网络结构，类似于深度神经网络、卷积神经网络、生成对抗网络（Generative Adversarial Network，GAN）等。然而，循环神经网络在处理具有序列特性的数据上表现出特殊的优势。它能够有效地挖掘数据中的时序信息和语义信息。通过循环神经网络的强大能力，深度学习模型在解决语音识别、语言模型、机器翻译及时序分析等自然语言处理领域的问题方面取得了突破性进展。

我们需要着重了解一下循环神经网络的特点。所谓序列特性，可以理解为数据具有时间顺序、逻辑顺序或其他特定的顺序。举几个例子来说明，如下。

时间序列数据：这种数据是按时间顺序排列的，如股票价格的历史记录、气温的变化趋势、心电图的波形等。通过分析时间序列数据，我们可以预测未来的趋势或进行时间相关的预测分析。

文本数据：文本是按照语言的语法和语义规则组织的序列。一段文章、一篇新闻报道、一句话，甚至一个单词都可以视为序列数据。通过建模文本数据的序列特性，我们可以进行语言模型的训练、自然语言处理任务的解决，如机器翻译、文本生成等。

音频数据：音频信号是按照时间顺序表示的声音波形。语音识别、语音合成等任务都需要处理音频数据的序列特性，以捕捉语音中的语调、语速和语义信息。

视频数据：视频是由连续的图像帧组成的序列。通过建模视频数据的序列特性，我们可以进行动作识别、视频内容理解、视频生成等任务。

序列特性的数据在实际应用中广泛存在，对于这类数据，循环神经网络能够有效地捕捉数据中的时序信息，使得模型能够更好地理解和处理这些数据。

让我们来看一个在自然语言处理中非常常见的任务：命名实体识别。举个例子，我们有如下两句话。

第 1 句话：I like eating apple.（我喜欢吃苹果。）

第 2 句话：The Apple is a great company.（苹果真是一家很棒的公司。）

我们的任务是对这两句话进行标记。我们都知道，第 1 个 apple 是指一种水果，而第 2 个 apple 是指苹果公司。假设我们有大量已经标记好的数据可供训练模型。当我们使用全连接神经网络模型时，我们的做法是首先将 apple 这个单词的特征向量输入模型，然后在输出结果时，我们让正确的标签概率最大化，从而训练模型。

然而，我们的语料库中存在一些 apple 的标签是水果，而另一些 apple 的标签是公司。这会导致模型在训练过程中的预测准确程度取决于哪个标签在训练集中出现更多。这样的模型对我们来说没有太大的用处。问题在于我们没有结合上下文来训练模型，而是单独训练了 apple 这个单词的标签。结合上下文来训练模型是全连接神经网络无法实现的。因此，我们引入了循环神经网络。

循环神经网络能够解决上述问题，它能够结合上下文来训练模型。循环神经网络的结构如图 6-2 所示。在命名实体识别任务中，循环神经网络能够捕捉到上下文中的语义关系，从而更准确地判断 apple 是指水果，还是指公司。通过循环神经网络，我们可以将语境和单词的标签联系起来，从而更好地训练模型。

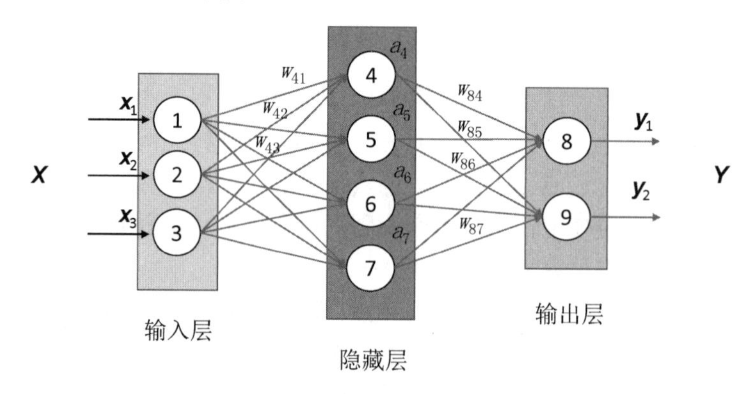

图 6-2　循环神经网络的结构

6.2　循环神经网络结构

循环神经网络的核心思想是利用序列信息。在传统的神经网络中，我们假设输入（和输出）之间相互独立，然而在许多任务中，这种假设是不合适的。如果我们要预测句子中的下一个单词，那么我们最好知道它前面有哪些单词。循环神经网络之所以被称为“循环”，是因为它们对序列中的每个元素执行相同的任务，输出取决于先前的计算结果。你也可以将循环神经网络视为具有“记忆”的网络，它可以捕捉到先前计算的信息。循环神经网络通过引入隐藏层，达到“记忆”的功能。理论上，循环神经网络可以利用任意长序列中的信息，但实际上，它们只能回顾几个序列（稍后我们将详细介绍）。图 6-3 展示了一个典型的循环神经网络在 t 时刻的展开图。

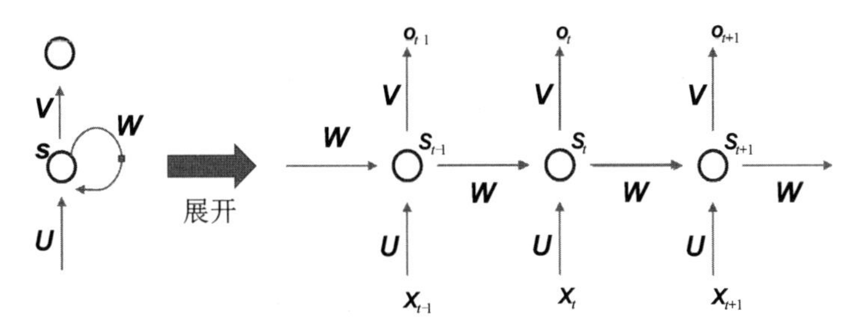

图 6-3　典型的循环神经网络在 t 时刻的展开图

在图 6-3 中，$\boldsymbol{x}_t$ 是 t 时刻的输入；$\boldsymbol{s}_t$ 是隐藏层的输出，其中 $\boldsymbol{s}_0$ 是计算第 1 个隐藏层所需要的，通常初始化为全零；$\boldsymbol{o}_t$ 是 t 时刻的输出。

从图 6-3 可以看出，循环神经网络的关键一点是 $\boldsymbol{s}_t$ 的值不仅取决于 $\boldsymbol{x}_t$，还取决于 $\boldsymbol{s}_{t-1}$。

假设：f 是隐藏层的激活函数，通常是非线性的，如 Tanh 函数或 ReLU 函数；g 是输出层的激活函数，可以是 Softmax 函数。$\boldsymbol{U}$、$\boldsymbol{V}$、$\boldsymbol{W}$ 是可训练的向量，那么，循环神经网络的前向计算过程用公式表示为

$$\boldsymbol{s}_t = f\left(\boldsymbol{U}\cdot\boldsymbol{x}_t + \boldsymbol{W}\cdot\boldsymbol{s}_{t-1} + \boldsymbol{b}_1\right) \tag{6-1}$$

$$\boldsymbol{o}_t = g\left(\boldsymbol{V}\cdot\boldsymbol{s}_t + \boldsymbol{b}_2\right) \tag{6-2}$$

通过上述两个公式的循环迭代，将式（6-1）代入式（6-2），有以下推导。

$$\begin{aligned}
\boldsymbol{o}_t &= g\left(\boldsymbol{V}\cdot\boldsymbol{s}_t + \boldsymbol{b}_2\right)\\
&= g\left(\boldsymbol{V}\cdot f\left(\boldsymbol{U}\cdot\boldsymbol{x}_t + \boldsymbol{W}\cdot\boldsymbol{s}_{t-1} + \boldsymbol{b}_1\right) + \boldsymbol{b}_2\right)\\
&= g\left(\boldsymbol{V}\cdot f\left(\boldsymbol{U}\cdot\boldsymbol{x}_t + \boldsymbol{W}\cdot f\left(\boldsymbol{U}\cdot\boldsymbol{x}_{t-1} + \boldsymbol{W}\cdot\boldsymbol{s}_{t-2} + \boldsymbol{b}_1\right) + \boldsymbol{b}_1\right) + \boldsymbol{b}_2\right)\\
&= g\left(\boldsymbol{V}\cdot f\left(\boldsymbol{U}\cdot\boldsymbol{x}_t + \boldsymbol{W}\cdot f\left(\boldsymbol{U}\cdot\boldsymbol{x}_{t-1} + \boldsymbol{W}\cdot f\left(\boldsymbol{U}\cdot\boldsymbol{x}_{t-2} + \cdots\right)\right)\right) + \boldsymbol{b}_2\right)
\end{aligned}$$

可以看到，当前时刻的输出包含了历史信息，这说明循环神经网络对历史信息进行了保存。

这里可以将隐藏的状态 $\boldsymbol{s}_t$ 看作网络的记忆。它捕获所有先前时间步骤中发生的事件的信息。输出 $\boldsymbol{o}_t$ 根据 t 时刻的记忆计算。循环神经网络在实践中有点复杂，因为 $\boldsymbol{s}_t$ 通常无法从太多时间步骤中捕获信息。

与在每层使用不同参数的传统深度神经网络不同，循环神经网络共享相同的参数（所有步骤共享 $\boldsymbol{U}$、$\boldsymbol{V}$、$\boldsymbol{W}$）。这反映了我们在每个步骤执行相同任务的事实。循环神经网络只使用不同的输入，这大大减少了我们需要学习的参数总数量。

图 6-3 在每个时刻都有输出。这可以根据任务需求来决定，有些时刻的输出可能不是必需的。例如，在预测句子的情绪时，我们可能只关心最终的输出，而不是每个单词的情绪。

同样，我们可能不需要在每个时刻都进行输入。所以，循环神经网络的结构可以是图 6-4 中不同的组合。

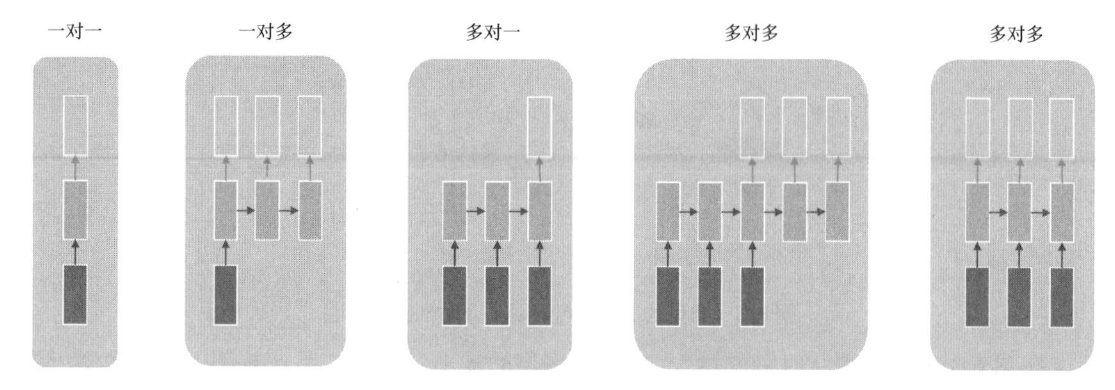

图 6-4 循环神经网络结构的不同组合图

6.3 长距离依赖与参数学习

6.3.1 长距离依赖

时间序列是在不同时刻统计同一指标，并按照时间先后排列成的一个集合。时间序列的主要作用是了解一个指标的长期趋势和预测未来趋势。循环神经网络就是一类用于处理序列数据的神经网络。循环神经网络的输出状态，不仅受输入状态的影响，还受前一时刻状态的影响。

在图 6-5 的网络结构中，各循环连接位于隐藏层之间，且是共享权重的，设循环连接的权重是 $\boldsymbol{W}$。

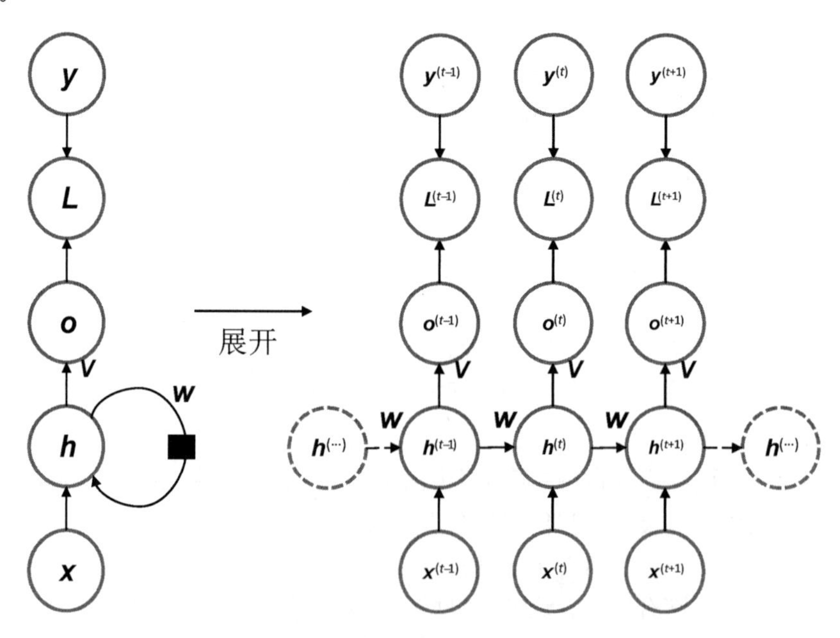

图 6-5 循环神经网络结构图

什么是长距离依赖？长距离依赖是指当前系统的状态可能受到很长时间之前系统状态的影响，这是循环神经网络难以有效解决的问题之一。

用一个例子来说明这个问题。如果要从句子“这块冰糖味道真？”中预测下一个词，很容易得出“甜”的结果。然而，如果句子变成“他吃了一口菜，被辣得流出了眼泪，满脸通红。旁边的人赶紧给他倒了一杯凉水，他咕咚咕咚喝了两口，才逐渐恢复正常。他气愤地说道：这个菜味道真？”这时要从这个句子中预测下一个词就变得非常困难了。因为这里出现了长距离依赖，预测结果需要依赖于很长时间之前的信息。长距离依赖图如图 6-6 所示。

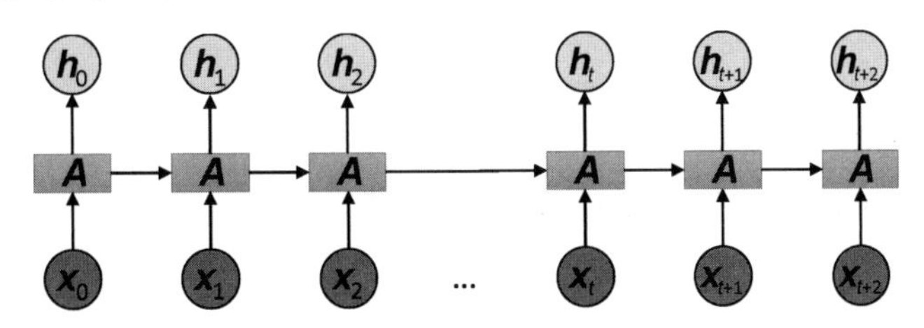

图 6-6　长距离依赖图

理论上，通过调整参数，循环神经网络是可以学习到时间久远的信息的。然而，实践中的结果是，循环神经网络很难有效地学习到这种信息。由于循环神经网络的结构，它会面临学习长距离依赖关系时的困难，并且很容易出现长期记忆失效的问题。

回顾循环神经网络的结构，循环神经网络之所以能够对序列数据进行建模，是因为它具有一个记忆单元（也称为隐藏层的参数）。这个记忆单元可以存储一些过去的信息，并在当前计算中使用。然而，随着时间步的推移，记忆单元中记录的较早信息会逐渐被新的信息冲淡，这导致与较早时间步的信息建立了不稳定的依赖关系。长期记忆失效的原因图如图 6-7 所示。

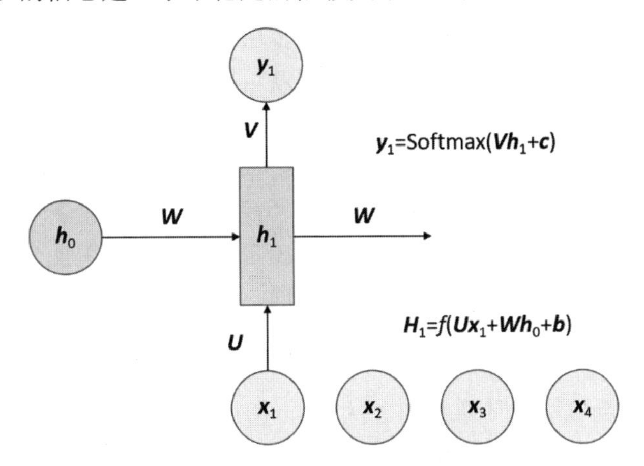

图 6-7　长期记忆失效的原因图

如何解决长距离依赖问题？需要改变循环神经网络的结构，从而建立起一种和较早时间步联系的桥梁，如后面要细谈的长短期记忆网络和门控循环单元网络等。

6.3.2　参数学习

循环神经网络的参数可以通过梯度下降法来进行学习。

以随机梯度下降为例，给定一个训练样本$(\boldsymbol{x},\boldsymbol{y})$，其中 $\boldsymbol{x}_{1:T}=(x_1,x_2,\cdots,x_T)$ 是长度为T的输入序列，$\boldsymbol{y}_{1:T}=(y_1,y_2,\cdots,y_T)$ 是长度为 T 的标签序列。在每个时刻 t，都有一个监督信息 $\boldsymbol{y}_t$，我们定义时刻 t 的损失函数为

$$\mathcal{L}_t=\mathcal{L}(\boldsymbol{y}_t,g(\boldsymbol{h}_t))$$

式中，$g(\boldsymbol{h}_t)$ 为 t 时刻的输出；$\mathcal{L}$ 为可微分的损失函数，如交叉熵损失函数。那么整个序列的损失函数为

$$\mathcal{L}=\sum_{t=1}^{T}\mathcal{L}_t$$

整个序列的损失函数 $\mathcal{L}$ 关于参数 $\boldsymbol{U}$（可训练参数）的梯度为

$$\frac{\partial\mathcal{L}}{\partial\boldsymbol{U}}=\sum_{t=1}^{T}\frac{\partial\mathcal{L}_t}{\partial\boldsymbol{U}} \tag{6-3}$$

即每个时刻损失 $\mathcal{L}_t$ 对参数 $\boldsymbol{U}$ 的偏导数之和。

循环神经网络中存在一个递归调用的函数$f(\cdot)$，因此其计算参数梯度的方式和前馈神经网络不太相同。在循环神经网络中，主要有两种计算梯度的方式：随时间反向传播算法和实时循环学习算法。

1. 随时间反向传播算法

随时间反向传播（Back Propagation Through Time，BPTT）算法的核心思想是通过类似前馈神经网络的误差反向传播算法来计算梯度。

BPTT 算法将循环神经网络视为一个展开的多层前馈神经网络，其中每一层对应循环神经网络中的每个时刻。这样一来，循环神经网络就可以使用类似前馈神经网络中的误差反向传播算法来计算参数的梯度了。在展开的前馈神经网络中，所有层的参数是共享的，因此参数的真实梯度是所有展开层参数梯度的总和。

通过 BPTT 算法，我们可以有效地计算出循环神经网络中各个参数的梯度，并通过梯度下降法来更新参数，从而不断优化网络的性能。BPTT 算法的应用使得循环神经网络在处理序列数据的任务中表现出色，并成为自然语言处理、语音识别等领域的重要工具。

下面来计算式（6-3）中 t 时刻损失函数对参数 $\boldsymbol{U}$ 的偏导数 $\frac{\partial\mathcal{L}_t}{\partial\boldsymbol{U}}$。

参数 $\boldsymbol{U}$ 和隐藏状态与每个时刻 k（$1\leqslant k\leqslant t$）的净输入 $\boldsymbol{z}_k=\boldsymbol{U}\boldsymbol{h}_{k-1}+\boldsymbol{W}\boldsymbol{x}_k+\boldsymbol{b}$ 有关。因此，t 时刻的损失函数 $\mathcal{L}_t$ 关于参数 u_{ij} 的梯度为

$$\frac{\partial\mathcal{L}_t}{\partial u_{ij}}=\sum_{k=1}^{t}\frac{\partial^{+}\boldsymbol{z}_k}{\partial u_{ij}}\frac{\partial\mathcal{L}_t}{\partial\boldsymbol{z}_k} \tag{6-4}$$

式中，$\frac{\partial^{+}\boldsymbol{z}_k}{\partial u_{ij}}$ 表示直接偏导数，即公式 $\boldsymbol{z}_k=\boldsymbol{U}\boldsymbol{h}_{k-1}+\boldsymbol{W}\boldsymbol{x}_k+\boldsymbol{b}$ 中保持 $\boldsymbol{h}_{k-1}$ 不变，对 u_{ij} 求偏导数，得到

$$\frac{\partial^{+} z_k}{\partial u_{ij}} = \left[0,\cdots,\left[\boldsymbol{h}_{k-1}\right],\cdots,0\right] \triangleq \boldsymbol{I}_i\left(\left[\boldsymbol{h}_{k-1}\right]_j\right) \tag{6-5}$$

式中，$\left[\boldsymbol{h}_{k-1}\right]_j$ 为 $k-1$ 时刻隐藏状态的第 j 维；$\boldsymbol{I}_i(x)$表示除第 i 行元素的值为 x 外，其余行元素都为 0 的向量。

定义误差项 $\boldsymbol{\delta}_{t,k} = \frac{\partial \mathcal{L}_t}{\partial \boldsymbol{z}_k}$ 为 t 时刻的损失函数对 k 时刻隐藏层的净输入 $\boldsymbol{z}_k$ 的导数，则当 $1 \leqslant k \leqslant t$ 时，有如下表示。

$$\begin{aligned}\boldsymbol{\delta}_{t,k} &= \frac{\partial \mathcal{L}_t}{\partial \boldsymbol{z}_k} \\ &= \frac{\partial \boldsymbol{h}_k}{\partial \boldsymbol{z}_k}\frac{\partial \boldsymbol{z}_{k+1}}{\partial \boldsymbol{h}_k}\frac{\partial \mathcal{L}_t}{\partial \boldsymbol{z}_{k+1}} \\ &= \mathrm{diag}\left(f'\left(\boldsymbol{z}_k\right)\right)\boldsymbol{U}^{\mathrm{T}}\boldsymbol{\delta}_{t,k+1}\end{aligned} \tag{6-6}$$

将式（6-4）和式（6-5）代入式（6-6）得到

$$\frac{\partial \mathcal{L}_t}{\partial u_{ij}} = \sum_{k=1}^{t}\left[\boldsymbol{\delta}_{t,k}\right]_i\left[\boldsymbol{h}_{k-1}\right]_j$$

将上式写成矩阵形式为

$$\frac{\partial \mathcal{L}_t}{\partial \boldsymbol{U}} = \sum_{k=1}^{t}\boldsymbol{\delta}_{t,k}\boldsymbol{h}_{k-1}^{\mathrm{T}}$$

图 6-8 给出了 BPTT 算法示例。

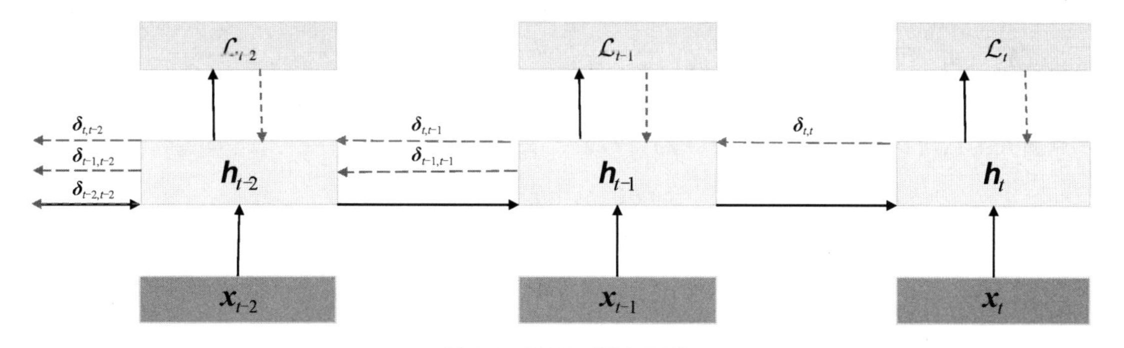

图 6-8　BPTT 算法示例

根据上述分析，得到整个序列的损失函数 $\mathcal{L}$ 关于参数 $\boldsymbol{U}$ 的梯度为

$$\frac{\partial \mathcal{L}}{\partial \boldsymbol{U}} = \sum_{t=1}^{T}\sum_{k=1}^{t}\boldsymbol{\delta}_{t,k}\boldsymbol{h}_{k-1}^{\mathrm{T}}$$

同理可得，$\mathcal{L}$ 关于权重 $\boldsymbol{W}$ 和偏置 $\boldsymbol{b}$ 的梯度为

$$\frac{\partial \mathcal{L}}{\partial \boldsymbol{W}}=\sum_{t=1}^{T}\sum_{k=1}^{t}\boldsymbol{\delta}_{t,k}\boldsymbol{x}_k^{\mathrm{T}}$$

$$\frac{\partial \mathcal{L}}{\partial \boldsymbol{b}}=\sum_{t=1}^{T}\sum_{k=1}^{t}\boldsymbol{\delta}_{t,k}$$

在 BPTT 算法中，参数的梯度需要在一个完整的“前向”计算和“反向”计算后才能得到并进行参数更新。

2. 实时循环学习算法

与反向传播的 BPTT 算法不同的是，实时循环学习（Real-Time Recurrent Learning，RTRL）算法通过前向传播的方式来计算梯度。梯度前向传播可以参考自动微分中的前向模式。假设循环神经网络中 $t+1$ 时刻的隐藏状态 $\boldsymbol{h}_{t+1}$ 为

$$\boldsymbol{h}_{t+1}=f\left(\boldsymbol{z}_{t+1}\right)=f\left(\boldsymbol{U}\boldsymbol{h}_t+\boldsymbol{W}\boldsymbol{x}_{t+1}+\boldsymbol{b}\right)$$

其关于参数 u_{ij} 的偏导数为

$$\begin{aligned}\frac{\partial \boldsymbol{h}_{t+1}}{\partial u_{ij}}&=\left(\frac{\partial^{+}\boldsymbol{z}_{t+1}}{\partial u_{ij}}+\frac{\partial \boldsymbol{h}_t}{\partial u_{ij}}\boldsymbol{U}^{\mathrm{T}}\right)\frac{\partial \boldsymbol{h}_{t+1}}{\partial \boldsymbol{z}_{t+1}}\\&=\left(\boldsymbol{I}_i\left(\left[\boldsymbol{h}_t\right]_j\right)+\frac{\partial \boldsymbol{h}_t}{\partial u_{ij}}\boldsymbol{U}^{\mathrm{T}}\right)\operatorname{diag}\left(f'\left(\boldsymbol{z}_{t+1}\right)\right)\\&=\left(\boldsymbol{I}_i\left(\left[\boldsymbol{h}_t\right]_j\right)+\frac{\partial \boldsymbol{h}_t}{\partial u_{ij}}\boldsymbol{U}^{\mathrm{T}}\right)\odot\left(f'\left(\boldsymbol{z}_{t+1}\right)\right)^{\mathrm{T}}\end{aligned}$$

式中，$\boldsymbol{I}_i(x)$ 是除第 i 行元素的值为 x 外，其余行元素都为 0 的向量。

RTRL 算法从第 1 个时刻开始，除计算循环神经网络的隐藏状态外，还依次前向计算偏导数 $\frac{\partial \boldsymbol{h}_1}{\partial u_{ij}},\frac{\partial \boldsymbol{h}_2}{\partial u_{ij}},\frac{\partial \boldsymbol{h}_3}{\partial u_{ij}},\cdots$，此时，假设 t 时刻存在一个监督信息，其损失函数为 $\mathcal{L}_t$，就可以同时计算损失函数对 u_{ij} 的偏导数：

$$\frac{\partial \mathcal{L}_t}{\partial u_{ij}}=\frac{\partial \boldsymbol{h}_t}{\partial u_{ij}}\frac{\partial \mathcal{L}_t}{\partial \boldsymbol{h}_t}$$

这样在 t 时刻，可以实时地计算损失函数 $\mathcal{L}_t$ 关于参数 $\boldsymbol{U}$ 的梯度，并更新参数。参数 $\boldsymbol{W}$ 和 $\boldsymbol{b}$ 的梯度也可以按上述方法实时计算。

RTRL 算法和 BPTT 算法都是基于梯度下降的算法，分别通过前向模式和反向模式应用链式法则来计算梯度。在循环神经网络中，一般网络输出维度远低于输入维度，因此 BPTT 算法的计算量会更小，但是 BPTT 算法需要保存所有时刻的中间梯度，空间复杂度较高。RTRL 算法不需要梯度回传，因此非常适用于需要在线学习或无限序列的任务中。

6.4　基于门控的循环神经网络

为了克服循环神经网络中的长距离依赖问题，引入门控机制是一种出色的解决方案。这种机制可以控制信息的累积速度，具体包括有选择地引入新信息和有选择地遗忘以前积累的信息。这类网络被称为基于门控的循环神经网络（Gated RNN）。在本节中，我们将主要介绍两种基于门控的循环神经网络：长短期记忆（Long Short-Term Memory，LSTM）网络和门控循环单元（Gated Recurrent Unit，GRU）网络。

6.4.1　LSTM 网络

LSTM 网络是循环神经网络的一种变体，它巧妙地解决了传统循环神经网络中的梯度爆炸或梯度消失问题。

LSTM 网络的主要改进体现为以下两个方面。

（1）引入记忆单元（Memory Cell）：LSTM 网络引入了一个记忆单元，可以有效地存储和传递信息。这个记忆单元类似于一个传送带，可以有选择地记住或遗忘过去的信息，从而有效地控制信息的流动。

（2）使用门控机制（Gate Mechanism）：LSTM 网络通过门控单元来控制信息的流动。门控单元包括遗忘门（Forget Gate）、输入门（Input Gate）和输出门（Output Gate）。遗忘门决定是否遗忘过去的信息，输入门决定是否引入新的信息，输出门决定如何输出当前的信息。

LSTM 网络引入一个新的记忆单元（Internal State）$\boldsymbol{c}_t \in \mathbb{R}^D$ 专门进行线性的循环信息传递，同时（非线性地）输出信息给隐藏层的外部状态（隐藏状态）$\boldsymbol{h}_t \in \mathbb{R}^D$。记忆单元 $\boldsymbol{c}_t$ 通过下面的公式计算。

$$\boldsymbol{c}_t = \boldsymbol{f}_t \odot \boldsymbol{c}_{t-1} + \boldsymbol{i}_t \odot \tilde{\boldsymbol{c}}_t \tag{6-7}$$

$$\boldsymbol{h}_t = \boldsymbol{o}_t \odot \operatorname{Tanh}(\boldsymbol{c}_t) \tag{6-8}$$

式中，$\boldsymbol{f}_t \in [0,1]^D$、$\boldsymbol{i}_t \in [0,1]^D$ 和 $\boldsymbol{o}_t \in [0,1]^D$ 分别为遗忘门、输入门和输出门，用来控制信息传递的路径；$\odot$ 为向量元素乘积符号；$\boldsymbol{c}_{t-1}$ 为上一时刻的记忆单元；$\tilde{\boldsymbol{c}}_t \in \mathbb{R}^D$ 为通过非线性函数得到的候选状态，其计算公式如下。

$$\tilde{\boldsymbol{c}}_t = \operatorname{Tanh}(\boldsymbol{W}_{\mathrm{c}}\boldsymbol{x}_t + \boldsymbol{U}_{\mathrm{c}}\boldsymbol{h}_{t-1} + \boldsymbol{b}_{\mathrm{c}}) \tag{6-9}$$

在每个时刻 t，LSTM 网络的记忆单元 $\boldsymbol{c}_t$ 记录了到当前时刻为止的历史信息。在数字电路中，门为一个二值变量{0,1}，0 代表关闭状态，不许任何信息通过；1 代表开放状态，允许所有信息通过。

当遗忘门 $\boldsymbol{f}_t = 0$、输入门 $\boldsymbol{i}_t = 1$ 时，记忆单元将历史信息清空，并将候选状态 $\tilde{\boldsymbol{c}}_t$ 写入。但此时记忆单元 $\boldsymbol{c}_t$ 依然和上一时刻的历史信息相关。当 $\boldsymbol{f}_t = 1$、$\boldsymbol{i}_t = 0$ 时，记忆单元将复制上一时刻的内容，不写入新的信息。

LSTM 网络中的门是一种“软”门，取值在(0,1)之间。它表示以一定的比例允许信息通

过。3 个门的计算公式为

$$\boldsymbol{i}_t = \sigma\left(\boldsymbol{W}_{\mathrm{i}}\boldsymbol{x}_t + \boldsymbol{U}_{\mathrm{i}}\boldsymbol{h}_{t-1} + \boldsymbol{b}_{\mathrm{i}}\right) \tag{6-10}$$

$$\boldsymbol{f}_t = \sigma\left(\boldsymbol{W}_{\mathrm{f}}\boldsymbol{x}_t + \boldsymbol{U}_{\mathrm{f}}\boldsymbol{h}_{t-1} + \boldsymbol{b}_{\mathrm{f}}\right) \tag{6-11}$$

$$\boldsymbol{o}_t = \sigma\left(\boldsymbol{W}_{\mathrm{o}}\boldsymbol{x}_t + \boldsymbol{U}_{\mathrm{o}}\boldsymbol{h}_{t-1} + \boldsymbol{b}_{\mathrm{o}}\right) \tag{6-12}$$

式中，$\sigma(\cdot)$为 Sigmoid 函数，其输出区间为(0,1)；$\boldsymbol{x}_t$ 为当前时刻的输入；$\boldsymbol{h}_{t-1}$ 为上一时刻的隐藏状态。

图 6-9 给出了 LSTM 网络的循环单元结构，其计算过程如下。

（1）利用上一时刻的隐藏状态 $\boldsymbol{h}_{t-1}$ 和当前时刻的输入 $\boldsymbol{x}_t$，计算出 3 个门及候选状态 $\tilde{\boldsymbol{c}}_t$。

（2）结合遗忘门 $\boldsymbol{f}_t$ 和输入门 $\boldsymbol{i}_t$ 来更新记忆单元 $\boldsymbol{c}_t$。

（3）结合输出门 $\boldsymbol{o}_t$，将记忆单元的信息传递给隐藏状态 $\boldsymbol{h}_t$。

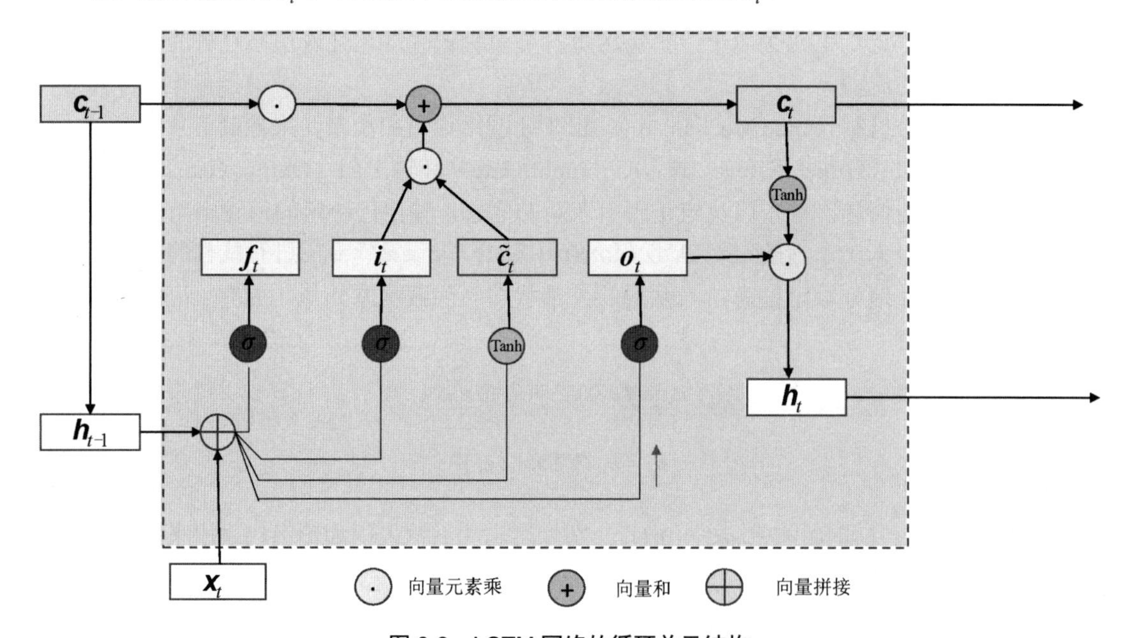

图 6-9 LSTM 网络的循环单元结构

通过 LSTM 循环单元，整个网络可以建立较长距离的时序依赖关系。式（6-7）～式（6-12）可以简洁地描述为

$$\begin{bmatrix} \tilde{\boldsymbol{c}}_t \\ \boldsymbol{o}_t \\ \boldsymbol{i}_t \\ \boldsymbol{f}_t \end{bmatrix} = \begin{bmatrix} \mathrm{Tanh} \\ \sigma \\ \sigma \\ \sigma \end{bmatrix} \left(\boldsymbol{W} \begin{bmatrix} \boldsymbol{x}_t \\ \boldsymbol{h}_{t-1} \end{bmatrix} + \boldsymbol{b} \right)$$

$$\boldsymbol{c}_t = \boldsymbol{f}_t \odot \boldsymbol{c}_{t-1} + \boldsymbol{i}_t \odot \tilde{\boldsymbol{c}}_t$$

$$\boldsymbol{h}_t = \boldsymbol{o}_t \odot \text{Tanh}(\boldsymbol{c}_t)$$

式中，$\boldsymbol{x}_t \in \mathbb{R}^M$ 为当前时刻的输入；$\boldsymbol{W} \in \mathbb{R}^{4D\times(M+D)}$ 和 $\boldsymbol{b} \in \mathbb{R}^{4D}$ 为网络参数。循环神经网络中的隐藏状态 $\boldsymbol{h}$ 存储了历史信息，可以看作一种记忆。在简单循环神经网络中，隐藏状态每个时刻都会被重写，因此可以看作一种短期记忆（Short-Term Memory）。

在神经网络中，长期记忆（Long-Term Memory）可以看作网络参数，隐含了从训练数据中学到的经验，其更新周期要远慢于短期记忆。在 LSTM 网络中，记忆单元 $\boldsymbol{c}$ 可以在某个时刻捕捉到某个关键信息，并有能力将此关键信息保存一定的时间间隔。记忆单元 $\boldsymbol{c}$ 中保存信息的生命周期要长于短期记忆 $\boldsymbol{h}$，但又远短于长期记忆，长短期记忆是指长的“短期记忆”，因此称为长短期记忆（Long Short-Term Memory）。

6.4.2 LSTM 网络的变体

目前，主流的 LSTM 网络通过使用 3 个门控单元来动态地控制内部状态的更新，这 3 个门控单元分别是遗忘门、输入门和输出门。它们的作用是决定在每个时间步上应该遗忘多少历史信息、输入多少新信息及输出多少信息。

我们可以对门控机制进行改进，以获得不同的 LSTM 网络的变体。其中一种最早提出的 LSTM 网络的变体是无遗忘门的 LSTM 网络。在这种变体中，记忆单元的更新方式稍有不同。

$$\boldsymbol{c}_t = \boldsymbol{c}_{t-1} + \boldsymbol{i}_t \odot \tilde{\boldsymbol{c}}_t$$

如之前的分析，记忆单元 $\boldsymbol{c}$ 会不断增大。当输入序列的长度非常大时，记忆单元的容量会饱和，从而大大降低 LSTM 网络的性能。Peephole LSTM 网络是另外一种变体，3 个门不仅依赖于输入 $\boldsymbol{x}_t$ 和上一时刻的隐藏状态 $\boldsymbol{h}_{t-1}$，还依赖于上一时刻的记忆单元 $\boldsymbol{c}_{t-1}$，即

$$\boldsymbol{i}_t = \sigma(\boldsymbol{W}_\text{i}\boldsymbol{x}_t + \boldsymbol{U}_\text{i}\boldsymbol{h}_{t-1} + \boldsymbol{V}_\text{i}\boldsymbol{c}_{t-1} + \boldsymbol{b}_\text{i})$$

$$\boldsymbol{f}_t = \sigma(\boldsymbol{W}_\text{f}\boldsymbol{x}_t + \boldsymbol{U}_\text{f}\boldsymbol{h}_{t-1} + \boldsymbol{V}_\text{f}\boldsymbol{c}_{t-1} + \boldsymbol{b}_\text{f})$$

$$\boldsymbol{o}_t = \sigma(\boldsymbol{W}_\text{o}\boldsymbol{x}_t + \boldsymbol{U}_\text{o}\boldsymbol{h}_{t-1} + \boldsymbol{V}_\text{o}\boldsymbol{c}_t + \boldsymbol{b}_\text{o})$$

式中，$\boldsymbol{V}_\text{i}$、$\boldsymbol{V}_\text{f}$ 和 $\boldsymbol{V}_\text{o}$ 为对角矩阵。

LSTM 网络中的输入门和遗忘门存在互补关系。因此，同时用两个门比较冗余。为了减少 LSTM 网络的计算复杂度，将这两个门合并为一个门。

令 $\boldsymbol{f}_t = 1 - \boldsymbol{i}_t$，内部状态的更新方式为

$$\boldsymbol{c}_t = (1 - \boldsymbol{i}_t) \odot \boldsymbol{c}_{t-1} + \boldsymbol{i}_t \odot \tilde{\boldsymbol{c}}_t$$

6.4.3 GRU 网络

GRU 网络是一种比 LSTM 网络更加简单的循环神经网络。

在 LSTM 网络中，输入门和遗忘门存在互补关系，具有一定的冗余性。GRU 网络直接使用一个门（更新门）来控制输入和遗忘之间的平衡。当 z_t =0 时，当前状态 $\boldsymbol{h}_t$ 和上一时刻的状态 $\boldsymbol{h}_{t-1}$ 之间为非线性函数关系；当 z_t =1 时，$\boldsymbol{h}_t$ 和 $\boldsymbol{h}_{t-1}$ 之间为线性函数关系。

在 GRU 网络中，函数 $g(\boldsymbol{x}_t, \boldsymbol{h}_{t-1}; \boldsymbol{\theta})$的定义为

$$\tilde{\boldsymbol{h}}_t = \mathrm{Tanh}\left(\boldsymbol{W}_\mathrm{h}\boldsymbol{x}_t + \boldsymbol{U}_\mathrm{h}\left(\boldsymbol{r}_t \odot \boldsymbol{h}_{t-1}\right) + \boldsymbol{b}_\mathrm{h}\right)$$

式中，$\tilde{\boldsymbol{h}}_t$ 为当前时刻的候选状态；$\boldsymbol{r}_t \in [0,1]^D$为重置门（Reset Gate）。

$$\boldsymbol{r}_t = \sigma\left(\boldsymbol{W}_\mathrm{r}\boldsymbol{x}_t + \boldsymbol{U}_\mathrm{r}\boldsymbol{h}_{t-1} + \boldsymbol{b}_\mathrm{r}\right)$$

$\boldsymbol{r}_t$ 用来控制候选状态 $\tilde{\boldsymbol{h}}_t$ 的计算是否依赖于上一时刻的状态 $\boldsymbol{h}_{t-1}$。

当 $\boldsymbol{r}_t = 0$ 时，候选状态 $\tilde{\boldsymbol{h}}_t = \mathbf{Tanh}(\boldsymbol{W}_\mathrm{h}\boldsymbol{x}_t + \boldsymbol{b})$只和当前输入 $\boldsymbol{x}_t$ 相关，和历史状态无关；当 $\boldsymbol{r}_t = 1$ 时，候选状态 $\tilde{\boldsymbol{h}}_t = \mathrm{Tanh}(\boldsymbol{W}_\mathrm{h}\boldsymbol{x}_t + \boldsymbol{U}_\mathrm{h}\boldsymbol{h}_{t-1} + \boldsymbol{b}_\mathrm{h})$和当前输入 $\boldsymbol{x}_t$ 及历史状态 $\boldsymbol{h}_{t-1}$ 相关，和简单循环神经网络一致。

综上，GRU 网络的状态更新方式为

$$\boldsymbol{h}_t = z_t \odot \boldsymbol{h}_{t-1} + \left(1 - z_t\right) \odot \tilde{\boldsymbol{h}}_t$$

可以看出，当 $z_t = 0$、$\boldsymbol{r}_t = 1$时，GRU 网络退化为简单循环神经网络；若 $z_t = 0$、$\boldsymbol{r}_t = 0$时，当前状态 $\boldsymbol{h}_t$ 只和当前输入 $\boldsymbol{x}_t$ 相关，和历史状态 $\boldsymbol{h}_{t-1}$ 无关；当 $z_t = 1$时，当前状态 $\boldsymbol{h}_t = \boldsymbol{h}_{t-1}$，即等于上一时刻状态 $\boldsymbol{h}_{t-1}$，和当前输入 $\boldsymbol{x}_t$ 无关。

图 6-10 所示为 GRU 网络的循环单元结构。

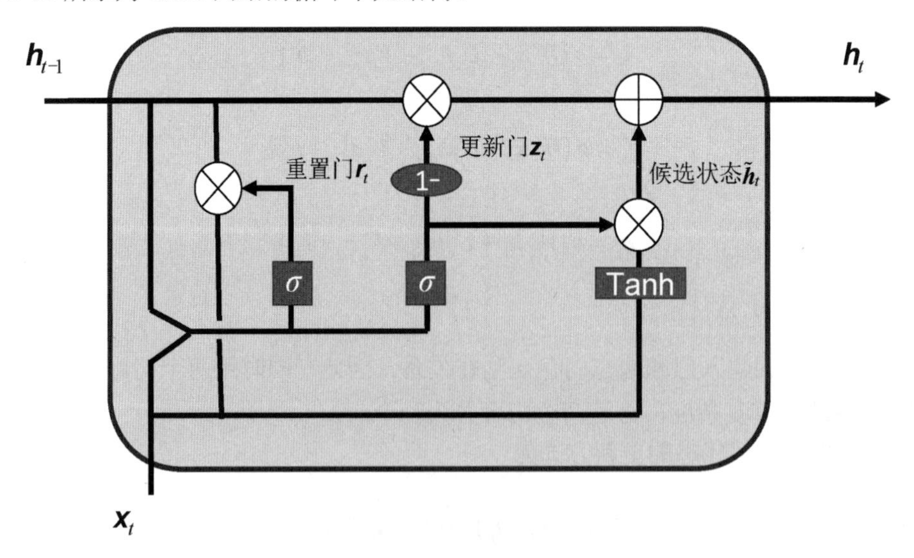

图 6-10　GRU 网络的循环单元结构

6.5 深度循环神经网络

到目前为止，我们讨论了具有一个单向隐藏层的循环神经网络。其中，隐藏变量和观测值与具体的函数形式的交互方式是相当随意的。只要交互建模具有足够的灵活性，这就不是一个大问题。然而，对于一个单层来说，这可能具有相当的挑战性。之前在线性模型中，我们通过添加更多的层来解决这个问题。而在循环神经网络中，我们首先需要确定如何添加更多的层，以及在哪里添加额外的非线性，因此这个问题有点棘手。

事实上，我们可以将多层循环神经网络堆叠在一起，通过对几个简单层的组合，产生一个灵活的机制，特别是数据可能与不同层的堆叠有关。例如，我们可能希望保持有关金融市场状况（熊市或牛市）的宏观数据可用，而微观数据只记录较短期的时间动态。

图 6-11 描述了一个具有 l 个隐藏层的深度循环神经网络，每个隐藏状态都连续地传递到当前层的下一个时间步和下一层的当前时间步。

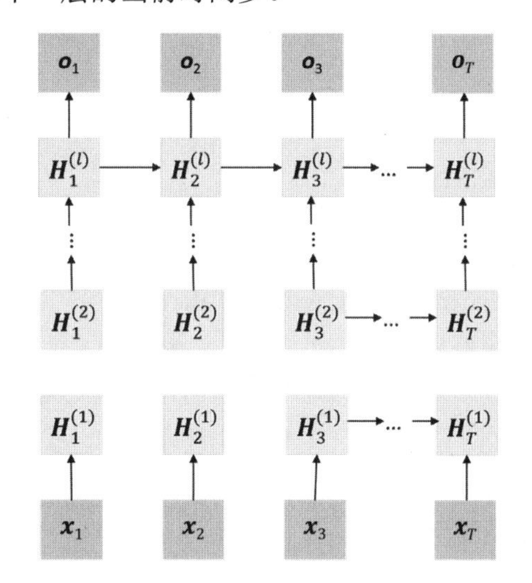

图 6-11　具有 l 个隐藏层的深度循环神经网络

接下来说说函数的依赖关系，可以将深度架构中的函数依赖关系形式化，这个架构在图 6-11 中描述了，由 l 个隐藏层构成。后续的讨论主要集中在经典的循环神经网络模型上，但是这些讨论也适用于其他序列模型。

假设在 t 时刻有一个小批量的输入数据 $\boldsymbol{x}_t \in \mathbb{R}^{n\times d}$（样本数为 n，每个样本中的输入个数为 d）。同时，将第 l^{th} 个隐藏层（$l=1,2,\cdots,L$）的隐藏状态设为 $\boldsymbol{h}_t^{(l)} \in \mathbb{R}^{n\times h}$（隐藏单元个数为 h），输出层变量设为 $\boldsymbol{o}_t \in \mathbb{R}^{n\times q}$（输出个数为 q）。

设 $\boldsymbol{h}_t^{(0)} = \boldsymbol{x}_t$，第 l 个隐藏层的隐藏状态使用激活函数 ϕ_l，则

$$\boldsymbol{h}_t^{(l)} = \phi_l\left(\boldsymbol{h}_t^{(l-1)}\boldsymbol{w}_{xh}^{(l)} + \boldsymbol{h}_{t-1}^{(l)}\boldsymbol{w}_{hh}^{(l)} + \boldsymbol{b}_h^{(l)}\right) \tag{6-13}$$

式中，权重 $\boldsymbol{w}_{xh}^{(l)} \in \mathbb{R}^{h\times h}$、$\boldsymbol{w}_{hh}^{(l)} \in \mathbb{R}^{h\times h}$ 和偏置 $\boldsymbol{b}_h^{(l)} \in \mathbb{R}^{1\times h}$ 都是第 l 个隐藏层的模型参数。

最后，输出层变量的计算仅基于第 l 个隐藏层最终的隐藏状态：

$$o_t = h_t^{(L)} W_{hq} + b_q$$

式中，权重 $W_{hq} \in \mathbb{R}^{h\times q}$ 和偏置 $b_q \in \mathbb{R}^{1\times q}$ 都是输出层的模型参数。

与多层感知机一样，隐藏层数量 l 和隐藏单元个数 h 都是超参数。也就是说，它们可以由我们调整。另外，用 GRU 网络或 LSTM 网络的隐藏状态来代替式（6-13）的隐藏状态进行计算，可以很容易地得到深度 GRU 网络或深度 LSTM 网络。

6.6 应用实例：基于循环神经网络的语言模型

本节将使用 PyTorch 来简洁地实现基于循环神经网络的语言模型。首先，加载周杰伦专辑歌词数据集。

```
1. import time
2. import math
3. import numpy as np inport torch
4. from torch import nn,optim
5. import torch.nn.functional as F import sys
6. sys.path.append(":")
7. import d2izh pytorch as d21
8. device=torch,device("code"if torch.cuda.is_available() else'cpu')
9. #加载周杰伦专辑歌词数据集
10. (corpus_indices,char_to_idx,idx_to_char. vocab size)= d21.load_data_jav_lyrics()
```

6.6.1 定义模型

PyTorch 中的 nn 模块提供循环神经网络的实现。下面构造一个含单个隐藏层、隐藏单元个数为 256 的循环神经网络层 rnn_layer。

```
1. num_hiddens=256
2. rnn_layer=nn.RNN(input_size-vocab_size,hidden_size=num_hiddens)
3. #rnn_layer=nn.LSTM(input_size=vocab_size， hidden_size=num_hiddens)
```

这里 rnn_layer 的输入形状为 (时间步数,批量大小,输入个数)。其中，输入个数即 One-hot 向量长度（词典大小）。此外，rnn_layer 作为 nn.RNN 实例，在前向计算后会分别返回输出和隐藏状态 h，其中输出指的是隐藏层在各个时间步上计算并输出的隐藏状态，它们通常作为后续输出层的输入。需要强调的是，该输出本身并不涉及输出层计算，形状为 (时间步数,批量大小,隐藏单元个数)。隐藏状态指的是隐藏层在最后时间步的隐藏状态，当隐藏层有多个时，每一层的隐藏状态都会记录在该变量中；对于 LSTM 网络，隐藏状态是一个元组 (h,c)，即 **hidden state** 和 **cell state**。关于循环神经网络（以 LSTM 网络为例）的输出，可参考图 6-12。

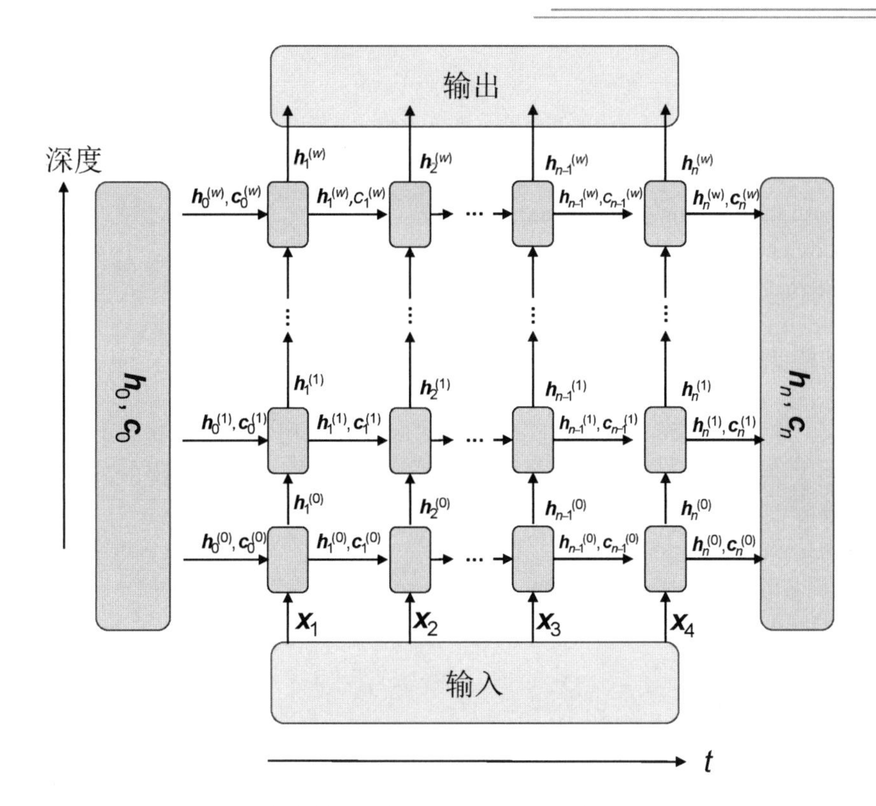

图 6-12　循环神经网络（以 LSTM 网络为例）的输出

回到本例，输出形状为 (时间步数,批量大小,隐藏单元个数)，隐藏状态 ***h*** 的形状为 (层数,批量大小,隐藏单元个数)。

```
1. num_steps=35
2. batch_size=2
3. state=None
4. x=torch.rand(num_steps,batch_size. Vocab_size)
5. y，state_new=rn_layer(x,state)
6. print(Y.shape. len(state_new). state_nem[0].shape)
```

输出如下。

```
torch.size([35，2，256])1 torch.size([2,256])
```

接下来继承Module类来定义一个完整的循环神经网络。该网络首先将输入数据使用One-hot 向量表示后输入 rnn_layer，然后使用 FC 输出层得到输出。输出个数等于词典大小vocab_size。

```
1. class RNMModel(nn.Module):
2. def__init__.(self,rnn_layer,vocab_size):
3. super(RNNModel. self).__init__()
4. self.rnn=rnn_laver
5. self.hidden_size=rnn_layer.hidden_size *(2 If rnn layer.bidirectional else 1)
6. selt.vocab size=vocab size
7. self.dense=nn.Linear(self_hidden_size. Vocab_size)
```

```
8.  self.state=None
9.  def formard(self. inputs. state):
10.
11.  X=d21.to_onehot(inputs,self.vocab_size)
12.        Y,self.state =self.rnn(torch.stack(x),state)
13.  output=self.dense(Y.view(-1.Y.shape[-1]))
14.  return outout. self.state
```

6.6.2 训练模型

下面定义一个预测函数。这里的实现在于前向计算和初始化隐藏状态的函数接口。

```
1.  def predict_rnn_pytorch(prefix,num_chars,model,vocab_size,device,idx_to _char.char_to_idx):
2.  state=None
3.  output=[char_to_idx[prefix[0]]]
4.  for t in range(num_chars+len(prefix)-1):
5.  X=torch.tensor([output[-1]].device=device).view(1,1)
6.  if state is not None:
7.  if isinstance(state,tuple):
8.  state=(state[0].to(device)，  state[1].to(device))
9.  else:
10.  state=state.to(device)
11.  (Y，state)=model(x. state)
12.  if t<len(prefix)-1:
13.  output.append(char_to_idx[prefix[t +1]])
14.  else:
15.  output.append(int(Y.argmax(din-1).item()))
16.  return' '.join([idx_to char[i] for i in output])
```

使用权重为随机值的模型来预测一次，代码如下。

```
1.  mode1=RNNModel(rnn_layer,vocab_size).to(device)
2.  predict_rnn_pytorch('分开',10,model,vocab_size,device,idx_to_char,char_to_idx)
```

输出如下。

```
"分开戏想迎凉想征凉征征"
```

接下来实现训练函数。

```
1.  def train_and_predict_rnn_pytorch(madel,num_hiddens,vocab_size,device,
2.                                corpus_indices,idx_to_char,char_to_idx,
3.                                num_epochs,num_steps,Ir,clipping_theta,
4.                                batch_size,pred_period,pred_len,prefixes):
5.      loss=nn.crossEntropyLoss()
6.      optimizer=torch.optim.Adam(model.parameters(),Ir=1r)
7.      model.to(device) state-None
8.
9.      for epoch in range(num epochs):
```

```
10.        1_sum,n,start=0.0.0.time.time(
11.        data iterd21.data iter consecutive(corpus indices,batch size,num steps,device)
12.         for x,Y in data_iter:
13.            if state is not None:
14.                if isinstance(state,tuple):
15.                   state=(state[0].detach(), state[1].detach())
16.
17.                else:
18.                   state=state.detach()
19.         (output, state)=model(x,state)"output
20.         y=torch.transpose(Y.e, 1).contiguous().view(-1)
21.         1= loss(output,y.long())
22.         optimizer.zero_grad()
23.         1.backoward()
24.         d21.grad_clipping(model.parameters(),clipping_theta,device)
25.         optimizer.step()
26.         1_sum += 1.item()*y.shape[0]
27.         n += y.shape[0]
28.     try:
29.       perplexity=math.exp(1_sum/n)
30.     except OverflowError:
31.       perplexity=float("inf")
32.     if (epoch + 1) % pred_period ==0:
33.       print("epoch %d,perplexity %f,time %.2f sec'%(
34.           epoch + 1,perplexity,time.time()= start))
35.       for prefix in prefixes:
36.           print('-'. predict_rnn_pytorch(
37.              prefix,pred_len,model,vocab_size,device,idx_to_char,char_to_idx))
```

使用超参数来训练模型。

```
1. num_epochs,batch_size,Ir,clipping_theta =256,32, 1e-3,1e-2
2. pred_period,pred_len,prefixes =50, 50, ["分开","不分开"]
3. train_and_predict_rnn_pytorch(model,num_hiddens,vocab_size,device,
4.                    corpus_indices,idx_to_char,char_to_idx,
5.                    num_epochs,num_steps. ir. clipping_theta,
6.                    batch_size,pred_period,pred_len,prefixes)
```

第 7 章 图神经网络

图神经网络（Graph Neural Network，GNN）是一类用于处理图数据的机器学习模型。与传统的神经网络主要针对向量或矩阵数据的处理不同，图神经网络被专门设计用于对图数据进行建模和推理。

图神经网络的核心思想是通过节点之间的信息传递和聚合来捕捉图的结构和关系。它通过将每个节点的特征与其邻居节点的特征进行交互和更新，从而逐步传递和聚合信息。这种信息传递和聚合的过程使得每个节点能够综合考虑其自身特征和周围节点的特征，从而获取和全局或上下文相关的信息。

图神经网络通常由多个图卷积层组成，每个层都包含节点特征更新和信息聚合的步骤。在每个层中，节点特征会根据其邻居节点的特征进行更新，以反映节点之间的关系。这种逐层的信息传递和更新使得图神经网络能够有效地捕捉图中的复杂结构和关系。

图神经网络已经在多个领域取得了重要的应用，包括社交网络分析、推荐系统、化学分子设计、计算机视觉等。图神经网络能够处理具有复杂连接关系和非结构化特征的数据，并且在理解和推理图数据方面展现出强大的能力。本章思维导图如图 7-1 所示。

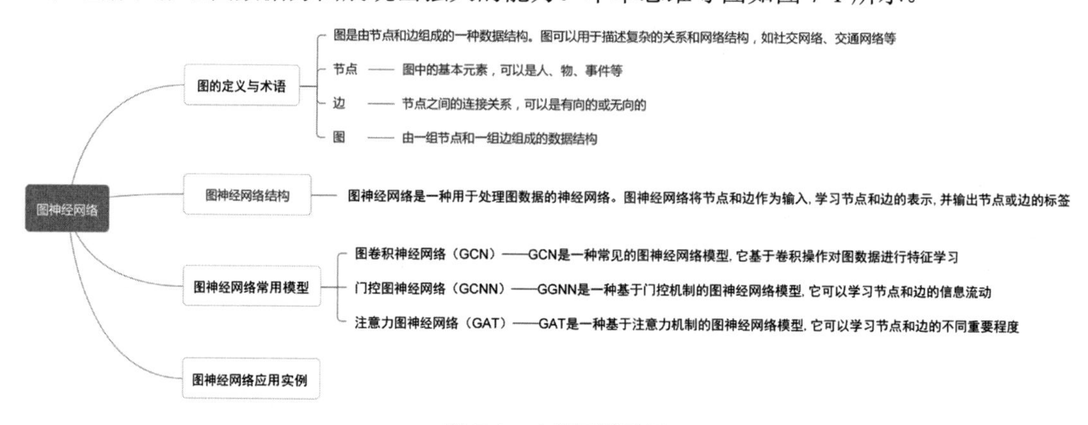

图 7-1 本章思维导图

7.1 图的定义与术语

在了解图神经网络前，我们有必要先了解一些图的概念。

1. 图的定义

图（Graph）由节点的有穷非空集合和节点之间边的集合组成，通常表示为 $G(V,E)$，其中，G 表示一个图，V 是图 G 中节点的集合，E 是图 G 中边的集合。

2. 图的分类

（1）无向图（Undirected Graph）和有向图（Directed Graph）：根据图中边的方向性进行分类。在无向图中，边是没有方向的；而在有向图中，边具有明确的方向，如图 7-2 所示。

（2）加权图（Weighted Graph）和非加权图（Unweighted Graph）：根据图中边的权重进行分类。在加权图中，边具有权重；而在非加权图中，边没有权重。加权图如图 7-3 所示。

（3）完全图（Complete Graph）和非完全图（Non-Complete Graph）：根据图中节点之间是否都有边连接进行分类。在完全图中，每对节点之间都有边连接；而在非完全图中，可能存在节点之间没有边连接的情况。

（4）稀疏图（Sparse Graph）和稠密图（Dense Graph）：根据图中边的数量和节点的数量之间的比例进行分类。稀疏图指的是边相对较少的图，而稠密图指的是边相对较多的图。

（5）连通图（Connected Graph）和非连通图（Disconnected Graph）：根据图中节点之间是否存在路径连接进行分类。在连通图中，任意两个节点之间都存在路径连接；而在非连通图中，可能存在节点之间没有路径连接的部分。

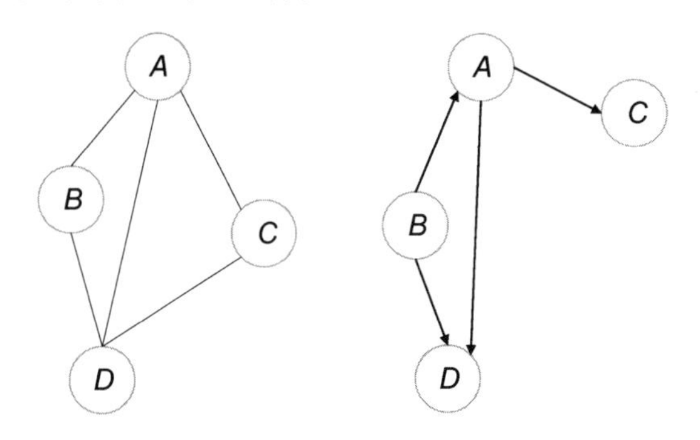

图 7-2　无向图与有向图示例

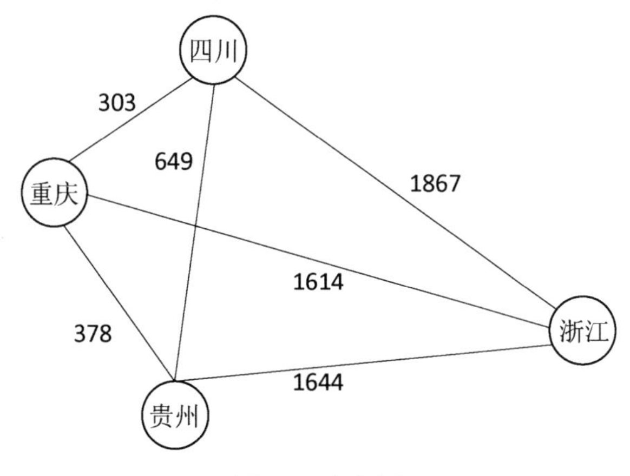

图 7-3　加权图

3. 图的节点和边

节点的度是指与该节点直接相连的边的数量。节点的度可以用于描述节点在图中的连接程度或重要性。度可以分为入度（In-Degree）和出度（Out-Degree），具体取决于图是有向图还是无向图。

对于无向图，节点的度等于与该节点相连的边的数量。例如，如果一个无向图中的某个节点连接了 3 条边，则该节点的度为 3。

对于有向图，节点的入度是指指向该节点的边的数量，出度是指从该节点出发的边的数量。例如，如果一个有向图中的某个节点有 2 条指向它的边和 3 条从它出发的边，则该节点的入度为 2，出度为 3。

度在图分析和图算法中具有重要的作用。一些常见的和度相关的概念和应用如下。

度分布（Degree Distribution）是指图中所有节点度的统计分布情况。通过研究度分布，我们可以了解图中节点的连接模式和网络的整体特性。

最大度（Maximum Degree）是指图中度最大的节点的度值。最大度可以用来衡量图的集中度或中心性。

平均度（Average Degree）是指图中所有节点度的平均值。平均度可以提供关于图的平均连接程度的信息。

度中心性（Degree Centrality）是一种衡量节点在图中的重要性的指标。具有较高度中心性的节点通常与其他许多节点直接相连，对于信息传递和网络连接具有重要影响。

节点的度是图论中一个基本而重要的概念，对于分析和理解图结构具有重要意义。

路径长度（Path Length）是指在一个图中，从一个节点到达另一个节点所经过的边的数量。路径长度可以用来衡量两个节点之间的距离或接近程度。

对于图 7-4 左边的图，从 *B* 到 *D* 的路径长度是 2；对于图 7-4 右边的图，从 *B* 到 *D* 的路径长度就是 3 了（粗边）。

对于图 7-4 右边的图，*A* 的入度是 2，出度是 1；*B* 的入度是 0，出度是 2。

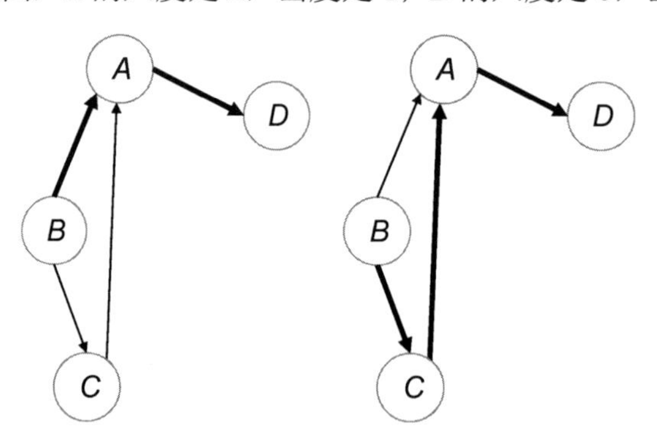

图 7-4　路径长度示例

连通图是指图中任意两个节点之间都存在路径的图。换句话说，对于连通图中的任意两个节点，它们之间存在一条路径可以沿着图的边从一个节点到达另一个节点。连通图中的每个节点都可以通过路径相互到达。

相反，非连通图是指图中存在节点之间没有路径的图。在非连通图中，至少存在两个或更多个孤立的子图，每个子图中的节点之间存在路径，但不同子图之间没有路径。图 7-5 左边的图不是连通图，因为 *A* 和 *F* 之间没有连通。

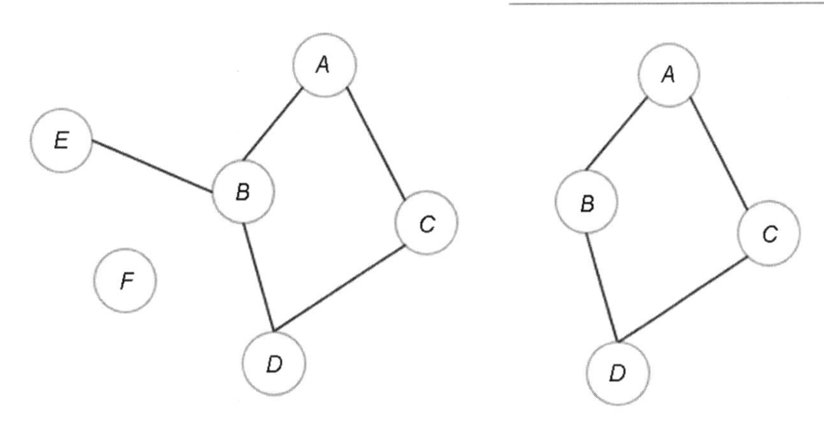

图 7-5　非连通图和连通图示例

邻接矩阵（Adjacency Matrix）是一种常用的图数据结构表示方法。在图论中，图由一组节点和一组边组成，邻接矩阵用于表示这些节点和边之间的关系。

邻接矩阵是一个方阵，其行和列的数量等于图中节点的数量。假设图中有 n 个节点，那么邻接矩阵的维度为 $n\times n$。邻接矩阵的元素可以用来表示图中的边的存在与否。

如果节点 i 和节点 j 之间存在边，那么邻接矩阵的第 i 行第 j 列的元素为 1；如果它们之间不存在边，那么该元素为 0。对于无向图而言，邻接矩阵是对称的，即第 i 行第 j 列的元素与第 j 行第 i 列的元素相等。

邻接矩阵在表示稠密图（边数接近于节点数的平方）时比较适用，但在表示稀疏图时可能会浪费较多的空间。另外，使用邻接矩阵可以方便地进行图的一些基本操作，如查找某条边是否存在、计算节点的度等。

7.2　图神经网络结构

图神经网络是一种用于处理图数据的深度学习模型。与传统的神经网络适用于处理向量和矩阵数据不同，图神经网络能够处理具有复杂连接关系的非欧几里得结构数据，如社交网络、知识图谱和分子结构等。

图神经网络的基本思想是将图中的节点和边作为输入，通过迭代更新节点的表示，从而学习节点的特征表示和整个图的全局特征。图神经网络通常由多个图卷积层组成，每个图卷积层都包含了节点特征的更新规则。这些规则可以聚合节点的邻居信息，并将其与节点自身的特征进行融合，以生成新的节点表示。

典型的图神经网络模型包括 GCN、GGNN、GAT 等。这些模型在节点分类、图分类、连接预测和图生成等任务上表现出色，并在社交网络分析、推荐系统、药物研发等领域具有广泛的应用。

图神经网络是一种直接作用于图结构上的神经网络。图神经网络有以下特点。

- 忽略节点的输入顺序。
- 在计算过程中，节点的表示受其周围邻居节点的影响，而图本身连接不变。
- 图结构的表示使得人们可以进行基于图的推理。

关于图的应用一般可以分为两类，分别称为 Graph-Focused 应用和 Node-Focused 应用。

Graph-Focused 应用：映射与节点相互独立，对整个图实现分类或回归任务。例如，化学中的化合物可以通过图进行建模，每个节点表示原子或化学基团，边表示化学键。映射可以用来评测某种化合物是否能导致某种特定的疾病。

Node-Focused 应用：映射依赖于节点，因此分类或回归任务依赖于每个节点的性质，如目标检测问题，检测图像中是否包含特定的目标，并进行定位。

下面对图神经网络的符号进行简要说明，如下所示。

$G=(N,E)$，其中 N 表示节点集合，E 表示边集合。

$\mathrm{ne}[n]$表示节点 n 的邻居节点。

$\mathrm{co}[n]$表示与节点 n 相连的边。

$\boldsymbol{x}_n$ 表示节点 n 的特征。

$\boldsymbol{x}_{\mathrm{co}[n]}$表示与节点 n 相连的边的特征。

$\boldsymbol{h}_{\mathrm{ne}[n]}$表示节点 n 的邻居节点的嵌入表示。

$\boldsymbol{x}_{\mathrm{ne}[n]}$表示节点 n 的邻居节点的特征。

$\boldsymbol{h}_n$ 表示节点 n 的嵌入表示。

了解完图神经网络的符号后，来看看图神经网络的基本结构，如图 7-6 所示。

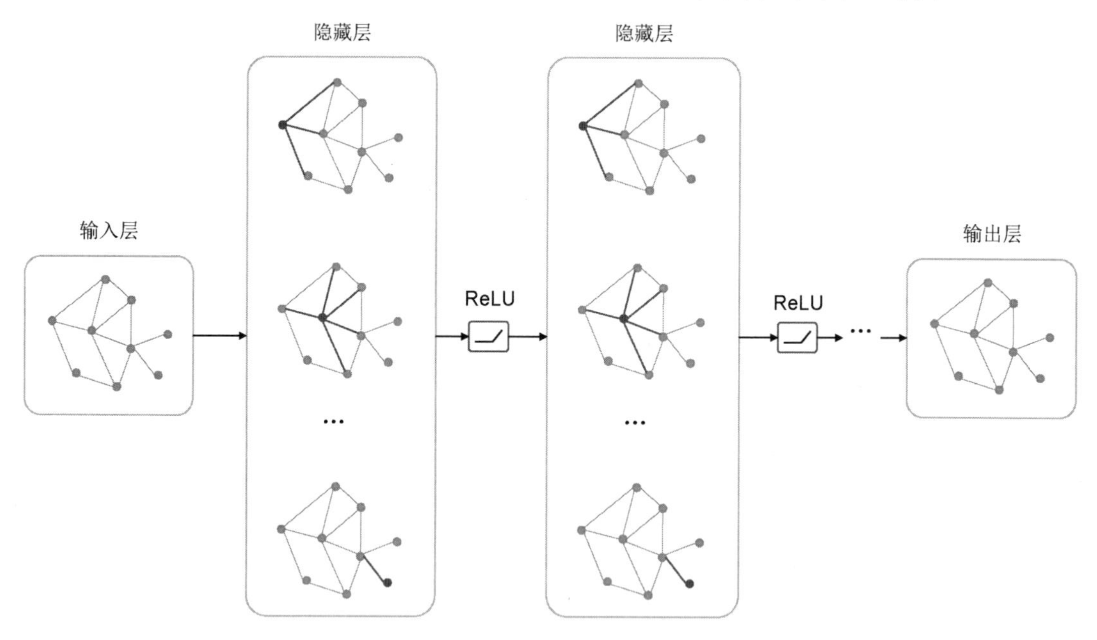

图 7-6　图神经网络的基本结构

图神经网络通常由两个模块组成：传递模块（Propagation Module）和输出模块（Output Module）。

1．传递模块

传递模块（见图 7-7）负责在节点之间传递信息并更新状态，包括聚合和更新两部分。

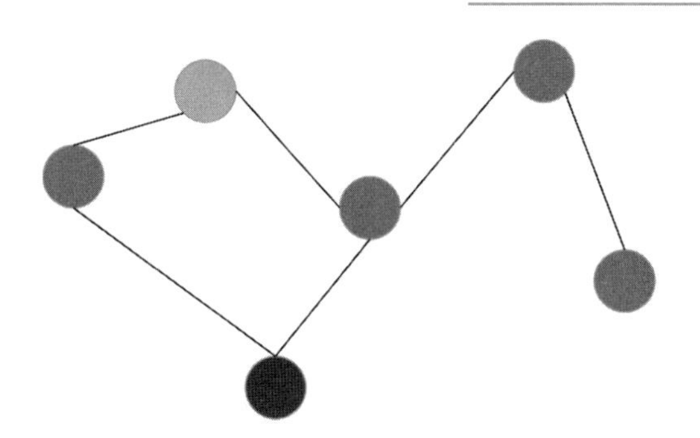

图 7-7　传递模块

聚合部分：目的是通过聚合节点 n 周围节点的信息，学习节点 n 的嵌入表示 $\boldsymbol{h}_n$，具体如下。

$$\boldsymbol{h}_n = f\left(\boldsymbol{x}_n, \boldsymbol{x}_{\mathrm{co}[n]}, \boldsymbol{h}_{\mathrm{ne}[n]}, \boldsymbol{x}_{\mathrm{ne}[n]}\right)$$

式中，f 可以解释为前馈全连接神经网络。

更新部分：模型在学习过程中迭代更新节点 n 的嵌入表示。

$$\boldsymbol{H}^{t+1} = f\left(\boldsymbol{H}^t, \boldsymbol{X}\right)$$

式中，t 为第 t 次迭代；$\boldsymbol{X}$ 为所有特征；$\boldsymbol{H}^t$ 为第 t 次迭代中所有节点的嵌入表示。

2. 输出模块

输出模块根据图神经网络的应用类型不同，可分为两种形式。

1）Node-Focused 输出模块

对于节点分类问题，模型输出最后一次迭代后每个节点对应的标签。

$$\boldsymbol{o}_n = g\left(\boldsymbol{h}_n^{\mathrm{T}}, \boldsymbol{x}_n\right)$$

式中，g 可以解释为全连接前馈神经网络。

此时模型的损失函数为

$$\mathbf{loss} = \sum_{i=1}^{p}\left(\boldsymbol{t}_i - \boldsymbol{o}_i\right)$$

式中，$\boldsymbol{t}_i$ 为第 i 个节点的真实标签；$\boldsymbol{o}_i$ 为模型输出标签；p 为节点数量。

2）Graph-Focused 输出模块

对于图分类问题，使用 Readout 函数从最后一次迭代中聚合节点特征来获取整个图的表示向量 $\boldsymbol{h}(G)$：

$$\boldsymbol{h}(G) = \mathrm{Readout}\left(\{\boldsymbol{h}_v^{(K)} | v \in G\}\right)$$

Readout 函数可以是一个简单的置换不变函数，如求和函数等。

7.3 图神经网络常用模型

7.3.1 GCN 模型

1. GCN 的概念

图的结构一般来说是十分不规则的，可以认为是无限维的一种数据，所以它没有平移不变性。每个节点周围的结构可能都是独一无二的，这种结构的数据让传统的卷积神经网络、循环神经网络瞬间失效。所以很多学者从 20 世纪就开始研究怎么处理这种数据了。后面涌现出了很多方法，如图神经网络、DeepWalk、Node2Vec 等。

GCN（Graph Convolutional Network，图卷积神经网络）是一种用于处理图数据的神经网络模型。它的主要用途是对节点进行分类或预测节点的标签。

GCN 的目标是学习每个节点的表示向量，使得这些向量能够捕捉到节点在图中的结构信息和上下文关系。通过利用节点的邻居信息，GCN 可以对节点的特征进行聚合和更新，同时保留了图结构的局部特征和全局特征。

GCN 的核心操作是基于邻居节点特征的卷积操作。这种卷积操作类似于传统的卷积神经网络中的卷积操作，但是在图中进行卷积时，邻居节点的特征作为卷积核来更新中心节点的特征。这种方式使得节点能够利用其邻居节点的信息来更新自身的表示，从而在学习过程中更好地考虑到节点的上下文信息。

GCN 的输出可以是节点的标签、节点的类别概率分布或节点的特征表示等，具体取决于所解决的任务。在节点分类任务中，GCN 可以对节点进行分类，将它们划分到不同的类别中。在连接预测任务中，GCN 可以预测两个节点之间是否存在连接。

2. GCN 的结构

GCN 的结构如下。

（1）输入层：接收图数据的输入，包括节点特征和图的邻接矩阵。

（2）图卷积层：GCN 的核心部分。每个图卷积层将节点特征和邻接矩阵作为输入，并通过聚合邻居节点信息来更新节点的表示。具体的图卷积操作根据不同的 GCN 变体有所不同，但通常包括节点特征的线性变换和邻居节点特征的聚合。

（3）非线性激活层：位于图卷积层之后，通常会应用一个非线性激活函数（如 ReLU 函数）来引入非线性性质。

（4）全连接层：将最终的节点表示映射到所需的输出空间，如节点分类的类别数。

（5）输出层：根据任务的不同，可以使用不同的输出层，如 Softmax 层用于多类别分类任务。

GCN 其实就是由上述“构件”组成的，根据不同的任务需求，合理“拼装”就可以了。

假设我们手上有一批图数据，其中有 N 个节点，每个节点都有自己的特征，设这些节点的特征组成一个 $N \times D$ 的矩阵 $\boldsymbol{X}$，各个节点之间的关系形成一个 $N \times N$ 的矩阵 $\boldsymbol{A}$，也称为邻接矩阵（Adjacency Matrix）。$\boldsymbol{X}$ 和 $\boldsymbol{A}$ 便是模型的输入。

GCN 的层与层之间的信息传递方式为

$$H^{(l+1)} = \sigma\left(\tilde{D}^{-\frac{1}{2}}\tilde{A}\tilde{D}^{-\frac{1}{2}}H^{(l)}W^{(l)}\right)$$

式中：

- $\tilde{A}=A+I$，I 是单位矩阵；
- $\tilde{D}$ 是 $\tilde{A}$ 的度矩阵（Degree Matrix），公式为 $\tilde{D}_{ii}=\sum_j \tilde{A}_{ij}$ ；
- H 是每一层的特征，对于输入层，H 就是 X；
- σ 是非线性激活函数。

先不用考虑为什么要这样去设计一个公式。只需要知道 $\tilde{D}^{-\frac{1}{2}}\tilde{A}\tilde{D}^{-\frac{1}{2}}$ 这个部分，是可以事先算好的，因为 $\tilde{D}$ 由 A 计算而来，而 A 是输入之一。

所以对于不需要去了解数学原理、只想应用 GCN 来解决实际问题的人来说，只需要知道：GCN 设计了一个厉害的公式，用这个公式就可以很好地提取图的特征。

对图 7-8 中的 GCN 输入一个图，通过若干个 GCN 层，每个节点的特征从 X 变成了 Z，但是，无论中间有多少层，节点之间的连接关系，即 A，都是共享的。

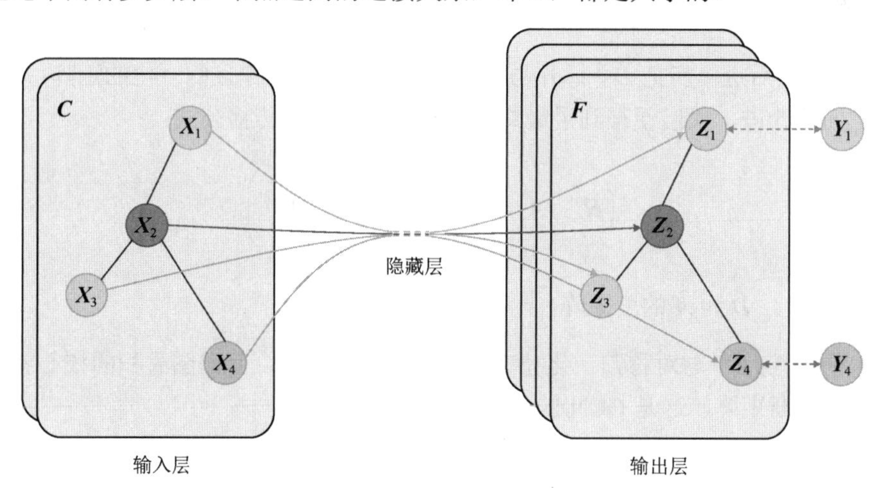

图 7-8　GCN 模型图

假设我们构造一个两层的 GCN，激活函数分别采用 ReLU 函数和 Softmax 函数，则整体的前向传播公式为

$$z = f\left(X, A\right) = \mathrm{Softmax}\left(\tilde{A}\,\mathrm{ReLU}\left(\tilde{A}XW^{(0)}\right)W^{(1)}\right)$$

最后，针对所有带标签的节点计算交叉熵损失值：

$$\mathcal{L} = \sum_{l\in y_L}\sum_{f=1}^{F} Y_{lf}\ln Z_{lf}$$

式中，y_L 表示带标签的节点集合。这样就可以训练一个节点分类的模型了。由于即使只有很少的节点带标签也能训练，因此这种方法称为半监督分类。

当然，也可以用这种方法去进行图分类、连接预测，只要把损失函数变化一下即可。

3. GCN 结构的解释

关于 GCN 的结构，其提出者给出了一个由简入繁的过程来解释。

每个 GCN 层的输入都是邻接矩阵 $\boldsymbol{A}$ 和节点的特征矩阵 $\boldsymbol{H}$，那么我们直接做一个内积，再乘一个参数矩阵 $\boldsymbol{W}$，然后激活一下，就相当于一个简单的神经网络层。这样是不是也可以呢？

$$f\left(\boldsymbol{H}^{(l)},\boldsymbol{A}\right)=\sigma\left(\boldsymbol{A}\boldsymbol{H}^{(l)}\boldsymbol{W}^{(l)}\right)$$

实验证明，即使是这么简单的神经网络层，就已经很强大了。但是这个简单模型有如下局限性。

若只使用 $\boldsymbol{A}$，由于 $\boldsymbol{A}$ 的对角线元素都是 0，其在和特征矩阵 $\boldsymbol{H}$ 相乘时，只会计算一个节点的所有邻居节点的特征的加权和，该节点自己的特征却被忽略了。因此，可以做一个小小的改动，给 $\boldsymbol{A}$ 加上一个单位矩阵 $\boldsymbol{I}$，这样就让对角线元素变成 1 了。

$\boldsymbol{A}$ 是没有经过归一化的矩阵，这样与特征矩阵 $\boldsymbol{H}$ 相乘会改变特征原本的分布，产生一些不可预测的问题，所以对 $\boldsymbol{A}$ 进行标准化处理。首先让 $\boldsymbol{A}$ 的每一行加起来为 1，可以乘以 $\boldsymbol{D}^{-1}$，$\boldsymbol{D}$ 就是度矩阵。然后进一步把 $\boldsymbol{D}^{-1}$ 拆开与 $\boldsymbol{A}$ 相乘，得到一个对称且归一化的矩阵：$\tilde{\boldsymbol{D}}^{-\frac{1}{2}}\tilde{\boldsymbol{A}}\tilde{\boldsymbol{D}}^{-\frac{1}{2}}$。

通过上面的改进，我们便得到了最终的神经网络层特征传播公式：

$$f\left(\boldsymbol{H}^{(l)},\boldsymbol{A}\right)=\sigma\left(\tilde{\boldsymbol{D}}^{-\frac{1}{2}}\tilde{\boldsymbol{A}}\tilde{\boldsymbol{D}}^{-\frac{1}{2}}\boldsymbol{H}^{(l)}\boldsymbol{W}^{(l)}\right)$$

式中，$\tilde{\boldsymbol{A}}=\boldsymbol{A}+\boldsymbol{I}$，$\tilde{\boldsymbol{D}}$ 为 $\tilde{\boldsymbol{A}}$ 的度矩阵。

公式中的 $\tilde{\boldsymbol{D}}^{-\frac{1}{2}}\tilde{\boldsymbol{A}}\tilde{\boldsymbol{D}}^{-\frac{1}{2}}$ 与对称归一化拉普拉斯矩阵十分类似。而谱图卷积的核心就是使用对称归一化拉普拉斯矩阵，这是 GCN 的“卷积”叫法的由来。

4. GCN 的作用

即使不训练，完全使用随机初始化的参数矩阵 $\boldsymbol{W}$，GCN 提取出来的特征也十分优秀。这和卷积神经网络不训练是完全不一样的，卷积神经网络不训练是根本得不到什么有效特征的。

在原数据中同类别的节点，经过 GCN 提取出的特征的作用，已经在空间上自动聚类了。而这种聚类效果，可以和 DeepWalk、Node2Vec 这种经过复杂训练得到的节点特征的效果媲美了。

7.3.2 GGNN 模型

GGNN（Gated Graph Neural Network，门控图神经网络）是一种用于图数据的深度学习模型，它扩展了传统的图神经网络，通过引入门控机制来增强信息传递和聚合的能力。

在传统的图神经网络中，节点的表示是通过聚合其邻居节点的信息得到的。然而，对于一些复杂的图结构和任务，简单的信息聚合可能无法充分捕捉节点之间的关系。GGNN 通过引入门控机制，允许节点有选择地聚合邻居节点的信息，从而提高了模型的表达能力和灵活性。

在 GGNN 中，通常会引入两个关键的门控单元：更新门和重置门。

更新门用于控制节点应该如何融合当前节点的表示和邻居节点的信息。更新门可以决定将多少邻居节点的信息与当前节点的表示相结合。

重置门用于控制节点是否应该忽略其之前的表示，从而在更新阶段重新开始聚合邻居节点的信息。重置门可以帮助网络更好地处理长距离依赖关系。

GGNN 可以通过多层的节点更新来逐步传播和聚合信息。每一层的节点更新都可以利用前一层节点的信息，并通过门控机制有选择地聚合邻居节点的信息。通过多次迭代更新，网络可以逐渐提取和传播图中节点的特征，从而完成特定的任务，如节点分类、图分类、连接预测等。

我们来详细说说 GGNN 的细节。邻接矩阵的构建如图 7-9 所示。

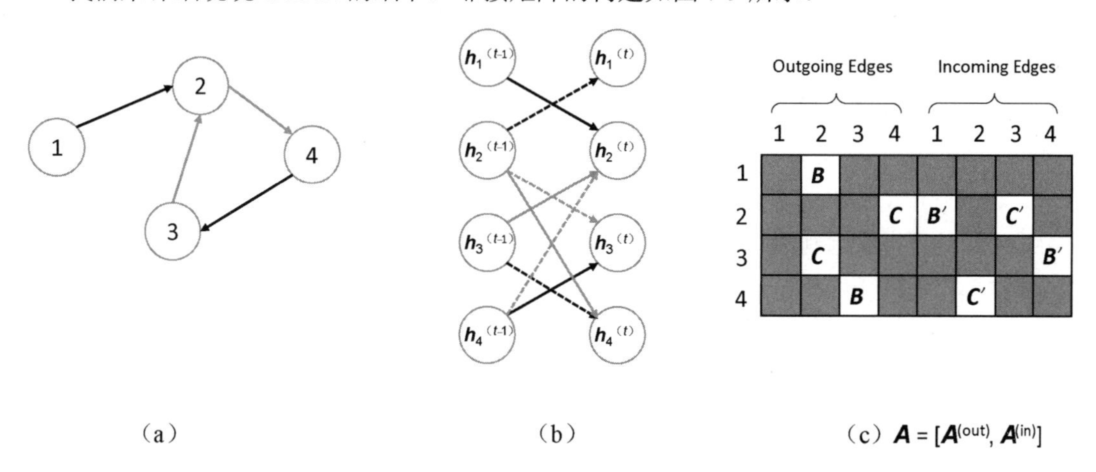

（a）　　（b）　　（c）$\boldsymbol{A} = [\boldsymbol{A}^{(\text{out})}, \boldsymbol{A}^{(\text{in})}]$

图 7-9　邻接矩阵的构建

在图 7-9 中，$\boldsymbol{B}$、$\boldsymbol{C}$、$\boldsymbol{B}'$ 、$\boldsymbol{C}'$ 是边的特征，是 $D\times D$ 的矩阵。

特征传播过程可以通过以下公式进行概括。

$$\boldsymbol{h}_v^{(1)} = \left[\boldsymbol{x}_v^{\mathrm{T}}, 0\right]^{\mathrm{T}} \tag{7-1}$$

$$\boldsymbol{a}_v^{(t)} = \boldsymbol{A}_{v:}^{\mathrm{T}}\left[\boldsymbol{h}_1^{(t-1)\mathrm{T}} \cdots \boldsymbol{h}_{|v|}^{(t-1)\mathrm{T}}\right]^{\mathrm{T}} + \boldsymbol{b} \tag{7-2}$$

$$\boldsymbol{z}_v^t = \sigma\left(\boldsymbol{W}^z \boldsymbol{a}_v^{(t)} + \boldsymbol{U}^z \boldsymbol{h}_v^{(t-1)}\right) \tag{7-3}$$

$$\boldsymbol{r}_v^t = \sigma\left(\boldsymbol{W}^r \boldsymbol{a}_v^{(t)} + \boldsymbol{U}^r \boldsymbol{h}_v^{(t-1)}\right) \tag{7-4}$$

$$\widetilde{\boldsymbol{h}}_v^{(t)} = \mathrm{Tanh}\left(\boldsymbol{W}\boldsymbol{a}_v^{(t)} + \boldsymbol{U}\left(\boldsymbol{r}_v^t \odot \boldsymbol{h}_v^{(t-1)}\right)\right) \tag{7-5}$$

$$\boldsymbol{h}_v^{(t)} = \left(1 - \boldsymbol{z}_v^t\right) \odot \boldsymbol{h}_v^{(t-1)} + \boldsymbol{z}_v^t \odot \tilde{\boldsymbol{h}}_v^{(t)} \tag{7-6}$$

在式（7-1）中，$\boldsymbol{h}_v^{(1)}$是节点v的初态，是D维向量，当节点输入特征$\boldsymbol{x}_v$的维度小于D时，在后面补 0。

在式（7-2）中，$\boldsymbol{A}_{v:}$表示从图 7-9（c）的矩阵$\boldsymbol{A}$中选出对应节点v的两列。$\boldsymbol{A}$是$D|v| \times 2D|v|$维，$\boldsymbol{A}_{v:}$是$D|v| \times 2D$维，后面的$\left[\boldsymbol{h}_1^{(t-1)\mathrm{T}} \cdots \boldsymbol{h}_{|v|}^{(t-1)\mathrm{T}}\right]^{\mathrm{T}}$是将$t$-1 时刻所有节点特征聚合在一起形成的$D|v|$维向量。因此$\boldsymbol{a}_v^{(t)}$是$2D$维向量，表示节点和邻居节点间通过边相互作用的结果。因为计算时对$\boldsymbol{A}$取了 in 和 out 两列，故这里计算的结果考虑了双向的信息传递。

式（7-3）～式（7-6）类似 GRU 网络的计算过程。$\boldsymbol{z}_v^t$控制遗忘信息，$\boldsymbol{r}_v^t$控制产生信息（$\left(1-\boldsymbol{z}_v^t\right)$选择遗忘哪些过去的信息，$\boldsymbol{z}_v^t$选择记住哪些新产生的信息。$\boldsymbol{r}_v^t$决定从哪些过去的信息中产生新信息）。$\tilde{\boldsymbol{h}}_v^{(t)}$是新产生的信息，$\boldsymbol{h}_v^{(t)}$是最终更新的节点状态。

$\boldsymbol{z}_v^t$和$\boldsymbol{r}_v^t$分别称为输出门和重置门，这就是 GRU 和 GGNN 中门的来历。

再来说说输出部分，有两种输出：每个节点分别输出一个值和整个图输出一个值。

对于每个节点分别输出一个值：

$$\boldsymbol{o}_v = g\left(\boldsymbol{h}_v^{\mathrm{T}}, \boldsymbol{x}_v\right)$$

式中，g是函数，表示利用每个节点的最终状态和初始输入分别求输出。

对于整个图输出一个值：

$$\boldsymbol{h}_{\mathcal{G}} = \mathrm{Tanh}\left(\sum_{v \in \mathcal{V}} \sigma\left(i\left(\boldsymbol{h}_v^{\mathrm{T}}, \boldsymbol{x}_v\right)\right) \odot \mathrm{Tanh}\left(j\left(\boldsymbol{h}_v^{\mathrm{T}}, \boldsymbol{x}_v\right)\right)\right)$$

式中，i和j表示神经网络，输入是 Concat($\boldsymbol{h}_v^{\mathrm{T}}, \boldsymbol{x}_v$)，输出$\sigma\left(i\left(\boldsymbol{h}_v^{\mathrm{T}}, \boldsymbol{x}_v\right)\right)$是一种注意力机制，用于选出哪些节点和整个图的输出最相关。

7.3.3 GAT 模型

GAT（Graph Attention Network，注意力图神经网络）是一种用于图数据的深度学习模型，它在节点之间引入了注意力机制来学习节点之间的重要性，从而更准确地进行信息聚合和表示学习。

在传统的图神经网络中，节点的表示是通过对邻居节点进行加权聚合得到的，通常使用均匀的权重或固定的权重参数。然而，在复杂的图结构中，节点之间的重要性可能是不同的，简单的加权聚合无法充分捕捉到这种差异。

GAT 通过引入自适应的注意力机制，为每个节点动态地分配不同的权重，以便于节点可以对不同邻居节点的信息进行不同程度的关注。这样，重要的节点可以获得更高的权重，而无关紧要的节点可以获得较低的权重。这种自适应的注意力机制可以通过学习得到，模型可以更好地适应不同的图结构和任务。

在 GAT 中，注意力权重是通过计算节点之间的相似度来获得的。具体而言，对于每对节点 i 和 j，GAT 首先使用一个可学习的参数化函数来计算它们之间的相似度，然后应用一个 Softmax 函数将相似度转化为注意力权重。这样，每个节点都可以根据与其邻居节点的相似度来调整聚合的权重。

GAT 可以通过堆叠多个图注意力层（Graph Attention Layer）来进行多步的信息聚合和表示学习。在每一层中，节点会根据其邻居节点的表示和对应的注意力权重来更新自身的表示。通过多层的迭代更新，模型可以逐渐捕捉到节点之间的复杂关系，并学习到更丰富的节点表示。

下面来说说 GAT 的细节，GAT 通过堆叠简单的图注意力层来实现，每一个图注意力层对于节点对 (i,j)，注意力系数计算方式为

$$\alpha_{ij}=\frac{\exp\left(\text{Leaky ReLU}\left(\boldsymbol{a}^{\mathrm{T}}\left[\boldsymbol{W}\boldsymbol{h}_i \,\|\, \boldsymbol{W}\boldsymbol{h}_j\right]\right)\right)}{\sum_{k\in N_i}\exp\left(\text{Leaky ReLU}\left(\boldsymbol{a}^{\mathrm{T}}\left[\boldsymbol{W}\boldsymbol{h}_i \,\|\, \boldsymbol{W}\boldsymbol{h}_k\right]\right)\right)}$$

式中，α_{ij} 为节点 j 到节点 i 的注意力系数；N_i 为节点 i 的邻居节点。节点输入特征为 $\boldsymbol{h}=\{\boldsymbol{h}_1,\boldsymbol{h}_2,\cdots,\boldsymbol{h}_N\},\boldsymbol{h}_i\in\mathbb{R}^F$，$N$、$F$ 分别表示节点个数和特征维数。节点输出特征为 $\boldsymbol{h}'=\{\boldsymbol{h}_1',\boldsymbol{h}_2',\cdots,\boldsymbol{h}_N'\}$，$\boldsymbol{h}_i'\in\mathbb{R}^{F'}$。$\boldsymbol{W}\in\mathbb{R}^{F'\times F}$ 表示在每个节点上应用的线性变换权重矩阵，$\boldsymbol{a}\in\mathbb{R}^{2F'}$ 是权重向量，可以将输入映射到 $\mathbb{R}$ 中。最终使用 Softmax 函数进行归一化并使用 Leaky ReLU 函数以提供非线性性质（其中负输入的斜率为 0.2）。

最终的节点输出特征由以下公式得到：

$$\boldsymbol{h}_i'=\sigma\left(\sum_{j\in N_i}\alpha_{ij}\boldsymbol{W}\boldsymbol{h}_j\right)$$

此外，图注意力层利用多头注意力以稳定学习过程。它首先应用 K 个独立的注意力机制来计算隐藏状态，然后将其特征连接起来（或计算平均值），从而得到以下两种输出表示形式：

$$\boldsymbol{h}_i'=\|_{k=1}^{K}\sigma\left(\sum_{j\in N_i}\alpha_{ij}^k\boldsymbol{W}^k\boldsymbol{h}_j\right)$$

$$\boldsymbol{h}_i'=\sigma\left(\frac{1}{K}\sum_{k=1}^{K}\sum_{j\in N_i}\alpha_{ij}^k\boldsymbol{W}^k\boldsymbol{h}_j\right)$$

式中，α_{ij}^k 为第 k 个注意力头的归一化注意力系数；$\|$ 表示拼接操作。GAT 模型结构如图 7-10 所示。

GAT 模型结构具有如下特点。

- 节点–邻居节点的计算是可并行化的，因此运算效率很高（和 GCN 同级别）。

- 可以处理不同重要程度的节点，并为其邻居节点分配相应的权重。
- 可以很容易地应用于归纳学习（Inductive Learning）问题。
- 与 GCN 类似，GAT 同样是一种局部网络，无须了解整个图结构，只需知道每个节点的邻居节点即可。

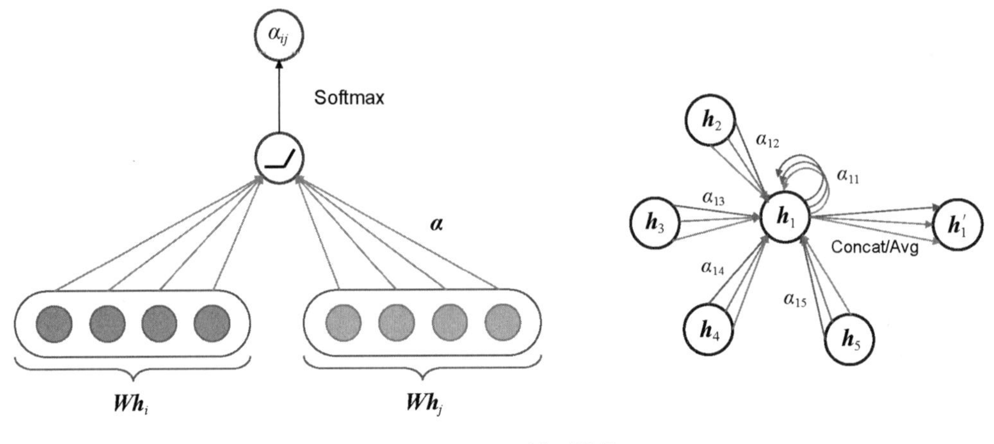

图 7-10　GAT 模型结构

7.4　图神经网络应用实例

本节我们通过一个完整的例子来理解如何通过 GCN 来实现对节点的分类。

7.4.1　数据集及预处理

我们使用的是 Cora 数据集，该数据集由 2708 篇论文，以及它们之间的引用关系构成的 5429 条边构成。这些论文根据主题划分为 7 类，分别是神经网络、强化学习、规则学习、概率方法、遗传算法、理论研究、案例相关。每篇论文的特征（向量）通过词袋模型得到，维度为 1433（词典大小），每一维表示一个词，1 表示该词在该论文中出现，0 表示未出现。

定义 CoraData 类来对数据进行预处理，主要包括下载数据、规范化数据并进行缓存以备重复使用。最终得到的数据形式包括如下部分。

（1）**x**：节点的特征，维度为 $N \times D$，即 2708×1433（每个节点表示一个数据/一篇论文）。

（2）**y**：节点的标签，包括 7 个类别。

（3）**adjacency**：邻接矩阵，维度为 $N \times N$（2708×2708），类型为 scipy.sparse.coo_matrix。

（4）**train_mask**、**val_mask**、**test_mask**：与节点个数相同的掩码向量，用于划分训练集、验证集、测试集。

注意：我们把每个数据/每篇论文表示为图中的一个节点，和之前的深度学习数据集不同，之前我们假设数据之间是独立同分布的，而在这里论文间都有引用关系，也就是每个数据都是有关联的，之前的假设不再适用。所以，我们把这种有关联的数据表示为图中的节点，用边表示数据之间的关系。这是一个典型的图数据。代码如下。

```
1. #导入必要的库
2. import itertools
3. import os
4. import os.path as osp
5. import pickle
6. import urllib
7. from collections import namedtuple
8. import numpy as np
9. import scipy.sparse as sp #邻接矩阵用稀疏矩阵形式存储，节省空间
10. import torch
11. import torch.nn as nn
12. import torch.nn.functional as F
13. import torch.nn.init as init
14. import torch.optim as optim
15. import matplotlib.pyplot as plt
16. %matplotlib inline
```

进行数据预处理，定义 CoraData 类。

```
1. Data=namedtuple('Data',['x','y','adjacency',
2.                         'train_mask','val_mask','test_mask'])
3. def tensor_from_numpy(x,device): #将数据从数组格式转换为 Tensor 格式并转移到相关设备上
4.     return torch.from_numpy(x).to(device)
5. class CoraData(object):
6.     #数据集下载链接
7.     download_url="https://raw.githubusercontent.com/kimiyoung/pl**etoid/master/data"
8.     #数据集中包含的文件名
9.     filenames=["ind.cora.{}".format(name) for name in
10.               ['x','tx','allx','y','ty','ally','graph','test.index']]
11.     def __init__(self,data_root="cora",rebuild=False):
12.         """Cora 数据，包括数据下载、处理、读取等功能
13.         当数据的缓存文件存在时，将使用缓存文件，否则将下载、进行处理，并缓存到磁盘
14.         处理之后的数据可以通过属性 .data 获得，它将返回一个数据对象，包括如下部分
15.             * x: 节点的特征，维度为 2708 × 1433，类型为 np.ndarray
16.             * y: 节点的标签，总共包括 7 个类别，类型为 np.ndarray
17.             * adjacency: 邻接矩阵，维度为 2708 × 2708，类型为 scipy.sparse.coo.coo_matrix
18.             * train_mask: 训练集掩码向量，维度为 2708，当节点属于训练集时，相应位置为 True，否则
为 False
19.             * val_mask: 验证集掩码向量，维度为 2708，当节点属于验证集时，相应位置为 True，否则为
False
20.             * test_mask: 测试集掩码向量，维度为 2708，当节点属于测试集时，相应位置为 True，否则
为 False
21.         Args:
22.         -------
23.             data_root: string,optional
```

```
24.             存储数据的目录，原始数据路径: {data_root}/raw
25.             缓存数据路径: {data_root}/processed_cora.pkl
26.         rebuild: boolean,optional
27.             是否需要重新构建数据集，当设为 True 时，即使存在缓存数据，也会重新构建
28.     """
29.     self.data_root=data_root
30.     save_file=osp.join(self.data_root,"processed_cora.pkl")
31.     if osp.exists(save_file) and not rebuild: #使用缓存数据
32.         print("Using Cached file: {}".format(save_file))
33.         self._data=pickle.load(open(save_file,"rb"))
34.     else:
35.         self.maybe_download() #下载或使用原始数据集
36.         self._data=self.process_data() #数据预处理
37.         with open(save_file,"wb") as f: #把处理好的数据保存为缓存文件.pkl，下次直接使用
38.             pickle.dump(self.data,f)
39.         print("Cached file: {}".format(save_file))
40.
41. @property
42. def data(self):
43.     """返回 Data 数据对象，包括 x,y,adjacency,train_mask,val_mask,test_mask"""
44.     return self._data
45.
46. def process_data(self):
47.     """
48.     处理数据，得到节点特征和标签、邻接矩阵、训练集、验证集及测试集
49.     引用自：https://github.com/rusty1s/pytorch_ge**etric
50.     """
51.     print("Process data ...")
52.     #读取下载的数据文件
53.     _,tx,allx,y,ty,ally,graph,test_index=[self.read_data(
54.         osp.join(self.data_root,"raw",name)) for name in self.filenames]
55.
56.     train_index=np.arange(y.shape[0]) #训练集索引
57.     val_index=np.arange(y.shape[0],y.shape[0] + 500)#验证集索引
58.     sorted_test_index=sorted(test_index) #测试集索引
59.
60.     x=np.concatenate((allx,tx),axis=0) #节点特征
61.     y=np.concatenate((ally,ty),axis=0).argmax(axis=1)#节点标签
62.
63.     x[test_index]=x[sorted_test_index]
64.     y[test_index]=y[sorted_test_index]
65.     num_nodes=x.shape[0] #节点个数/数据量
66.
```

```
67.        #训练集掩码向量、验证集掩码向量、测试集掩码向量
68.        #初始化为 0
69.        train_mask=np.zeros(num_nodes,dtype=np.bool)
70.        val_mask=np.zeros(num_nodes,dtype=np.bool)
71.        test_mask=np.zeros(num_nodes,dtype=np.bool)
72.
73.        train_mask[train_index]=True
74.        val_mask[val_index]=True
75.        test_mask[test_index]=True
76.
77.        #构建邻接矩阵
78.        adjacency=self.build_adjacency(graph)
79.        print("Node's feature shape: ",x.shape) #（N*D）
80.        print("Node's label shape: ",y.shape)#(N,)
81.        print("Adjacency's shape: ",adjacency.shape) #(N,N)
82.        #训练集、验证集、测试集各自的大小
83.        print("Number of training nodes: ",train_mask.sum())
84.        print("Number of validation nodes: ",val_mask.sum())
85.        print("Number of test nodes: ",test_mask.sum())
86.
87.        return Data(x=x,y=y,adjacency=adjacency,
88.                    train_mask=train_mask,val_mask=val_mask,test_mask=test_mask)
89.
90.    def maybe_download(self):
91.        #原始数据存储路径
92.        save_path=os.path.join(self.data_root,"raw")
93.        #下载相应的文件
94.        for name in self.filenames:
95.            if not osp.exists(osp.join(save_path,name)):
96.                self.download_data(
97.                    "{}/{}".format(self.download_url,name),save_path)
98.
99.    @staticmethod
100.    def build_adjacency(adj_dict):
101.        """根据下载的邻接表构建邻接矩阵"""
102.        edge_index=[]
103.        num_nodes=len(adj_dict)
104.        for src,dst in adj_dict.items():
105.            edge_index.extend([src,v] for v in dst)
106.            edge_index.extend([v,src] for v in dst)
107.        # 去除重复的边
108.        edge_index=list(k for k,_ in itertools.groupby(sorted(edge_index)))
109.        edge_index=np.asarray(edge_index)
```

```
110.        #稀疏矩阵，存储非零值，节省空间
111.        adjacency=sp.coo_matrix((np.ones(len(edge_index)),
112.                                 (edge_index[:,0],edge_index[:,1])),
113.                shape=(num_nodes,num_nodes),dtype="float32")
114.        return adjacency
115.
116.    @staticmethod
117.    def read_data(path):
118.        """使用不同的方式读取原始数据以进一步处理"""
119.        name=osp.basename(path)
120.        if name == "ind.cora.test.index":
121.            out=np.genfromtxt(path,dtype="int64")
122.            return out
123.        else:
124.            out=pickle.load(open(path,"rb"),encoding="latin1")
125.            out=out.toarray() if hasattr(out,"toarray") else out
126.            return out
127.
128.    @staticmethod
129.    def download_data(url,save_path):
130.        """数据下载工具，当原始数据不存在时将会进行下载"""
131.        if not os.path.exists(save_path):
132.            os.makedirs(save_path)
133.        data=urllib.request.urlopen(url)
134.        filename=os.path.split(url)[-1]
135.
136.        with open(os.path.join(save_path,filename),'wb') as f:
137.            f.write(data.read())
138.
139.        return True
140.
141.    @staticmethod
142.    def normalization(adjacency):
143.        """计算 L=D^-0.5 * (A+I) * D^-0.5"""
144.        adjacency += sp.eye(adjacency.shape[0])  # 增加自连接，不仅考虑邻居节点特征，还考虑节点
自身的特征
145.        degree=np.array(adjacency.sum(1)) #此时的度矩阵的对角线的值为邻接矩阵按行求和
146.       d_hat=sp.diags(np.power(degree,-0.5).flatten()) #先对度矩阵对角线的值取-0.5 次方，再转换为对
角矩阵
147.        return d_hat.dot(adjacency).dot(d_hat).tocoo() #归一化的拉普拉斯矩阵，稀疏存储，节省空间
```

7.4.2 图卷积层定义

根据 GCN 的定义来定义图卷积层，代码直接根据定义来实现，需要特别注意的是，邻接

矩阵是稀疏矩阵，为了提高运算效率，使用了稀疏矩阵乘法。

为了更好地理解 GCN，这里没有使用 PyTorch 中的 GCN 接口，而是使用 GraphConvolution 这个类。

```
1. class GraphConvolution(nn.Module):
2.     def __init__(self,input_dim,output_dim,use_bias=True):
3.         """图卷积：L*X*\theta
4.         Args:
5.         ----------
6.             input_dim: int
7.                 节点输入特征的维度 D
8.             output_dim: int
9.                 节点输出特征的维度 D'
10.            use_bias : bool,optional
11.                是否使用偏置
12.        """
13.        super(GraphConvolution,self).__init__()
14.        self.input_dim=input_dim
15.        self.output_dim=output_dim
16.        self.use_bias=use_bias
17.        #定义图卷积层的权重矩阵
18.        self.weight=nn.Parameter(torch.Tensor(input_dim,output_dim))
19.        if self.use_bias:
20.            self.bias=nn.Parameter(torch.Tensor(output_dim))
21.        else:
22.            self.register_parameter('bias',None)
23.        self.reset_parameters() #使用自定义的参数初始化方式
24.
25.    def reset_parameters(self):
26.        #自定义参数初始化方式
27.        #权重参数初始化方式
28.        init.kaiming_uniform_(self.weight)
29.        if self.use_bias: #偏置参数初始化为 0
30.            init.zeros_(self.bias)
31.
32.    def forward(self,adjacency,input_feature):
33.        """邻接矩阵是稀疏矩阵，因此在运算时使用稀疏矩阵乘法
34.
35.        Args:
36.        -------
37.            adjacency: torch.sparse.FloatTensor
38.                邻接矩阵
39.            input_feature: torch.Tensor
40.                输入特征
```

```
41.         """
42.         support=torch.mm(input_feature,self.weight) #XW (N,D');X (N,D);W (D,D')
43.         output=torch.sparse.mm(adjacency,support) #(N,D')
44.         if self.use_bias:
45.             output += self.bias
46.         return output
47.
48.     def __repr__(self):
49.         return self.__class__.__name__ + ' (' \
50.             + str(self.input_dim) + ' -> ' \
51.             + str(self.output_dim) + ')'
```

7.4.3 模型定义

有了数据和图卷积层，就可以构建模型进行训练了。定义一个两层的 GCN 模型，其中输入维度为 1433（输入特征维度），隐藏层维度设为 16，最后一层 GCN 将输出维度设为 7（分类类别数），激活函数使用 ReLU 函数。

读者可以自己对 GCN 模型结构进行修改和实验。

```
1. class GcnNet(nn.Module):
2.     """
3.     定义一个两层的 GCN 模型
4.     """
5.     def __init__(self,input_dim=1433):
6.         super(GcnNet,self).__init__()
7.         self.gcn1=GraphConvolution(input_dim,16)
8.         self.gcn2=GraphConvolution(16,7)
9.
10.    def forward(self,adjacency,feature):
11.        h=F.relu(self.gcn1(adjacency,feature)) #(N,1433)->(N,16)
12.        logits=self.gcn2(adjacency,h) #(N,16)->(N,7)
13.        return logits
```

7.4.4 模型训练

对超参数进行定义。

```
1. # 超参数定义
2. LEARNING_RATE=0.1  #学习率
3. WEIGHT_DACAY=5e-4 #正则化系数
4. EPOCHS=200     #完整遍历训练集的次数
5. DEVICE="cuda" if torch.cuda.is_available() else "cpu" #设备
```

加载数据集。

```
1. # 加载数据，并转换为 torch.Tensor
```

```
2. dataset=CoraData().data
3. node_feature=dataset.x / dataset.x.sum(1,keepdims=True) # 归一化数据，使得每一行之和为 1
4. tensor_x=tensor_from_numpy(node_feature,DEVICE)
5. tensor_y=tensor_from_numpy(dataset.y,DEVICE)
6. tensor_train_mask=tensor_from_numpy(dataset.train_mask,DEVICE)
7. tensor_val_mask=tensor_from_numpy(dataset.val_mask,DEVICE)
8. tensor_test_mask=tensor_from_numpy(dataset.test_mask,DEVICE)
9. normalize_adjacency=CoraData.normalization(dataset.adjacency) # 规范化邻接矩阵
10. num_nodes,input_dim=node_feature.shape #（N,D）
11. #转换为稀疏表示，加速运算，节省空间
12. indices=torch.from_numpy(np.asarray([normalize_adjacency.row,
13.                          normalize_adjacency.col]).astype('int64')).long()
14. values=torch.from_numpy(normalize_adjacency.data.astype(np.float32))
15. tensor_adjacency=torch.sparse.FloatTensor(indices,values,
16.                             (num_nodes,num_nodes)).to(DEVICE)
```

定义 GCN 模型。

```
1. # 模型定义：Model,Loss,Optimizer
2. model=GcnNet(input_dim).to(DEVICE)
3. criterion=nn.CrossEntropyLoss().to(DEVICE) #多分类交叉熵损失
4. optimizer=optim.Adam(model.parameters(),
5.              lr=LEARNING_RATE,
6.              weight_decay=WEIGHT_DACAY) #Adam 优化器
```

定义训练函数。

```
1. # 训练主体函数
2. def train():
3.   loss_history=[]
4.   val_acc_history=[]
5.   model.train() #训练模式
6.   train_y=tensor_y[tensor_train_mask] #训练节点的标签
7.   for epoch in range(EPOCHS): #完整遍历一次训练集，一个 Epoch 做一次更新
8.     logits=model(tensor_adjacency,tensor_x) # 所有数据前向传播
9.     train_mask_logits=logits[tensor_train_mask]  # 只选择训练节点进行监督
10.     loss=criterion(train_mask_logits,train_y)  # 计算损失值
11.     optimizer.zero_grad() #清空梯度
12.     loss.backward()   # 反向传播计算参数的梯度
13.     optimizer.step()  # 使用优化方法进行梯度更新
14.     train_acc,_,_=test(tensor_train_mask)   # 计算当前模型在训练集上的准确率
15.     val_acc,_,_=test(tensor_val_mask)   # 计算当前模型在验证集上的准确率
16.     # 记录训练过程中损失值和准确率的变化，用于画图
17.     loss_history.append(loss.item())
18.     val_acc_history.append(val_acc.item())
19.     print("Epoch {:03d}: Loss {:.4f},TrainAcc {:.4},ValAcc {:.4f}".format(
```

```
20.           epoch,loss.item(),train_acc.item(),val_acc.item()))
21.
22.     return loss_history,val_acc_history
```

定义测试函数。

```
1. # 测试函数
2. def test(mask):
3.     model.eval() #测试模式
4.     with torch.no_grad(): #关闭求导
5.         logits=model(tensor_adjacency,tensor_x) #所有数据前向传播
6.         test_mask_logits=logits[mask] #取出相应数据集对应的部分
7.         predict_y=test_mask_logits.max(1)[1] #按行取 Argmax 得到预测的标签
8.         accuarcy=torch.eq(predict_y,tensor_y[mask]).float().mean() #计算准确率
9.     return accuarcy,test_mask_logits.cpu().numpy(),tensor_y[mask].cpu().numpy()
```

定义可视化函数。

```
1. #可视化训练集损失值和验证集准确率变化
2. def plot_loss_with_acc(loss_history,val_acc_history):
3.     fig=plt.figure()
4.     ax1=fig.add_subplot(111)
5.     ax1.plot(range(len(loss_history)),loss_history,
6.             c=np.array([255,71,90]) / 255.)
7.     plt.ylabel('Loss')
8.
9.     ax2=fig.add_subplot(111,sharex=ax1,frameon=False)
10.     ax2.plot(range(len(val_acc_history)),val_acc_history,
11.             c=np.array([79,179,255]) / 255.)
12.     ax2.yaxis.tick_right()
13.     ax2.yaxis.set_label_position("right")
14.     plt.ylabel('ValAcc')
15.
16.     plt.xlabel('Epoch')
17.     plt.title('Training Loss & Validation Accuracy')
18.     plt.show()
```

对模型进行训练和测试，并将结果可视化。

```
1. loss,val_acc=train()#每个 Epoch，模型在训练集上的损失值和在验证集上的准确率
2. #计算最后训练好的模型在测试集上的准确率
3. test_acc,test_logits,test_label=test(tensor_test_mask)
4. print("Test accuarcy: ",test_acc.item())
5.
6. plot_loss_with_acc(loss,val_acc)
```

GCN 实例输出结果如图 7-11 所示。

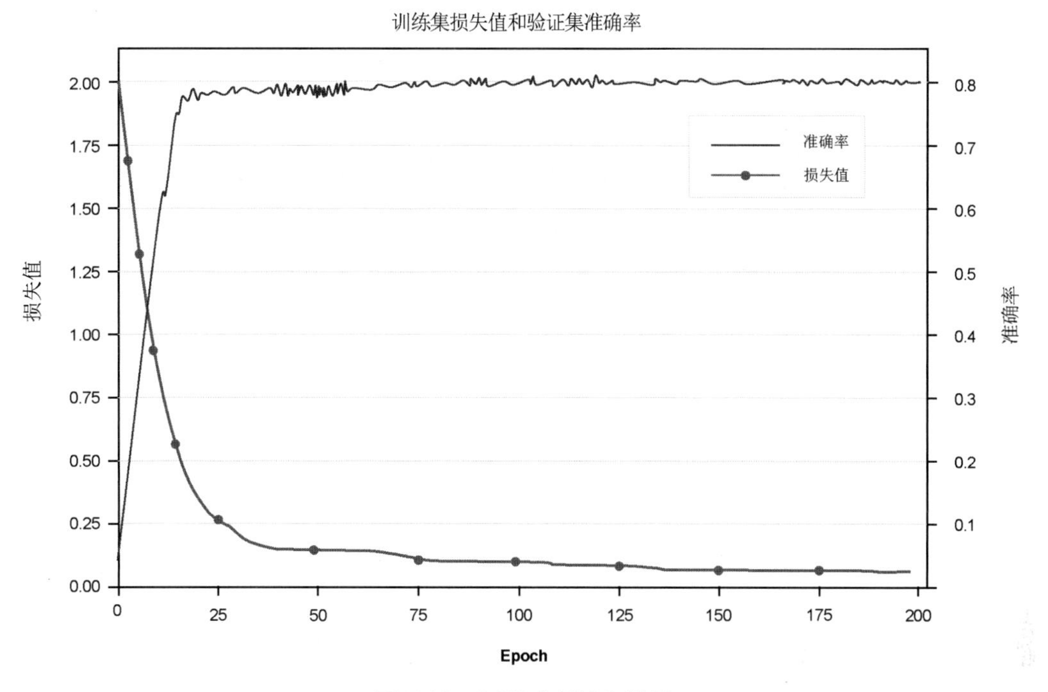

图 7-11　GCN 实例输出结果

第 8 章　机器学习模型的应用

本章我们挑选了几个比较常用的模型，并对其进行了简化，这样读者能够更容易地实现，并达到一定的效果。本章思维导图如图 8-1 所示。

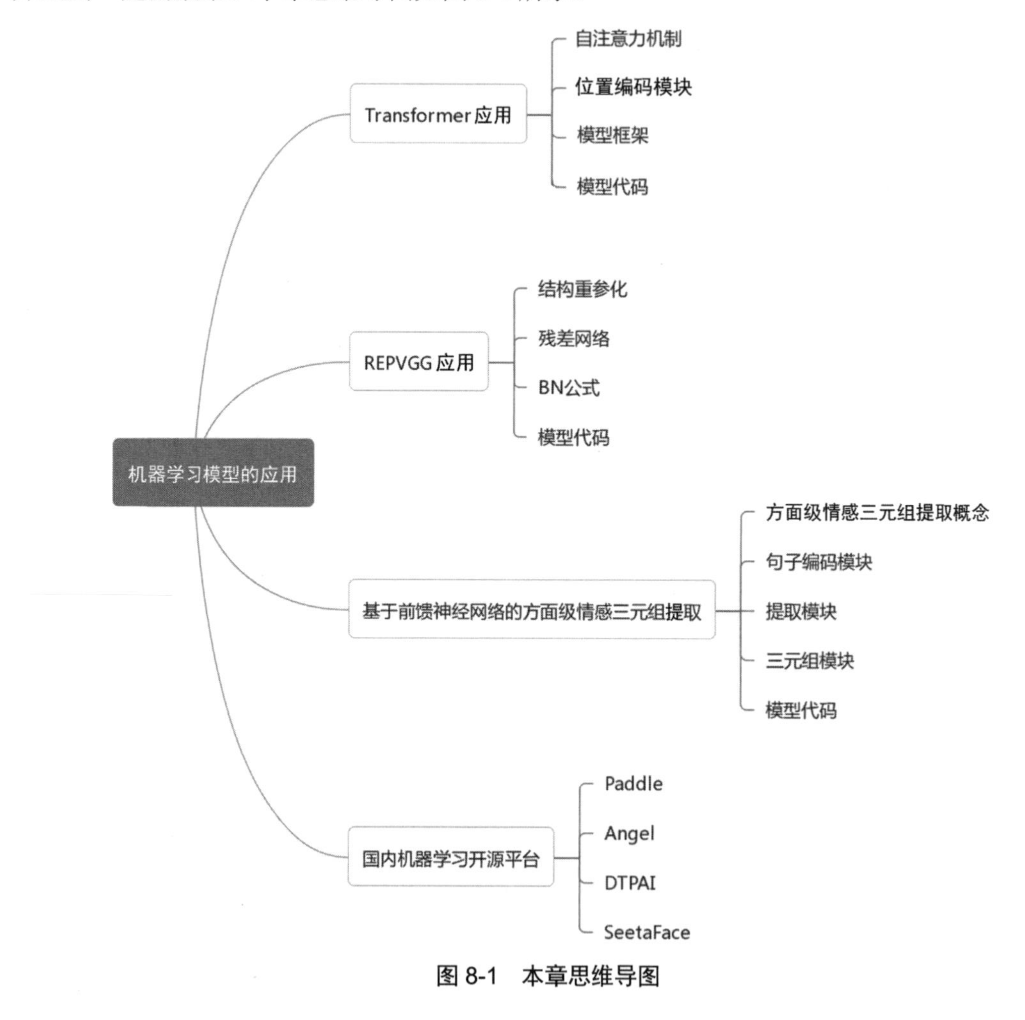

图 8-1　本章思维导图

8.1　Transformer 应用

Transformer 是一个比较新的模型。其影响力非常大，采用的是 Encoder-Decoder 的架构。Transformer 不同于以前的模型，采用的是纯注意力的机制，这为后续的模型打开了一个新的方向。最开始 Transformer 是应用在自然语言处理领域的，由于其在自然语言处理领域有着非常不错的表现，后面就被拓展到计算机视觉领域了，代表作有 Vision Transformer、Swim Transformer 等。接下来我们逐步介绍 Transformer 并应用，先来了解一下自注意力机制。

8.1.1　自注意力机制

注意力（Attention）机制由 Bengio 团队于 2014 年提出。近年来，注意力机制被广泛应用在深度学习中的各个领域。例如，在计算机视觉方向，注意力机制用于捕捉图片上的感受野，或者在自然语言处理中用于定位关键 Token 或特征。注意力机制的提出，使得模型更加趋向于人的思维。就如同，我们在观看一张图片时，会自发地将视线移到自己关心的地方。自注意力机制公式如下。

$$\text{Attention}(\boldsymbol{Q},\boldsymbol{K},\boldsymbol{V})=\text{Softmax}\left(\frac{\boldsymbol{Q}\boldsymbol{K}^{\text{T}}}{\sqrt{d_k}}\right)\boldsymbol{V}$$

式中，Softmax 在前面的章节中已经进行了详细的介绍，这里不再赘述；$\boldsymbol{Q}$ 为 **query**，是一个张量；$\boldsymbol{K}$ 为 **key**，也是一个张量；$\boldsymbol{V}$ 为 **values**，同样是一个张量，这是自注意力机制需要用到的 3 个参数；$\sqrt{d_k}$ 是一个归一化系数，d_k 为 $\boldsymbol{K}$ 的维度，因为前面进行了 $\boldsymbol{Q}$ 和 $\boldsymbol{V}$ 的点乘，数值可能比较大。对于 Softmax 的函数图像来说，数值太大，梯度就会很小，最后就会影响到模型的训练和模型的收敛。

为什么要这样进行计算呢？首先每个词都会生成一个属于自己的 $\boldsymbol{Q}$、$\boldsymbol{K}$、$\boldsymbol{V}$ 张量；然后用自己的 $\boldsymbol{Q}$ 去与每个词的 $\boldsymbol{K}^{\text{T}}$ 进行点乘计算，就会得到与每个词的相似度；最后将这些相似度输入 Softmax 函数，并将结果与每个词的 $\boldsymbol{V}$ 进行计算，就得到一个新的张量。

图 8-2 展示了两个词如何生成自己的 $\boldsymbol{Q}$、$\boldsymbol{K}$、$\boldsymbol{V}$ 张量，其实就是通过 3 个全连接层生成的。但是需要注意的是，所有的词都使用了相同的 3 个全连接层，也就是说这 3 个全连接层是共享的，所有的词都通过这 3 个全连接层来得到自己的 $\boldsymbol{Q}$、$\boldsymbol{K}$、$\boldsymbol{V}$ 张量。

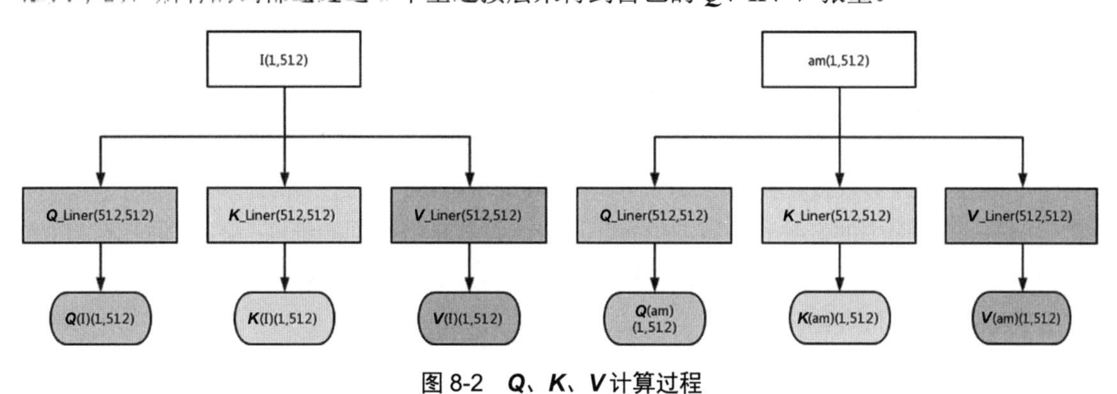

图 8-2　Q、K、V 计算过程

在图 8-2 中，每个框中的数字表示数据现在的形状。图 8-3 展示了采用自注意力机制公式进行计算的步骤，并标明了每个时刻数据的形状。从最后的结果可以看出，经过自注意力机制后，数据的形状没有发生变化，这样就方便我们进行堆叠。

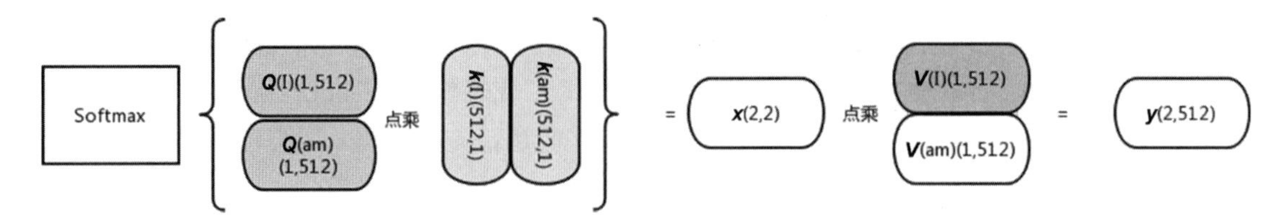

图 8-3　采用自注意力机制公式进行计算的步骤

8.1.2　位置编码模块

为什么要使用位置编码模块？这就不得不提到 Transformer 的一个优点了，即并行性高。在以前的循环神经网络模型中，因为存在时间步的关系，所以一个词的处理，需要等到上一个词处理完才能进行，这样并行性就很低。Transformer 直接将所有的词一起处理，但是这样就可能丢失一些信息，因为语言是有先后顺序的，为此引入了位置编码模块，使得模型具有顺序性。位置编码模块的公式为

$$\mathrm{PE}(\mathrm{pos},2i)=\sin\left(\frac{\mathrm{pos}}{10000^{\frac{2i}{d_{\mathrm{model}}}}}\right)$$

$$\mathrm{PE}(\mathrm{pos},2i+1)=\cos\left(\frac{\mathrm{pos}}{10000^{\frac{2i}{d_{\mathrm{model}}}}}\right)$$

式中，i 为词的位置。这些公式可能看起来很复杂，但是其实我们并不需要理解其中的深意，因为这里面涉及了很多其他知识，简单来说，就是正弦曲线函数的位置编码能让模型毫不费力地关注相对位置信息。好了，回到公式，我们可以理解为偶数位置使用 sin，奇数位置使用 cos。这里奇数、偶数的位置是指每个词的维度，在我们将句子输入模型的时候，首先我们需要建立一个词表，这个词表记录了每个词对应的索引，通过这个词表将句子转换为索引，这样就成了张量的形式，就方便计算机处理了。但是这样还不行，我们还需要将每个词映射到向量空间中，最后我们希望通过训练，让这个空间中相似的词能够靠得更近。所以我们就需要为这个空间设置一个维度，在本案例中，我们设置的维度是 512，我们使用 PyTorch 中的 Embedding 层就能够设置这样的一个空间，经过 Embedding 层之后就能将每个词映射为 512 维。回到位置编码中的奇数和偶数的位置，这个位置就是每个词的维度上的奇偶位置，位置编码模块首先会为每个词根据公式生成一个位置编码（这个位置编码的维度在本案例中为 512），然后将这个位置编码与经过 Embedding 层的数据进行相加。

8.1.3　模型框架

由于我们对模型进行了简化，而且将模型应用到对电影评论数据集的分类上，因此只需要使用 Transformer 的 Encoder 部分。模型框架如图 8-4 所示。

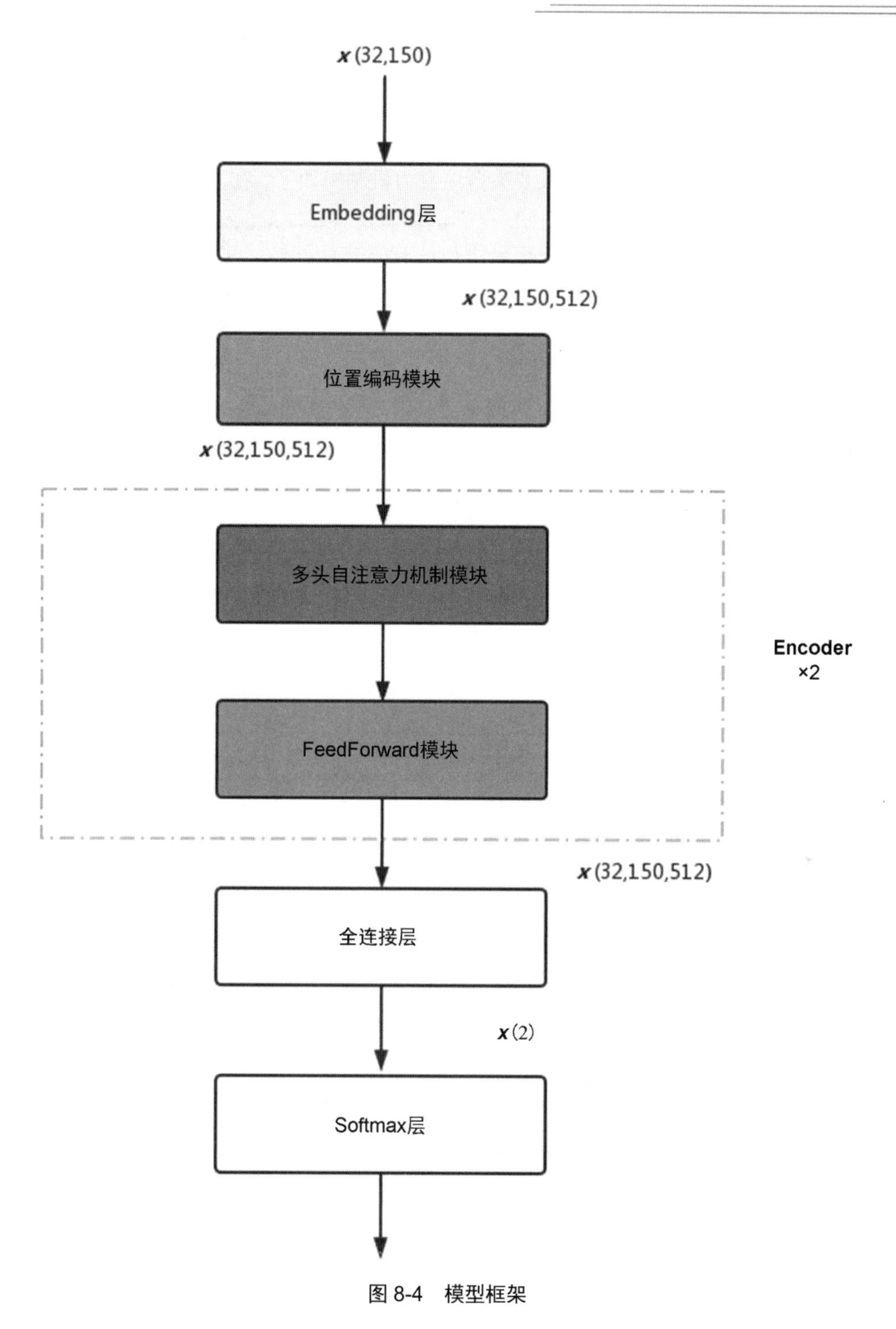

图 8-4　模型框架

这个模型框架是简化过的，读者实现起来非常友好。其中 **x** 表示输入的数据，其后面小括号中的内容是此刻数据的形状。本案例中批度大小设置为 32，也就是一次性输入 32 个样本。在该案例中，每个样本就是一条电影评论，我们设置句子长度为 150，即每个句子只能有 150 个词。如果句子长度不够 150，就会用填充符号进行填充；如果超过了 150 个词，就裁剪到 150 个词，这样做是为了计算方便。最开始 **x** 的形状是(32,150)，然后将 **x** 输入 Embedding 层，将每个词映射到向量空间中，**x** 的形状就变成了(32,150,512)，接着将结果与位置编码模块生成的位置编码相加，这里位置编码模块的参数是不可训练的，是一个固定值。

根据图 8-4，下一步就是将 **x** 送入多头自注意力机制模块了。在本案例中，我们设置头的数量为 8，这是一个超参数。读者可以自己尝试。但是需要注意的是，这个数量必须能够被 ***Q***、***K***、***V*** 的最后一个维度整除。多头自注意力机制其实就是将句子送入多个自注意力机制中，最后将结果进行拼接。其实现就是首先将 ***Q***、***K***、***V*** 平均分为 *k*（头的数量）个向量，然后分别进行自注意力机制操作，需要注意的是，***Q*** 只会与下标相同的 ***K*** 的转置相乘。也就是说，只有下标相同的 ***Q*** 和 ***K*** 才会进行运算，最后拼回原来的形状。多头自注意力机制模块如图 8-5 所示。

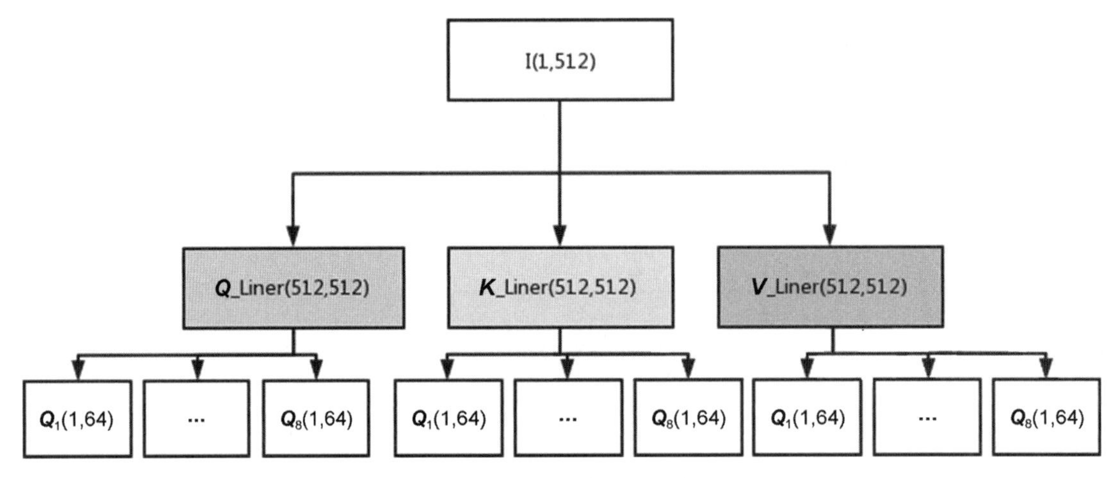

图 8-5 多头自注意力机制模块

后面就是 FeedForward 模块，它包括两个全连接层。FeedForward 模块如图 8-6 所示。经过前面的学习，我们已经对全连接层有了一定的了解，在第 1 个全连接层中，将 **x** 的维度放大 4 倍，所以经过该层，**x** 的形状从(32,150,512)变化到(32,150,2048)。第 2 个全连接层又将维度变回来，因为这样方便对 Encoder 的堆叠。通过图 8-6 可以发现，后面还有 Dropout 层，这是为了防止过拟合，从而堆叠更深的网络。最后就是 LayerNormalization 层了，进行归一化，便于更好地训练。回到 Transformer 框架，如图 8-4 所示，可以发现，Encoder 就是多头自注意力机制模块加上 FeedForward 模块。原论文将 Encoder 堆叠了 6 次，我们简化了模型，只堆叠了 2 次。

终于来到最后两层了，其中的全连接层是为了进行分类预测，因为我们使用的是 IMDB（电影评论）数据集，类别只有积极和消极两类，所以需要将全连接层的输出形状设置为 2。最后就是 Softmax 层了，但是在这次的案例中，我们没有在代码中使用 Softmax 层。因为使用的是 PyTorch 自带的 CrossEntropyLoss 损失函数，其中集成了 Softmax 操作和交叉熵损失函数，所以就没有单独使用 Softmax 层。

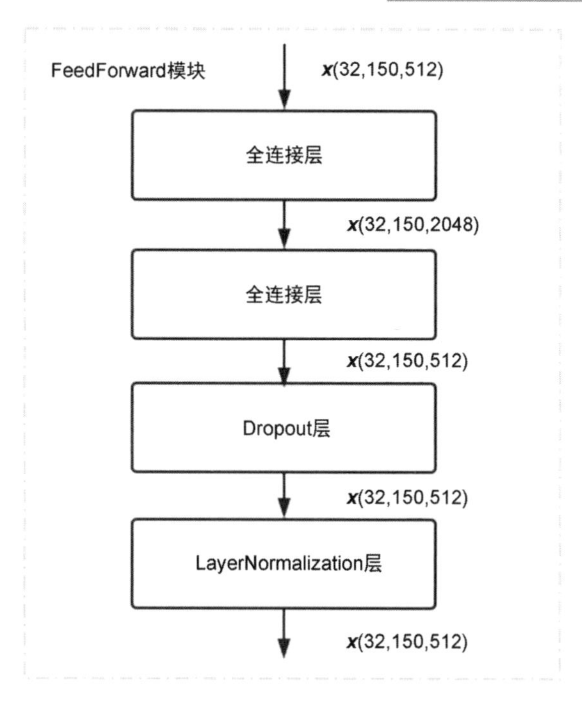

图 8-6　FeedForward 模块

8.1.4　模型代码

导入模型需要使用的包。

```
1. #使用 PyTorch 实现 Transformer 模型
2. #导入需要使用的库
3. import numpy as np#导入 NumPy 工具
4. import math  #导入数学工具
5. #导入 PyTorch 的各种工具
6. import torch.nn as nn
7. import torch
8. import torch.nn.functional as F
9. #导入 Copy 模块，可以方便堆叠模型
10. import copy
11. #导入优化器包
12. from torch import optim
13. #导入 Data 工具包，方便制作数据迭代器
14. import torch.utils.data as Data
15. #导入进度条模块
16. from tqdm import tqdm
17. #导入 Keras 的句子填充工具
18. from keras.preprocessing.sequence import pad_sequences
19. #导入 Keras 中的 IMDB 数据集需要使用的工具
20. from keras.datasets import imdb
```

声明模型中的参数，并实例化。

```
1. class Config(object):
2.     #对模型参数进行设置
3.     def __init__(self):
4.         #设置一个模型名称
5.         self.model_name='Transformer_Classfier'
6.         #每个批度的样本数量
7.         self.batch_size=32
8.         #设置数据集训练多少次
9.         self.epochs=100
10.         #设置学习率
11.         self.learning_rate=0.001
12.         #设置 Embedding 层维度
13.         self.embed_size=512
14.         #设置多头自注意力机制的头的数量
15.         self.num_heads=8
16.         #设置前向传播的隐藏层维度
17.         self.hidden_size=2048
18.         #设置 Encoder 的数量
19.         self.num_encoder=2
20.         #设置类别数量
21.         self.num_class=2
22.         #设置随机失活率
23.         self.dropout=0.2
24.         #设置每个句子保留的词数，多切少补
25.         self.sequence_length=150
26.         #设置词表数量
27.         self.maxword=10000
28. Transformer_Cls_cfg=Config()
```

开始编写模型，先编写位置编码模块。

```
1. class Position_Encoding(nn.Module):
2.
3.     #定义初始化函数
4.     def __init__(self,embed_dim,sequence_length,dropout_rate): #embed_dim 是 Embedding 层映射的
维度
5.         super(Position_Encoding,self).__init__()
6.         #位置编码模块中的公式
7.         self.position_encoding=torch.tensor([[pos / (10000.0 ** (i // 2 * 2.0 / embed_dim)) for i in range(embe
d_dim)] for pos in range(sequence_length)])
8.         #对偶数位置进行 sin 操作，pos_encoding[:,0::2]就是位置编码模块的偶数位置
9.         self.position_encoding[:,0::2]=np.sin(self.position_encoding[:,0::2])
10.         #对奇数位置进行 cos 操作，pos_encoding[:,1::2]就是位置编码模块的奇数位置
```

```
11.         self.position_encoding[:,1::2]=np.cos(self.position_encoding[:,1::2])
12.         #扩展一个维度，输入 x 有 3 个维度，这里只有 2 个
13.         self.position_encoding=self.position_encoding.unsqueeze(0)
14.         #进行 dropout
15.         self.dropout=nn.Dropout(dropout_rate)
16.     def forward(self,x):
17.         #将词向量经过 Embedding 层后的结果与位置编码相加
18.         add_result=x + nn.Parameter(self.position_encoding,requires_grad=False).cuda()
19.         add_result_dropout=self.dropout(add_result)
20.         return add_result_dropout
```

编写自注意力机制模块。

```
1. #自注意力机制模块
2. class Attention(nn.Module):
3.     def __init__(self):
4.         super(Attention,self).__init__()
5.     #scale 是为了防止最后计算结果过大，即公式中的 dk
6.     def forward(self,queries,keys,values,scale=None):
7.         attention=torch.matmul(queries,keys.permute(0,2,1))  #计算每个词的相似度
8.         #判断是否需要除以一个 scale，防止计算结果太大，如果经过 Softmax 层后数值太大，则梯度就很小，影响反向传播效率
9.         if scale:
10.             attention=attention *scale
11.         #进入 Softmax 层进行归一化操作
12.         attention =F.softmax(attention,dim=-1)
13.         #将相似度与每个词的 values 相乘
14.         attention_result=torch.matmul(attention,values)
15.         return attention_result
```

编写多头自注意力机制模块。

```
1. #多头自注意力机制模块
2. class Mul_Head_Self_Attention(nn.Module):
3.     def __init__(self,num_heads,embed_size,dropout =0.):
4.         super(Mul_Head_Self_Attention,self).__init__()
5.         self.embed_size=embed_size
6.         self.num_heads=num_heads
7.         #求出每个头的维度，进行判断
8.         assert(self.embed_size % num_heads == 0.),"embed needs to be an integer multiple of num_heads"
9.         #计算每个头的维度
10.         self.head_dim=embed_size//num_heads
11.         #判断是否需要使用 Dropout 层
12.         if dropout!= 0:
13.             self.Dropout=nn.Dropout(dropout)
14.         else:
```

```
15.             self.Dropout=nn.Identity()
16.         #生成 Q、K、V 需要使用的全连接层
17.         self.queries=nn.Linear(self.embed_size,self.head_dim*self.num_heads,bias=False)
18.         self.keys=nn.Linear(self.embed_size,self.head_dim*self.num_heads,bias=False)
19.         self.values=nn.Linear(self.embed_size,self.head_dim*self.num_heads,bias=False)
20.         #自注意力机制需要使用的全连接层，中间会将每个头都拼在一起，最后又回到了 embed_size 维
21.         self.FC=nn.Linear(self.num_heads*self.head_dim,embed_size)
22.         #LayerNormalization 归一化
23.         self.layer_norm=nn.LayerNorm(embed_size)
24.         #使用自注意力机制
25.         self.attention=Attention()
26.     def forward(self,x):
27.         #获取批度数量
28.         num_batch=x.shape[0]
29.         #计算 Q、K、V
30.         Q=self.queries(x)
31.         K=self.keys(x)
32.         V=self.values(x)
33.         #分割 Q、K、V
34.         Q=Q.reshape(num_batch*self.num_heads,-1,self.head_dim)
35.         K=K.reshape(num_batch*self.num_heads,-1,self.head_dim)
36.         V=V.reshape(num_batch*self.num_heads,-1,self.head_dim)
37.         #计算 scale，-1 就是最后一个维度
38.         scale=K.size(-1) ** (-0.5)  #公式中的 √d_k
39.         mul_attention=self.attention(Q,K,V,scale)
40.         #将计算结果变回原来的形状，也就是合并各个头
41.         mul_attention=mul_attention.reshape(num_batch,-1,self.num_heads*self.head_dim)
42.         #将结果送入全连接层
43.         mul_attention_result=self.FC(mul_attention)
44.         #将结果送入 Dropout 层
45.         mul_attention_result=self.Dropout(mul_attention_result)
46.         #进行残差连接
47.         mul_attention_result=mul_attention_result + x
48.         #进行 LayerNormalization 归一化
49.         mul_atrention_result=self.layer_norm(mul_attention_result)
50.         return mul_attention_result
```

编写 FeedForward 模块。

```
1. #FeedForward 全连接层
2. class Feed_Forward(nn.Module):
3.     def __init__(self,embed_size,hidden_size,dropout=0.):
4.         super(Feed_Forward,self).__init__()
5.         #第 1 个全连接层，通常会将维度放大 4 倍
6.         self.fc1=nn.Linear(embed_size,hidden_size,bias=False)
```

```
7.        #第 2 个全连接层，还原原来的形状
8.        self.fc2=nn.Linear(hidden_size,embed_size,bias=False)
9.        #Dropout 层
10.        self.dropout=nn.Dropout(dropout)
11.        #LayerNormalization 层
12.        self.LN=nn.LayerNorm(embed_size)
13.
14.    def forward(self,x):
15.        #送入第 1 个全连接层
16.        FD_result=self.fc1(x)
17.        #送入非线性激活函数，这里用的是 ReLU 函数
18.        FD_result=F.relu(FD_result)
19.        #送入第 2 个全连接层
20.        FD_result=self.fc2(FD_result)
21.        #送入 Dropout 层
22.        FD_result=self.dropout(FD_result)
23.        #残差处理
24.        FD_result=FD_result + x
25.        #进行归一化处理
26.        FD_result=self.LN(FD_result)
27.
28.        return FD_result
```

实现 Encoder，方便堆叠。

```
1. #Encoder 实现
2. class Encoder(nn.Module):
3.     def __init__(self,embed_size,hidden_size,num_heads,dropout):
4.         super(Encoder,self).__init__()
5.         #多头自注意力机制
6.         self.attention=Mul_Head_Self_Attention(num_heads=num_heads,embed_size=embed_size,dropout=d
ropout)
7.         self.feed_forward=Feed_Forward(embed_size=embed_size,hidden_size=hidden_size,dropout=dropout)
8.     def forward(self,x):
9.         encoder_result=self.attention(x)
10.        encoder_result=self.feed_forward(encoder_result)
11.        return encoder_result
```

完成 Transformer 分类模型类。

```
1. class TransformerClassfier(nn.Module):
2.     def __init__(self):
3.         super(TransformerClassfier,self).__init__()
4.         #Embedding 层
5.         self.embedding=nn.Embedding(Transformer_Cls_cfg.maxword,Transformer_Cls_cfg.embed_size)
6.         #位置编码模块
```

```
7.        self.position_encoding=Position_Encoding(embed_dim=Transformer_Cls_cfg.embed_size,sequence_length=Transformer_Cls_cfg.sequence_length,dropout_rate=Transformer_Cls_cfg.dropout)
8.        #Encoder 部分
9.        self.encoder=Encoder(embed_size=Transformer_Cls_cfg.embed_size,hidden_size=Transformer_Cls_cfg.hidden_size,num_heads=Transformer_Cls_cfg.num_heads,dropout=Transformer_Cls_cfg.dropout)
10.        #Encoder 堆叠
11.        self.encoders=nn.ModuleList([copy.deepcopy(self.encoder) for _ in range(Transformer_Cls_cfg.num_encoder)])
12.        #接上分类头
13.        self.Fc=nn.Linear(Transformer_Cls_cfg.sequence_length*Transformer_Cls_cfg.embed_size,Transformer_Cls_cfg.num_class)
14.
15.    def forward(self,x):
16.        result=self.embedding(x)
17.        result=self.position_encoding(result)
18.        for encoder in self.encoders:
19.            result=encoder(result)
20.        result=result.view(result.size(0),-1)
21.        result=self.Fc(result)
22.        return result
```

加载数据集，制作数据迭代器。

```
1. #设置每条评论最大的词数，多切少补
2. max_sentence_size=Transformer_Cls_cfg.sequence_length
3. #判断 GPU 是否可用
4. device=torch.device("cuda" if torch.cuda.is_available() else 'cpu')
5. #使用 Keras 加载数据集，maxword 为词表大小，不在词表的词会被转换为 UNK_TAG 符号对应的索引
6. (features_train,label_train),(features_test,label_test)= imdb.load_data(num_words=Transformer_Cls_cfg.maxword)
7. #对训练集进行填充
8. features_train=pad_sequences(features_train,maxlen=max_sentence_size,padding='post',truncating='post')
9. #对测试集进行填充
10. features_test=pad_sequences(features_test,maxlen=max_sentence_size,padding='post',truncating='post')
11. #查看训练集和测试集的大小
12. print(features_test.shape)
13. print(features_train.shape)
14. #转化为张量
15. data_train=Data.TensorDataset(torch.LongTensor(features_train),torch.LongTensor(label_train))
16. data_test=Data.TensorDataset(torch.LongTensor(features_test),torch.LongTensor(label_test))
17. #制作数据迭代器
18. sampler_train=Data.RandomSampler(data_train)
19. loader_train=Data.DataLoader(data_train,sampler=sampler_train,batch_size=Transformer_Cls_cfg.batch_size )
```

```
20. sampler_test=Data.RandomSampler(data_test)
21. loader_test=Data.DataLoader(data_test,sampler=sampler_test,batch_size=Transformer_Cls_cfg.batch_size)
```

输出结果如下。

```
1. (25000,150)
2. (25000,150)
```

从输出结果可以看出，训练集和测试集的大小都为 25000 条电影评论。接下来实例化模型，定义损失函数，设置优化器。

```
1. Transformer_cls_model=TransformerClassfier()
2. Transformer_cls_model.to(device)
3. #设置优化器
4. cross_loss=nn.CrossEntropyLoss()
```

一切准备就绪，开始训练。

```
1. #训练模式
2. Transformer_cls_model.train()
3. #进行训练，100 个 Epoch
4. for epoch in range(Transformer_Cls_cfg.epochs):
5.     #每个 Epoch 的损失
6.     total_loss=0
7.     #送入进度条
8.     for batch in tqdm(loader_train,desc=f"Traing Epoch{epoch}"):
9.         #获取特征和目标值
10.         feature,label=[x.to(device) for x in batch]
11.         #预测
12.         prediction=Transformer_cls_model(feature)
13.         #对预测结果与真实结果计算损失
14.         loss=cross_loss(prediction,label)
15.         optimizer.zero_grad()
16.         #反向传播
17.         loss.backward()
18.         #根据梯度更改模型参数
19.         optimizer.step()
20.         #将每个批度的损失加起来
21.         total_loss += loss.item()
22.     print(f"Loss:{total_loss:.2f}")
```

这里我们给出其中一部分的输出结果。

```
1. Traing Epoch0: 100%|██████████████████████████████| 782/782 [03:38<00:00, 3.58it/s]
2. Loss:982.36
3. Traing Epoch1: 100%|██████████████████████████████| 782/782 [03:34<00:00, 3.64it/s]
```

```
4. Loss:549.50
5. Traing Epoch2: 100%|████████████████████████████████| 782/782 [03:35<00:00, 3.62it/s]
6. Loss:514.17
7. Traing Epoch3: 100%|████████████████████████████████| 782/782 [03:34<00:00, 3.64it/s]
8. Loss:500.55
9. Traing Epoch4: 100%|████████████████████████████████| 782/782 [03:37<00:00, 3.60it/s]
10. Loss:483.05
11. ……
12. Traing Epoch97: 100%|████████████████████████████████| 782/782 [03:46<00:00, 3.45it/s]
13. Loss:218.11
14. Traing Epoch98: 100%|████████████████████████████████| 782/782 [03:47<00:00, 3.44it/s]
15. Loss:216.85
16. Traing Epoch99: 100%|████████████████████████████████| 782/782 [03:46<00:00, 3.45it/s]
17. Loss:214.98
```

从上述结果能够看出，随着 Epoch 数量增加，损失越来越小，可能 100 个 Epoch 并不是最优的，可以更改模型参数，使模型更优。

最后就是测试环节了。

```
1. #测试模式
2. Transformer_cls_model.eval()
3. #正确个数
4. accuracy=0
5. for batch in tqdm(loader_test,desc =f"Testing"):
6.     feature,label=[x.to(device) for x in batch]
7.     with torch.no_grad():
8.         prediction=Transformer_cls_model(feature)
9.         #将每个批度的正确个数累加
10.         accuracy += (prediction.argmax(dim=1) == label).sum().item()
11. #计算准确率
12. print(accuracy/25000)
```

输出结果如下。

```
1. Testing: 100%|████████████████████████████████| 782/782 [01:49<00:00, 7.12it/s]
2. 0.79492
```

可以看出这个结果并不理想，更改模型参数可以使模型更优，读者可以自行尝试。

8.2 REPVGG 应用

本案例选择了 REPVGG，但是我们对其进行了简化，以方便读者实现和复现代码，没有使用大型网络，这样即便使用笔记本电脑，也能够轻松运行。

本案例使用的模型是自己简单堆叠的卷积残差网络，但是使用了 REPVGG 论文中提出的创新点。数据集使用了 Fashion-MNIST 数据集，这个数据集中是 28 像素×28 像素的灰度图片，有 10 个类别，分别是 T 恤（T-shirt）、裤子（Trouser）、套头衫（Pullover）、连衣裙（Dress）、外套（Coat）、凉鞋（Sandal）、衬衫（Shirt）、运动鞋（Sneaker）、包（Bag）、靴子（Ankle Boot）。这个数据集比 MNIST 数据集（手写数字识别数据集）更有挑战性，但是我们这次并不是来刷新准确率的，而是来加快模型的预测速度的。最后我们会对以前的预测方法和 REPVGG 中的结构重参化的预测方法的速度进行比较，当然两者的准确率是一样的。

说到 REPVGG，不得不提起残差网络（ResNet），前面的章节已经介绍了这种网络，我们就不进行赘述了，只看看其提出来的残差连接。

最简单的残差连接如图 8-7 所示，$\boldsymbol{x}$ 表示输入数据，我们就不对其形状进行讨论了。$\boldsymbol{x}$ 进入一个卷积层，其卷积核的大小为 3×3，填充数为 1，所以经过该层，$\boldsymbol{x}$ 的形状不会发生变化，只有通道维度发生变化。在 PyTorch 中，图片输入通常是 4 维的，第 1 个维度就是批度大小，第 2 个维度就是图片通道大小，RGB 图片通常是 3 通道的，灰度图片通常是 1 通道的，但是经过卷积后可以改变其通道大小。在如图 8-7 所示的残差连接中，我们为了能够进行正确的加法运算，就不改变其通道大小了。旁边的 Identity 层就是一个“空层”，即输入数据进去之后不发生任何改变，也不进行计算。简单来说，就是将数据输入一个层后，将结果与层前的数据进行相加，这就是残差思想。那为什么这个思想会如此有用呢？细心的读者可能发现，这样会多使用一倍内存，因为我们需要保存层前的数据，在层后数据与层前数据相加之后，才会释放掉。REPVGG 提出了解决“多使用一倍内存”问题的办法（结构重参化）。

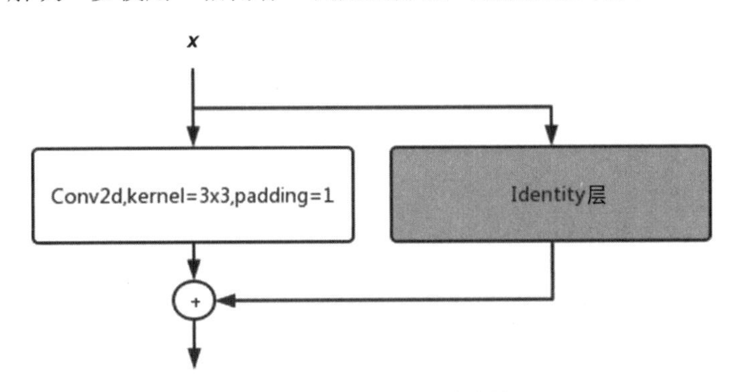

图 8-7　最简单的残差连接

8.2.1 模型框架

模型框架如图 8-8 所示。

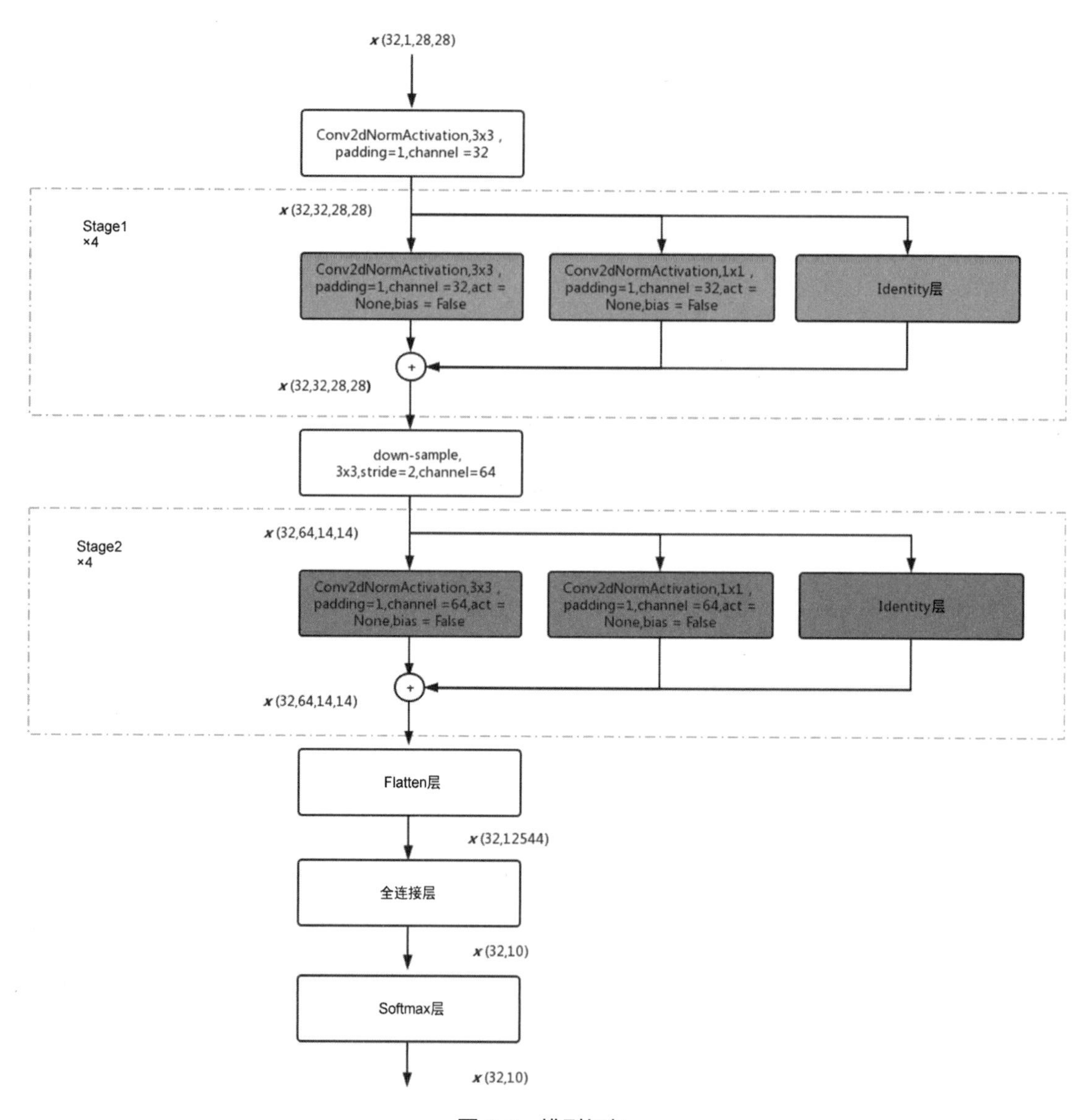

图 8-8 模型框架

拆解这个模型，首先 **x**、batch_size 的大小依旧取的是 32，使用的数据集是灰度图片，所以其通道数是 1，图片的高和宽分别是 28 像素和 28 像素，输入 **x** 的形状为(32,1,28,28)，将 **x** 输入 Conv2dNormActivation 模块中，Conv2dNormActivation 模块如图 8-9 所示。

Conv2dNormActivation 模块将卷积层、BN（BatchNormalization）层、ReLU 层组合在一起。我们回过头来看模型框架，其中 3×3 表示使用的是 3×3 的卷积核，padding =1 表示对图片进行填充，上、下、左、右都填充 1 像素。channel =32 表示有 32 个卷积核，所以经过该层后，其通道数会变为 32。接下来进入 Stage1，我们将 Stage1 重复堆叠了 4 次，Stage1 中的结构与上面讲的残差连接很像，只是分支从 1 个变成了 2 个。

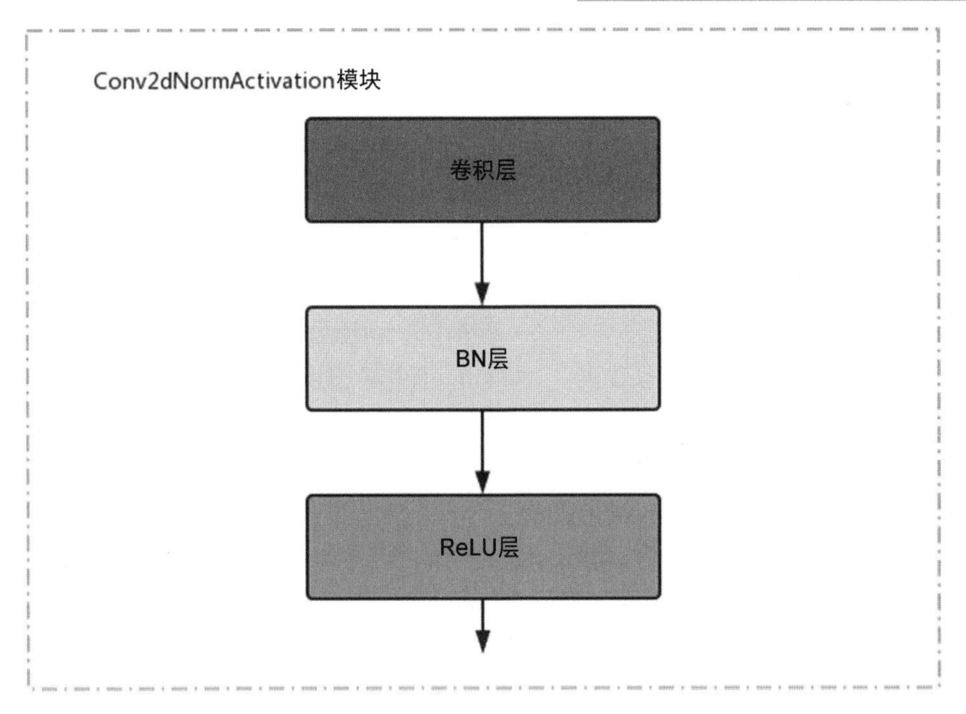

图 8-9　Conv2dNormActivation 模块

我们来仔细看看 Stage1。其主支是一个 Conv2dNormActivation 模块，只是关闭了激活函数层和卷积操作的 bias 参数。第 1 个分支使用的也是 Conv2dNormActivation 模块，只是卷积核使用的是 1×1 的，第 2 个分支就是 Identity 层了。最终将 3 个支路的结果相加就行了。

下面来看看 Stage1 和 Stage2 中间的下采样层，依旧使用了 Conv2dNormActivation 模块，只是将步长设置成 2，卷积核个数设置为 64，这样的话，经过该层，图片的高和宽都会变为原来的一半，这样可以增大感受野，所以经过该层，$\boldsymbol{x}$ 的形状就变为(32,64,14,14)。

Stage2 依旧堆叠了 4 次，与 Stage1 类似，只是卷积核个数发生了变化。

Flatten 层的作用就是将其输入展平，该案例中将通道维度和高宽维度展平，展平之后，$\boldsymbol{x}$ 的形状就从(32,64,14,14)变为(32,12544)。最后接上一个全连接层，供分类使用。与 Transformer 一样，此处使用的是含有 Softmax 操作的 CrossEntropyLoss 损失函数。

8.2.2　结构重参化

结构重参化可以解决残差连接的时候产生的内存问题。具体怎么解决呢？

REPVGG 首先将 Stage1 中的卷积层和 BN 层进行融合，也就是先对公式进行解耦，再组合成一个新的卷积层，我们来看几个公式。

$$\mathrm{Conv}(\boldsymbol{x}) = W(\boldsymbol{x}) + \boldsymbol{b} \tag{8-1}$$

$$\mathrm{BN}(\boldsymbol{x}) = \gamma \times \frac{\boldsymbol{x} - \mathbf{mean}}{\sqrt{\mathbf{var}}} + \boldsymbol{\beta} \tag{8-2}$$

$$\mathrm{BN}\left(\mathrm{Conv}\right)=\gamma\times\frac{W\left(\boldsymbol{x}\right)+\boldsymbol{b}-\mathbf{mean}}{\sqrt{\mathbf{var}}}+\boldsymbol{\beta} \tag{8-3}$$

$$\mathrm{BN}\left(\mathrm{Conv}\right)=\frac{\gamma\times W\left(\boldsymbol{x}\right)}{\sqrt{\mathbf{var}}}+\left(\gamma\times\frac{\boldsymbol{b}-\mathbf{mean}}{\sqrt{\mathbf{var}}}+\boldsymbol{\beta}\right) \tag{8-4}$$

式（8-1）是卷积层公式，式（8-2）是 BN 层公式，其实就是简单的归一化，$\sqrt{\mathbf{var}}$ 是标准差，计算的是一个批度内所有通道数的标准差，**mean** 是平均值，计算的是一个批度内所有通道数的平均值，γ、$\boldsymbol{\beta}$ 是可训练参数。将卷积层公式代入 BN 层公式，就得到了式（8-3），最后整理就得到了式（8-4）。我们可以看到，式（8-4）前半部分就是卷积层公式的前半部分，只是结合了 BN 层公式中的参数。式（8-4）的后半部分就是卷积层中的偏置，所以通过这种方式我们就能将卷积层和 BN 层进行融合。

我们知道怎么融合卷积层和 BN 层后，接下来需要将第 1 个分支的 1×1 的卷积核转换为 3×3 的卷积核，然后与第 1 个分支的 BN 层进行融合。1×1 的卷积核在周围填充 1 个 0 像素变成 3×3 的卷积核，但是这个 3×3 的卷积核和 1×1 的卷积核效果是一样的。卷积层和 BN 层的融合如图 8-10 所示。

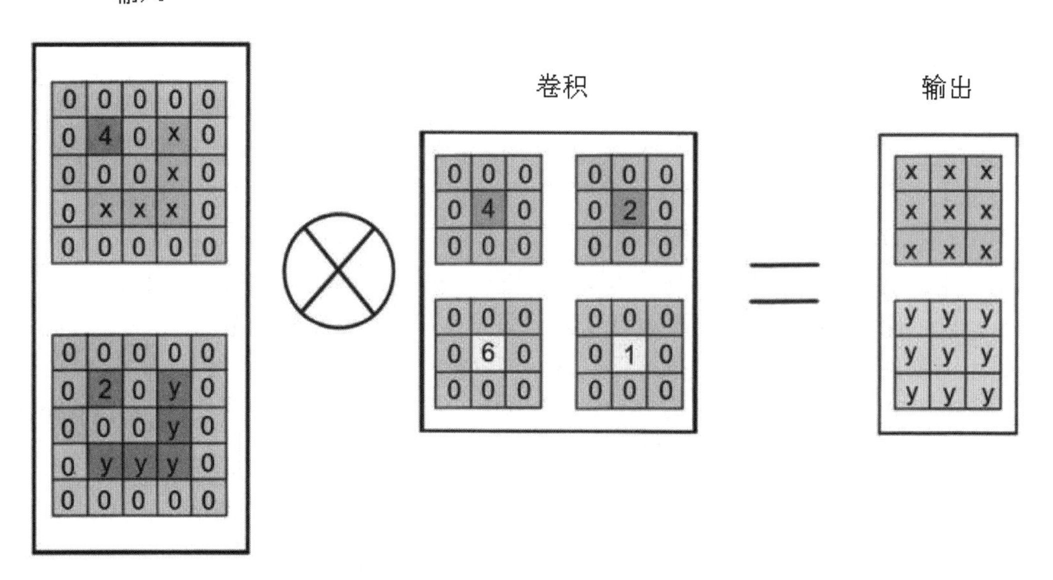

图 8-10　卷积层和 BN 层的融合

将第 1 个分支处理好后，我们来处理第 2 个分支。第 2 个分支是 Identity 层，我们需要让它进行 3×3 的卷积操作（卷积层），但是这个卷积操作输入前的结果和输入后的结果是一样的。如何用 3×3 的卷积层来模拟 Identity 层呢？我们知道，卷积操作必须涉及将每个通道结果加起来然后输出，并且要保证输入中的每个通道的每个元素等于输出中的每个元素。只要令当前通道的卷积核参数为 1，其余的卷积核参数为 0，就可以做到，如图 8-11 所示。

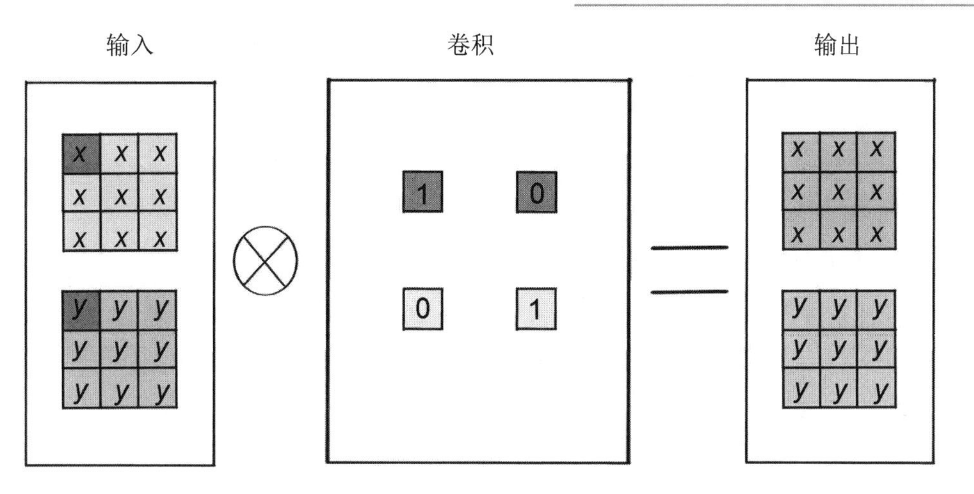

图 8-11　卷积运算

这样就可以将 Identity 层转换为 3×3 的卷积层了，最后只需要在预测的时候，将两个分支和主支融合在一起（先将分支转换为 3×3 的卷积层，再与 BN 层融合，最后将卷积核参数加在一起，形成一个 3×3 卷积操作），就可以做到快速预测了，这就是结构重参化。

8.2.3　模型代码

首先导入需要使用的包。

```
1. #导入 PyTorch 的包
2. import torch
3. #导入 torch 中的 nn 模块和 Tensor 模块
4. from torch import nn,Tensor
5. #导入 Conv2dNormActivation 模块
6. from torchvision.ops import Conv2dNormActivation
7. #导入参数，修改模型从参数
8. from torch.nn.parameter import Parameter
9. #导入 torchvision 模块
10. import torchvision
11. #导入数据
12. import torch.utils.data as Data
13. #导入 torchvision 中的数据转换模块
14. from torchvision import transforms
15. #导入数据集需要使用的包
16. from d2l import torch as d2l
17. #导入画图需要使用的模块
18. import matplotlib.pyplot as plt
19. #导入优化器
20. from torch import optim
21. #导入进度条使用的模块
22. from tqdm import tqdm
```

```
23. #导入复制工具
24. import copy
25. #判断使用的设备
26. device=torch.device("cuda" if torch.cuda.is_available() else 'cpu')
```

然后开始正式编写模型，编写模型需要使用的参数。

```
1. class repnet():
2.     def __init__(self):
3.         #类别数量
4.         self.num_class=10
5.         #第 1 阶段输出通道维数
6.         self.stage1_channel=32
7.         #第 2 阶段输出通道维数
8.         self.stage2_channel=64
9.         #最开始的图片通道数，由于是灰度图片，所以通道数为 1
10.         self.init_image_channel=1
11.         #Stage 中的层数
12.         self.num_stage=4
13.         #图片的高
14.         self.image_h=28
15.         #图片的宽
16.         self.image_w=28
17.         #设置 num_epoches
18.         self.num_epoches=20
19.         #设置 batch_size
20.         self.batch_size=32
21. repnet_cfg=repnet()
```

编写将卷积层和 BN 层融合为一个卷积层的函数。

```
1. #将卷积层和 BN 层融合为一个卷积层，返回卷积层的权重和偏置
2. def get_fused_bn_to_conv_state_dict(conv,bn):
3. #获取 BN 层中的平均值、标准差、gamma、beta
4.     bn_mean,bn_var,bn_gamma,bn_beta=(
5.         bn.running_mean,
6.         bn.running_var,
7.         bn.weight,
8.         bn.bias,
9.     )
10. #按照公式进行处理
11.     bn_std=(bn_var + bn.eps).sqrt()
12.     conv_weight=nn.Parameter((bn_gamma / bn_std).reshape(-1,1,1,1) * conv.weight)
13.     conv_bias=nn.Parameter(bn_beta - bn_mean * bn_gamma / bn_std)
14.     return {"weight": conv_weight,"bias": conv_bias}
15.         #设置 num_epoches
```

```
16.         self.num_epoches=20
17.         #设置 batch_size
18.         self.batch_size=32
19. repnet_cfg=repnet()
```

接下来完成模型的通用类，Stage1 和 Stage2 使用的都是该类。

```
1. class ShortCont(nn.Module):
2.     def __init__(self,in_channels,out_channels,kernel_size=3,padding=1):
3.         super(ShortCont,self).__init__()
4.         self.in_channels=in_channels
5.         self.out_channels=out_channels
6.         self.kernel_size=kernel_size
7.         self.padding=padding
8.         #不需要激活函数层和偏置，第 1 个分支
9.         self.cv1=Conv2dNormActivation(in_channels= self.in_channels,
10.                                     out_channels=self.out_channels,
11.                                     kernel_size=self.kernel_size,
12.                                     padding=self.padding,
13.                                     bias=False,activation_layer=None)
14.         #第 2 个分支
15.         self.cv2=Conv2dNormActivation(in_channels=self.in_channels,
16.                                     out_channels=self.out_channels,
17.                                     kernel_size=1,
18.                                     bias=False,activation_layer=None)
19.         #激活函数
20.         self.act=nn.ReLU(inplace=True)
21.     def forward(self,x):
22.         #送入第 1 个分支
23.         res1=self.cv1(x)
24.         #送入第 2 个分支
25.         res2=self.cv2(x)
26.         #将 3 个支路相加并送入激活函数
27.         return self.act(x+res1+res2)
28.     #在预测的时候将 3 个支路操作合并为一个卷积操作
29.     def to_fast_model(self):
30.         #新建一个卷积层
31.         conv_fuse=nn.Conv2d(in_channels=self.in_channels,
32.                             out_channels=self.out_channels,
33.                             kernel_size=self.kernel_size,padding=self.padding)
34.         #将第 1 个分支的卷积层和 BN 层融合为一个卷积层，返回一个字典
35.         cv1_weigh_bn=get_fused_bn_to_conv_state_dict(self.cv1[0],self.cv1[1])
36.         #对第 2 个分支进行填充
37.         conv_fuse.weight=Parameter(nn.functional.pad(self.cv2[0].weight,[1,1,1,1]))
38.         #将填充后的卷积层和 BN 层融合
```

```
39.         cv2_weight_bn=get_fused_bn_to_conv_state_dict(conv_fuse,self.cv2[1])
40.         #生成一个与第 1 个分支相同形状的全零张量
41.         zero=torch.zeros((self.out_channels,self.in_channels,self.kernel_size,self.kernel_size))
42.         #对全零张量进行修改，为了模仿 Identity 层
43.         for i in range(self.in_channels):
44.            zero[i,i % self.in_channels,1,1]=1
45.         #将修改后的参数赋值给 conv_fuse 卷积层
46.         conv_fuse.weight=Parameter(zero)
47.         #将 3 个支路进行融合后的权重加起来
48.         weight_temp=cv1_weigh_bn["weight"].cuda() + cv2_weight_bn["weight"].cuda()+ conv_fuse.
weight.cuda()
49.         #将 3 个支路进行融合后的偏置加起来
50.         bias_temp=cv1_weigh_bn["bias"].cuda() + cv2_weight_bn["bias"].cuda()
51.         #将相加后的权重赋值给 conv_fuse 卷积层
52.         conv_fuse.weight=Parameter(weight_temp)
53.         #将相加后的偏置赋值给 conv_fuse 卷积层
54.         conv_fuse.bias =Parameter(bias_temp)
55.         #深拷贝给类成员变量
56.         self.conv_fast=copy.deepcopy(conv_fuse)
57.     #转换为快速模型后，调用融合后的卷积层进行计算
58.     def to_fast(self,x):
59.         return self.act(self.conv_fast(x))
```

下面实现模型框架。

```
1.  class RepNet(nn.Module):
2.      def __init__(self):
3.          super().__init__()
4.          #最开始通道数为 32×1×28×28
5.          #初始化卷积层，变化其通道数，为了让 Stage 更好地堆叠
6.          self.inin_conv=Conv2dNormActivation(in_channels=repnet_cfg.init_image_channel, out_channels=
repnet_cfg.stage1_channel,kernel_size=3,padding=1)
7.          #生成 Stage1 中的模块
8.          self.stage1_layer=ShortCont(in_channels=repnet_cfg.stage1_channel,out_channels=repnet_cfg.stage1_
channel)
9.          #生成 Stage2 中的模块
10.         self.stage2_layer=ShortCont(repnet_cfg.stage2_channel,repnet_cfg.stage2_channel)
11.         #将 Stage1 重复堆叠 4 次
12.         self.stage1=nn.ModuleList([copy.deepcopy(self.stage1_layer) for _ in range(repnet_cfg.num_stage)])
13.         #将 Stage2 重复堆叠 4 次
14.         self.stage2= nn.ModuleList([copy.deepcopy(self.stage2_layer) for _ in range(repnet_cfg.num_
stage)])
15.         self.flatten=nn.Flatten(start_dim=1,end_dim=-1)
16.         self.Fc=nn.Linear(int(repnet_cfg.image_h/2)*int(repnet_cfg.image_w/2)*repnet_cfg.stage2_
channel,repnet_cfg.num_class)
```

```
17.         #下采样层
18.         self.down_sample=Conv2dNormActivation(in_channels=repnet_cfg.stage1_channel,out_
channels=repnet_cfg.stage2_channel,kernel_size=3,stride=2)
19.     def forward(self,x):
20.         #送入第 1 个卷积层
21.         x=self.inin_conv(x)
22.         #送入 Stage1
23.         for stage1_layer in self.stage1:
24.             x=stage1_layer(x)
25.         #进行下采样
26.         x=self.down_sample(x)
27.         #送入 Stage2
28.         for stage2_layer in self.stage2:
29.             x=stage2_layer(x)
30.         #展平
31.         x=self.flatten(x)
32.         x=self.Fc(x)
33.         return x
34.     #生成预测时的快速卷积层
35.     def to_fast_model(self):
36.         for layer1 in self.stage1:
37.             layer1.to_fast_model()
38.         for layer2 in self.stage2:
39.             layer2.to_fast_model()
40.     #进行快速预测
41.     def to_fast(self,x):
42.         x=self.inin_conv(x)
43.         for layer1 in self.stage1:
44.             x=layer1.to_fast(x)
45.         x=self.down_sample(x)
46.         for layer2 in self.stage2:
47.             x=layer2.to_fast(x)
48.         x=self.flatten(x)
49.         x=self.Fc(x)
50.         return x
```

加载数据集，并将其中的数据转换为张量。

```
1. #加载数据集
2. #实例化转换器
3. trans=transforms.ToTensor()
4. #加载数据集，第 1 次运行会下载
5. mnist_train=torchvision.datasets.FashionMNIST(root='./Fasion_MNIST',train=True,transform=trans,
download=True)
6. mnist_test=torchvision.datasets.FashionMNIST(root='./Fasion_MNIST',train=False,transform=trans,
```

```
download=True)
 7. #生成训练数据迭代器
 8. sampler_train=Data.RandomSampler(mnist_train)
 9. loader_train=Data.DataLoader(mnist_train,sampler=sampler_train,batch_size=repnet_cfg.batch_size)
10. #生成测试数据迭代器
11. sampler_test=Data.RandomSampler(mnist_test)
12. loader_test=Data.DataLoader(mnist_test,sampler=sampler_test,batch_size=repnet_cfg.batch_size)
```

实例化模型，定义损失函数，设置优化器。

```
1. repnet_model=RepNet()
2. #损失函数
3. cross_loss=nn.CrossEntropyLoss()
4. #优化器，学习率为 0.001
5. optimizer=optim.Adam(repnet_model.parameters(),lr=repnet_cfg.lr)
6. repnet_model.to(device)
```

对模型进行训练。

```
 1. #训练模式
 2. repnet_model.train()
 3. for epoch in range(repnet_cfg.num_epoches):
 4.     #每个 Epoch 的总损失
 5.     total_loss=0
 6.     for batch in tqdm(loader_train,desc=f"Traing Epoch{epoch}"):
 7.         #迭代器返回的是特征和目标值
 8.         feature,label=[x.to(device) for x in batch]
 9.         #预测值
10.         prediction=repnet_model(feature)
11.         #对目标值和预测值求损失
12.         loss=cross_loss(prediction,label)
13.         #梯度置零
14.         optimizer.zero_grad()
15.         #反向传播
16.         loss.backward()
17.         #修改参数
18.         optimizer.step()
19.         #将每个批度的损失相加
20.         total_loss += loss.item()
21.     #输出每个 Epoch 的损失
22.     print(f"Loss:{total_loss:.2f}")
```

输出结果如下。

截取后 5 个 Epoch 的情况，结果如下。

```
1. Training Epoch15: 100%|██████████████████████████████| 1875/1875 [01:28<00:00, 21.07it/s]
2. Loss:50.01
```

```
3. Training Epoch16: 100%|██████████| 1875/1875 [01:28<00:00, 21.07it/s]
4. Loss:54.01
5. Training Epoch17: 100%|██████████| 1875/1875 [01:29<00:00, 21.03it/s]
6. Loss:41.59
7. Training Epoch18: 100%|██████████| 1875/1875 [01:28<00:00, 21.07it/s]
8. Loss:46.22
9. Training Epoch19: 100%|██████████| 1875/1875 [01:29<00:00, 21.00it/s]
10. Loss:39.25
```

最后对比使用和不使用结构重参化模块的预测时间。

```
1. #用测试集进行测试，使用的是原始方法，不使用结构重参化模块
2. #导入时间模块
3. from time import perf_counter
4. #预测模式
5. repnet_model.eval()
6. #初始化正确个数
7. accuracy = 0
8. #记录开始时间
9. start = perf_counter()
10. for batch in tqdm(loader_test,desc =f"Testing"):
11.     feature,label = [x.to(device) for x in batch]
12.     #测试不更新梯度的情况
13.     with torch.no_grad():
14.         prediction = repnet_model(feature)
15.         #计算每个批度的正确个数
16.         accuracy += (prediction.argmax(dim=1) == label).sum().item()
17. #计算准确率
18. print(accuracy/10000)
19. #计算跑完测试集的时间
20. print(f"{perf_counter() - start:.6f}s")
```

输出结果如下。

```
1. Testing: 100%|██████████| 313/313 [00:04<00:00, 77.79it/s]
2. 0.9184
3. 4.019331s
```

使用结构重参化模块。

```
1. #使用结构重参化模块进行预测
2. repnet_model.to_fast_model()
3. repnet_model.eval()
```

```
4. accuracy = 0
5. start = perf_counter()
6. for batch in tqdm(loader_test,desc =f"Testing"):
7.     feature,label = [x.to(device) for x in batch]
8.     with torch.no_grad():
9.         prediction = repnet_model.to_fast(feature)
10.         accuracy += (prediction.argmax(dim=1) == label).sum().item()
11. print(accuracy/10000)
12. print(f"{perf_counter() - start:.6f}s")
```

输出结果如下，可以看出，使用结构重参化模块后，效率明显提高。

```
1. Testing: 100%|██████████| 313/313 [00:02<00:00, 119.56it/s]
2. 0.9184
3. 2.620071s
```

8.3 基于前馈神经网络的方面级情感三元组提取

方面级情感分析（Aspect-Based Sentiment Analysis，ABSA）任务包含各种子任务，如方面词提取（ATE）、观点提取（OTE）和方面词情感分类（ASC）。一些研究集中于单独解决这些子任务或组合两个子任务，如方面词情感联合提取（APCE）、方面词观点联合提取（AOCE）等。方面级情感三元组提取（Aspect Sentiment Triplet Extraction，ASTE）任务被划为 ABSA 任务的一个子任务。ASTE 的定义是提取出其中包含的三元组（方面词、观点、情感），其目的是从句子中获得全面的信息，用于情感分析。在这里，方面词是指评价的对象（或实体），观点是指评价对象时用到的描述词，情感是指对象在上下文中的情感，一般包括积极、中性、消极。

图 8-12 给出了 ASTE 示例。在给出的例句中，“hot dogs”是其中的一个方面词，其对应的观点为“top notch”，“hot dogs”对应的情感是积极的，方面词、观点、情感这三者构成了一个方面级情感三元组(hot dogs,top notch,POS)。在这句话中，可以提取出(hot dogs,top notch,POS)和(coffee,average,NEG)两个三元组。本节介绍的是基于前馈神经网络来完成 ASTE 任务的模型，读者可以参考论文 *Learning Span-Level Interactions for Aspect Sentiment Triplet Extraction*。

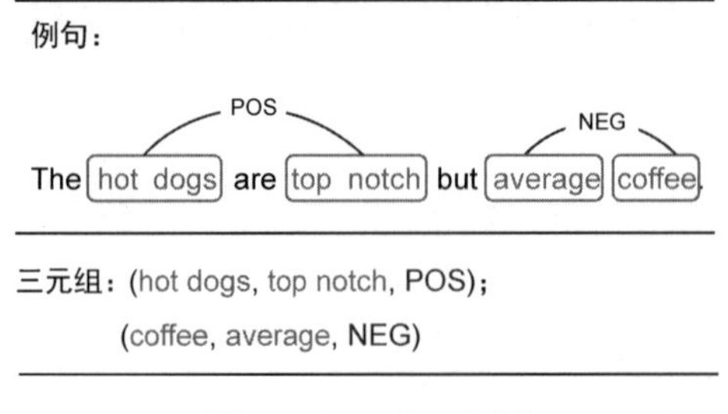

图 8-12　ASTE 示例

8.3.1　模型框架

考虑到 ASTE 任务词级交互中的缺陷：①方面词和观点在多数情况下会包含多个词；②独立地预测每个词或每个词对的情感，不能保证它们在形成三元组时的情感一致性。例如，当方面词“Windows 8”对应的观点为“not enjoy”时，如果只考虑单个词间的交互，其中“enjoy”表达了对“Windows 8”的积极情绪，则可能会导致最终对“Windows 8”的情感预测错误。

因此研究人员制定了一种词组级（Span-level）的方法，如图 8-13 所示，Span-ASTE 模型由 3 个模块组成：句子编码模块、提取模块和三元组模块。给定的例句首先被输入句子编码模块获得句子的表示，然后将每个词枚举组合形成词组，接着在提取模块时将词组输入前馈神经网络（FFNN 在图 8-13 中表示为 F），随后提取 FFNN 分类后的方面词和观点，最后在三元组模块中，将提取出的方面词和观点进行两两组合，并经过 FFNN 进行分类，确定情感关系，提取出有效的方面级情感三元组。

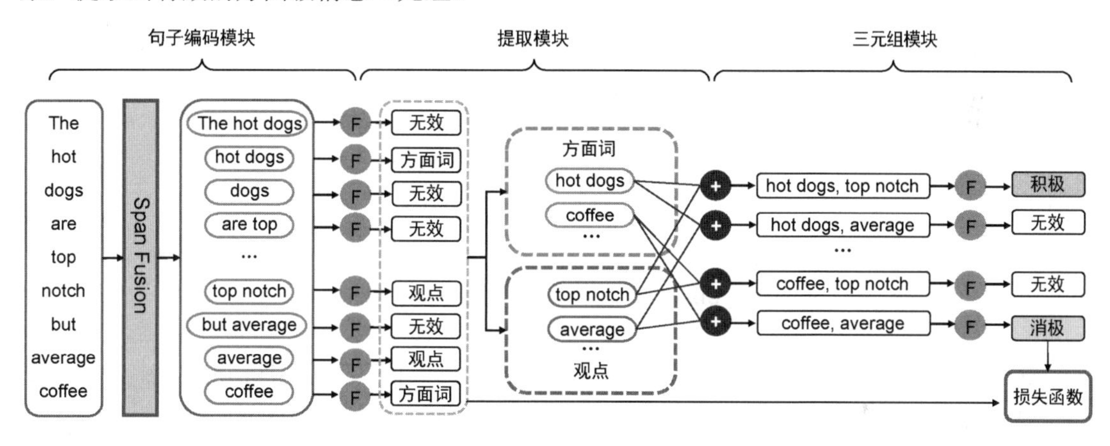

图 8-13　Span-ASTE 模型框架

1. 句子编码模块

句子编码模块可以使用 BiLSTM 或 BERT 两种编码方式来获得每个词的特征表示。

BiLSTM 编码：首先从 300 维的 Glove 模型中获得词的特征表示 $\{w_1, w_2, \cdots, w_n\}$，然后通过 BiLSTM 获取词的上下文信息。

BERT 编码：通过 BERT 嵌入后的词表示为 x_i，句子表示为

$$\boldsymbol{x} = [x_1, x_2, \cdots, x_n]$$

获取词组的特征表示，$s_{i,j} \in S$ 定义为

$$s_{i,j} \begin{cases} \left[h_{i;} h_{j;} f_{\text{width}}(i,j)\right] & \text{BiLSTM} \\ \left[x_{i;} x_{j;} f_{\text{width}}(i,j)\right] & \text{BERT} \end{cases}$$

式中，$f_{\text{width}}(i,j)$ 表示词组宽度的可训练特征嵌入。

2. 提取模块

在得到词组的特征表示后，首先计算每个词组类型的得分，公式如下，其中 FFNN 为非线性激活的前馈神经网络。

$$P\left(m|s_{i,j}\right)=\text{Softmax}\left(\text{FFNN}_m\left(s_{i,j}\right)\right)$$

然后提取若干个分数靠前的方面词候选项和观点候选项，公式如下。

$$\Phi_{\text{aspect}}\left(s_{i,j}\right)=P\left(m=\text{aspect}|s_{i,j}\right)$$

$$\Phi_{\text{opinion}}\left(s_{i,j}\right)=P\left(m=\text{opinion}|s_{i,j}\right)$$

3. 三元组模块

在三元组模块中，将所有的方面词候选项和观点候选项两两组合，得到方面词-观点对，这里用 $f_{\text{distance}}(b,c,d,e)$ 来表示可训练的方面词和观点的距离特征嵌入，方面词-观点对的表示如下。

$$g_{s_{b,c}^{\text{a}},s_{d,e}^{\text{o}}}=\left[s_{b,c}^{\text{a}};s_{d,e}^{\text{o}};f_{\text{distance}}(b,c,d,e)\right]$$

$$\text{distance}=\min\left(|c-d|,|b-e|\right)$$

最后通过 FFNN 对方面词-观点对进行分类，计算其情感关系的得分，其中情感关系 $r\in\{\text{Positive},\text{Negative},\text{Neutral},\text{Invalid}\}$，当情感关系为 Positive、Negative 和 Neutral 时，三元组是有效的，并且其对应的方面词-观点对的情感分别为积极、消极和中性。

$$P\left(r|s_{b,c}^{\text{a}},s_{d,e}^{\text{o}}\right)=\text{Softmax}\left(\text{FFNN}_r\left(g_{s_{b,c}^{\text{a}},s_{d,e}^{\text{o}}}\right)\right)$$

以上就完成了模型结构的搭建，我们将模型的整体结构写入 model.py 文件中，相关代码如下。

```
1. import torch
2. from torch import nn,Tensor
3. from torch.nn import LSTM,init
4. import itertools
5. from utils.targer import SpanLabel
6.
7. #词组的特征表示
8. class SpanRepresentation:
9.     """
10.     We define each span representation si,j ∈ S as:
11.             si,j=[hi; hj ; f_width(i,j)] if BiLSTM
```

```
12.                 [xi; xj ; f_width(i,j)] if BERT
13.     where f_width(i,j) produces a trainable feature embedding representing the span width (i.e.,j −i+ 1)
14.     Besides the concatenation of the start token,end token,and width representations,the span representation
si,j can also be formed by max-pooling or mean-
pooling across all token representations of the span from position i to j.
15.     """
16.
17.     def __init__(self,span_width_embedding_dim,max_window_size: int=5):
18.         self.max_window_size=max_window_size
19.         self.span_width_embedding=nn.Embedding(512,span_width_embedding_dim)
20.
21.     def __call__(self,x: Tensor):
22.         batch_size,sequence_length,_=x.size()
23.         device=x.device
24.
25.         len_arrange=torch.arange(0,sequence_length,device=device)
26.         span_indices=[]
27.
28.         #设置窗口
29.         for window in range(1,self.max_window_size + 1):
30.             if window == 1:
31.                 indics=[(x.item(),x.item()) for x in len_arrange]
32.             else:
33.                 res=len_arrange.unfold(0,window,1)
34.                 indics=[(idx[0].item(),idx[-1].item()) for idx in res]
35.             span_indices.extend(indics)
36.
37.         spans=[torch.cat(
38.             (x[:,s[0],:],x[:,s[1],:],
39.              self.span_width_embedding(torch.LongTensor([abs(s[1] - s[0] + 1)])).repeat(
40.                 (batch_size,1)).to(device)),
41.             dim=1) for s in span_indices]
42.
43.         return torch.stack(spans,dim=1),span_indices
44.
45. #提取方面词和观点
46. class PrunedTargetOpinion:
47.     def __init__(self):
48.         pass
49.
50.     def __call__(self,spans_probability,nz):
51.         target_indices=torch.topk(spans_probability[:,:,SpanLabel.ASPECT.value],nz,dim=-1).indices
52.         opinion_indices=torch.topk(spans_probability[:,:,SpanLabel.OPINION.value],nz,dim=-1).
```

```
indices
53.        return target_indices,opinion_indices
54.
55. #方面词-观点对
56. class TargetOpinionPairRepresentation:
57.     """
58.     Target Opinion Pair Representation We obtain the target-opinion pair representation by coupling
each target candidate representation Sa_b,c ∈ St with each opinion candidate representation So_b,c ∈ So:
59.             G(Sa_b,c,So_d,e)=[Sa_b,c; So_d,e; f_distance(b,c,d,e)]
60.     where f_distance(a,b,c,d) produces a trainable feature embedding based on the distance (i.e.,min(|b − c|,
|a − d|)) between the target
61.     and opinion span
62.     """
63.
64.     def __init__(self,distance_embeddings_dim):
65.         self.distance_embeddings=nn.Embedding(512,distance_embeddings_dim)
66.
67.     def min_distance(self,b,c,d,e):
68.         return torch.LongTensor([min(abs(c - d),abs(b - e))])
69.
70.     def __call__(self,spans,span_indices,target_indices,opinion_indices):
71.         batch_size=spans.size(0)
72.         device=spans.device
73.
74.
75.
76.         candidate_indices,relation_indices=[],[]
77.         for batch in range(batch_size):
78.             pairs=list(
79. itertools.product(target_indices[batch].cpu().tolist(),opinion_indices[batch].cpu().tolist()))
80.             relation_indices.append(pairs)
81.             candidate_ind=[]
82.             for pair in pairs:
83.                 a,b=span_indices[pair[0]]
84.                 c,d=span_indices[pair[1]]
85.                 candidate_ind.append((a,b,c,d))
86.             candidate_indices.append(candidate_ind)
87.
88.         candidate_pool=[]
89.         for batch in range(batch_size):
90.             relations=[
91.                 torch.cat((spans[batch,c[0],:],spans[batch,c[1],:],
92.                         self.distance_embeddings(
```

```
93.                    self.min_distance(*span_indices[c[0]],*span_indices[c[1]])).to(device).squeeze(0))
94.                 ,dim=0) for c in
95.             relation_indices[batch]]
96.         candidate_pool.append(torch.stack(relations))
97.
98.     return torch.stack(candidate_pool),candidate_indices,relation_indices
99.
100. class SpanAsteModel(nn.Module):
101.     def __init__(
102.         self,
103.         input_dim: "int",
104.         target_dim: "int",
105.         relation_dim: "int",
106.         lstm_layer: "int"=1,
107.         lstm_hidden_dim: "int"=300,
108.         lstm_bidirectional: "bool"=True,
109.         ffnn_hidden_dim: "int"=150,
110.         span_width_embedding_dim: "int"=20,
111.         span_pruned_threshold: "int"=0.5,
112.         pair_distance_embeddings_dim: "int"=128,
113.     ) -> None:
114.         """
115.         :param input_dim: The number of expected features in the input 'x'.
116.         :type int
117.         :param target_dim: The number of expected features for target .
118.         :type int
119.         :param relation_dim: The number of expected features for pairs .
120.         :type int
121.         :param lstm_layer: Number of lstm layers.
122.         :type int (default:1)
123.         :param lstm_hidden_dim: The number of features in the lstm hidden state 'h'.
124.         :type int (default:1)
125.         :param lstm_bidirectional:
126.         :type boolean (default:300)
127.         :param ffnn_hidden_dim: The number of features in the feedforward hidden state 'h'.
128.         :type int (default:150)
129.         :param span_width_embedding_dim: The number of features in the span width embedding layer.
130.         :type int (default:20)
131.         :param span_pruned_threshold: threshold hyper-parameter for span pruned.
132.         :type int (default:0.5)
133.         :param pair_distance_embeddings_dim: The number of features in the target-opinion pair
distance embedding layer.
134.         :type int (default:128)
```

```
135.         """
136.         super(SpanAsteModel,self).__init__()
137.         self.span_pruned_threshold=span_pruned_threshold
138.         num_directions=2 if lstm_bidirectional else 1
139.         self.lstm_encoding=LSTM(input_dim,num_layers=lstm_layer,hidden_size=lstm_hidden_dim,
batch_first=True,bidirectional=lstm_bidirectional,dropout=0.5)
140.         self.span_representation=SpanRepresentation(span_width_embedding_dim)
141.         span_dim=lstm_hidden_dim * num_directions * 2 + span_width_embedding_dim
142.         self.span_ffnn=torch.nn.Sequential(
143.             nn.Linear(span_dim,ffnn_hidden_dim,bias=True),
144.             nn.ReLU(),
145.             nn.Dropout(p=0.4),
146.             nn.Linear(ffnn_hidden_dim,ffnn_hidden_dim,bias=True),
147.             nn.ReLU(),
148.             nn.Dropout(p=0.4),
149.             nn.Linear(ffnn_hidden_dim,target_dim,bias=True),
150.             nn.Softmax(-1)
151.         )
152.         self.pruned_target_opinion=PrunedTargetOpinion()
153.         self.target_opinion_pair_representation=
154. TargetOpinionPairRepresentation(pair_distance_embeddings_dim)
155.         pairs_dim=2 * span_dim + pair_distance_embeddings_dim
156.         self.pairs_ffnn=torch.nn.Sequential(
157.             nn.Linear(pairs_dim,ffnn_hidden_dim,bias=True),
158.             nn.ReLU(),
159.             nn.Dropout(p=0.4),
160.             nn.Linear(ffnn_hidden_dim,ffnn_hidden_dim,bias=True),
161.             nn.ReLU(),
162.             nn.Dropout(p=0.4),
163.             nn.Linear(ffnn_hidden_dim,relation_dim,bias=True),
164.             nn.Softmax(-1)
165.         )
166.         self.reset_parameters()
167.
168.     def reset_parameters(self):
169.         for name,param in self.span_ffnn.named_parameters():
170.             if "weight" in name:
171.                 init.xavier_normal_(param)
172.         for name,param in self.pairs_ffnn.named_parameters():
173.             if "weight" in name:
174.                 init.xavier_normal_(param)
175.
176.     def forward(self,x: torch.Tensor):
```

```
177.
178.
179.        batch_size,sequence_len,_=x.size()
180.        output,(hn,cn)=self.lstm_encoding(x)
181.        spans,span_indices=self.span_representation(output)
182.        spans_probability=self.span_ffnn(spans)
183.        nz=int(sequence_len * self.span_pruned_threshold)
184.
185.        target_indices,opinion_indices=self.pruned_target_opinion(spans_probability,nz)
186.
187.
188.        candidates,candidate_indices,relation_indices=self.target_opinion_pair_representation(
189.            spans,span_indices,target_indices,opinion_indices)
190.
191.        candidate_probability=self.pairs_ffnn(candidates)
192.
193.
194.        span_indices=[span_indices for _ in range(batch_size)]
195.
196.        return spans_probability,span_indices,candidate_probability,candidate_indices
```

8.3.2 模型训练

模型的损失存在于两部分，分别是用于提取方面词和观点的提取模块和用于形成方面级情感三元组的三元组模块。通常我们使用交叉熵损失函数来训练神经网络模型，损失函数如下。

$$\mathcal{L}=-\sum_{s_{i,j}\in S}\lg P\left(m_{i,j}^{*}\middle|s_{i,j}\right)-\sum_{s_{b,c}^{\mathrm{a}}\in S^{\mathrm{a}},s_{d,e}^{\mathrm{o}}\in S^{\mathrm{o}}}\lg P\left(r^{*}\middle|s_{b,c}^{\mathrm{a}},s_{d,e}^{\mathrm{o}}\right)$$

将损失函数保存到 loss.py 文件中，相关代码如下。

```
1. import torch
2.
3. def log_likelihood(probability,indices,gold_indices,gold_labels):
4.     """
5.     The training objective is defined as the sum of the negative log-likelihood from both the mention module and triplet module. where m*i,j is the gold mention type of the span si,j,and r*is the gold sentiment relation of the target and opinion span pair (Sa_b,c,So_d,e). S indicates the enumerated span pool; Stand So are the pruned target and opinion span candidates.
6.     :param probability: the probability from span or candidates
7.     :type Tensor
8.     :param indices: the indices for predicted span or candidates
9.     :type List[List[Tuple(i,j)]] or List[List[Tuple(b,c,d,e)]]
10.     :param span:
```

```
11.     :param labels:
12.     :type List[List[0/1)]]
13.     :return: negative log-likelihood
14.     """
15.
16.     gold_indice_labels=[]
17.     for batch_idx,label in enumerate(gold_indices):
18.         for i,l in enumerate(label):
19.             if l in indices[batch_idx]:
20.                 idx=indices[batch_idx].index(l)
21.                 gold_indice_labels.append((batch_idx,idx,gold_labels[batch_idx][i]))
22.
23.
24.     loss=[-torch.log(probability[c[0],c[1],c[2]]) for c in gold_indice_labels]
25.     loss=torch.stack(loss).sum()
26.     return loss
```

接下来是模型训练过程，我们将训练模型的代码写入 train.py 文件中，相关代码如下。

```
1. import argparse
2. import time
3. import torch
4. from utils.dataset import CustomDataset
5. from torch.utils.data import DataLoader
6. from models.collate import collate_fn
7. from models.tokenizers.tokenizer import BasicTokenizer
8. from models.embedding.word2vector import GloveWord2Vector
9. from models.model import SpanAsteModel
10. from utils.tager import SpanLabel
11. from utils.tager import RelationLabel
12. from trainer import SpanAsteTrainer
13.
14.
15. device="cuda" if torch.cuda.is_available() else "cpu"
16. print(f"using device:{device}")
17. SEED=1024
18. torch.manual_seed(SEED)
19. if torch.cuda.is_available():
20.     torch.cuda.manual_seed(SEED)
21.
22. parser=argparse.ArgumentParser()
23. parser.add_argument(
24. "-w","--glove_word2vector",required=True,type=str,default="vector_cache/42B_w2v.txt",
25. help="the glove word2vector file path")
26. parser.add_argument(
```

```
27. "-d","--dataset",required=True,type=str,default="data/ASTE-Data-V2-EMNLP2020/15res/",
28.                 help="the dataset for train")
29. parser.add_argument("-o","--output_path",required=True,type=str,default="output",
30.                 help="the model.pkl save path")
31. parser.add_argument("-b","--batch_size",type=int,default=8,help="number of batch_size")
32. parser.add_argument("-e","--epochs",type=int,default=30,help="number of epochs")
33. parser.add_argument("--lstm_hidden",type=int,default=300,help="hidden size of BiLstm model")
34. parser.add_argument("--lstm_layers",type=int,default=1,help="number of BiLstm layers")
35. parser.add_argument("--optimizer",type=str,default="adam",help="optimizer")
36. parser.add_argument("--lr",type=float,default=1e-3,choices=[1e-3,1e-4],help="learning rate of adam")
37. args=parser.parse_args()
38.
39. print("Loading GloVe word2vector...",args.glove_word2vector)
40. tokenizer=BasicTokenizer()
41. glove_w2v=GloveWord2Vector(args.glove_word2vector)
42.
43. print("Loading Train & Eval Dataset...",args.dataset)
44. train_dataset=CustomDataset(
45.     args.dataset + "train_triplets.txt",
46.     tokenizer,glove_w2v
47. )
48. eval_dataset=CustomDataset(
49.     args.dataset + "dev_triplets.txt",
50.     tokenizer,glove_w2v
51. )
52. print("Construct Dataloader...")
53. batch_size=args.batch_size
54. train_dataloader=DataLoader(train_dataset,batch_size=batch_size,shuffle=True,collate_fn=collate_fn)
55. eval_dataloader=DataLoader(eval_dataset,batch_size=batch_size,shuffle=True,collate_fn=collate_fn)
56.
57. print("Building SPAN-ASTE model...")
58. target_dim,relation_dim=len(SpanLabel),len(RelationLabel)
59. input_dim=glove_w2v.glove_model.vector_size
60. model=SpanAsteModel(
61.     input_dim,
62.     target_dim,
63.     relation_dim,
64.     lstm_layer=args.lstm_layers,
65.     lstm_hidden_dim=args.lstm_hidden
66. )
67. model.to(device)
68.
69. print("Building Optimizer...",args.optimizer)
```

```
70. optimizer=torch.optim.AdamW(model.parameters(),lr=1e-3)
71.
72. print("Creating SPAN-ASTE Trainer...")
73. trainer=SpanAsteTrainer(model,optimizer,device)
74.
75. epochs=args.epochs
76. best_eval_f1=-1
77. for epoch in range(0,epochs):
78.     epoch_start_time=time.time()
79.     print('+' * 152)
80.     trainer.train(train_dataloader,epoch)
81.     eval_relation_f1=trainer.eval(eval_dataloader,epoch)
82.     if eval_relation_f1 > best_eval_f1:
83.         trainer.save_model(epoch)
84.         best_eval_f1=eval_relation_f1
85.     print('+' * 152)
86.     print('| end of epoch {:3d} | time: {:5.2f}s best_relation_1: {:8.3f}| '
87.           .format(epoch,
88.                   time.time() - epoch_start_time,best_eval_f1))
```

8.3.3 数据集

Span-ASTE 模型在 4 个基准数据集上进行了训练和测试，其中包括餐厅领域的 3 个数据集和笔记本电脑领域的 1 个数据集。表 8-1 列出了这些数据集的统计数据。其中“#S”表示句子的数量，“POS”“NEU”“NEG”分别表示积极、中性和消极三元组的数量。“#SW”（Single-Word span）表示方面词和观点是单个词的三元组的数量，“#MW”（Multi-Word span）表示方面词或观点中的至少一个是由多个词组成的词组的三元组的数量。

表 8-1 数据集统计数据

数据集		#S	POS	NEU	NEG	#SW	#MW
14LAP	Train	1266	1692	166	480	1586	752
	Dev	310	404	54	119	388	189
	Test	492	773	66	155	657	337
14RES	Train	906	817	126	517	824	636
	Dev	219	169	36	141	190	156
	Test	328	364	63	116	291	252
15RES	Train	605	783	25	205	678	335
	Dev	148	185	11	53	165	84
	Test	322	317	25	143	297	188
16RES	Train	857	1015	50	329	918	476
	Dev	210	252	11	76	216	123
	Test	326	407	29	78	344	170

8.3.4 结果测试

将测试代码写入 test.py 文件中，相关代码如下。

```
1. import argparse
2.
3. import torch
4. from torch.utils.data import DataLoader
5.
6. from models.collate import collate_fn
7. from models.tokenizers.tokenizer import BasicTokenizer
8. from models.embedding.word2vector import GloveWord2Vector
9. from models.model import SpanAsteModel
10. from trainer import SpanAsteTrainer
11. from utils.dataset import CustomDataset
12. from utils.tager import SpanLabel,RelationLabel
13.
14. device="cuda" if torch.cuda.is_available() else "cpu"
15. print(f"using device:{device}")
16. batch_size=16
17.
18. SEED=1024
19. torch.manual_seed(SEED)
20. torch.cuda.manual_seed(SEED)
21.
22. parser=argparse.ArgumentParser()
23. parser.add_argument("-m","--model",required=True,type=str,default="output/checkpoint.pkl",
24.                 help="the model of span-aste output")
25. parser.add_argument(
26. "-w","--glove_word2vector",required=True,type=str,default="vector_cache/42B_w2v.txt",
27. help="the glove word2vector file path")
28. parser.add_argument(
29. "-d","--dataset",required=True,type=str,default="data/ASTE-Data-V2-EMNLP2020/15res/",
30.                 help="the dataset for test")
31. parser.add_argument("-b","--batch_size",type=int,default=8,help="number of batch_size")
32. parser.add_argument("--lstm_hidden",type=int,default=300,help="hidden size of BiLstm model")
33. parser.add_argument("--lstm_layers",type=int,default=1,help="number of BiLstm layers")
34.
35. args=parser.parse_args()
36.
37. print("Loading GloVe word2vector...",args.glove_word2vector)
38. tokenizer=BasicTokenizer()
39. glove_w2v=GloveWord2Vector(args.glove_word2vector)
40.
```

```
41. print("Loading test Dataset...",args.dataset)
42. test_dataset=CustomDataset(
43.     args.dataset + "test_triplets.txt",
44.     tokenizer,glove_w2v
45. )
46.
47. print("Construct Dataloader...")
48. batch_size=args.batch_size
49. test_dataloader=DataLoader(test_dataset,batch_size=batch_size,shuffle=True,collate_fn=collate_fn)
50.
51. print("Building SPAN-ASTE model...")
52. target_dim,relation_dim=len(SpanLabel),len(RelationLabel)
53. input_dim=glove_w2v.glove_model.vector_size
54. model=SpanAsteModel(
55.     input_dim,
56.     target_dim,
57.     relation_dim,
58.     lstm_layer=args.lstm_layers,
59.     lstm_hidden_dim=args.lstm_hidden
60. )
61. model.to(device)
62. optimizer=torch.optim.AdamW(model.parameters(),lr=1e-3)
63.
64. print("Creating SPAN-ASTE Trainer...")
65. trainer=SpanAsteTrainer(model,optimizer,device)
66.
67. print("Loading model state from output...",args.model)
68. model.load_state_dict(torch.load(args.model)["model_state_dict"])
69.
70. trainer.test(test_dataloader)
```

表 8-2 比较了 4 个数据集上 Span-ASTE 模型的测试结果，根据精确率（P）、召回率（R）和 F_1-Score 这 3 个指标来评估模型的效果，并且和以往的一些模型做了对比。

表 8-2　4 个数据集上 Span-ASTE 模型的测试结果

模型	14RES			14LAP			15RES			16RES		
	P	R	F_1-Score	P	R	F_1-Score	P	R	F_1-Score	P	R	F_1-Score
CMLA+ (Wang et al.,2017)	39.18	47.13	42.79	30.09	36.92	33.16	34.56	39.84	37.01	41.34	42.10	41.72
RINANTE+ (Dai and Song,2019)	31.42	39.38	34.95	21.71	18.66	20.07	29.88	30.06	29.97	25.68	22.30	23.87

续表

模型	14RES			14LAP			15RES			16RES		
	P	R	F_1-Score	P	R	F_1-Score	P	R	F_1-Score	P	R	F_1-Score
Li-unified-R (Li et al.,2019)	41.04	67.35	51.00	40.56	44.28	42.34	44.72	51.39	47.82	37.33	54.51	44.31
Peng et al. (2019)	43.42	63.66	51.46	37.38	50.38	42.87	48.07	57.51	52.32	46.96	64.24	54.21
Zhang et al. (2020)	62.70	57.10	59.71	49.62	41.07	44.78	55.63	42.51	47.94	60.95	53.35	56.82
GTS-BiLSTM(Wu et al.,2020)	66.13	57.91	61.73	53.35	40.99	46.31	60.10	46.89	52.66	63.28	58.56	60.79
$\text{JET}_{M=6}^{\text{o}}$-BiLSTM (Xu et al.,2020b)	61.50	55.13	58.14	53.03	33.89	41.35	64.37	44.33	52.50	70.94	57.00	63.21
Span-ASTE-BiLSTM (Ours)	72.52	62.43	67.08	59.85	45.67	51.80	64.29	52.12	57.56	67.25	61.75	64.37
GTS-BERT (Wu et al.,2020)	67.76	67.29	67.50	57.82	51.32	54.36	62.59	57.94	60.15	66.08	69.91	67.93
$\text{JET}_{\text{M}=6}^{\text{o}}$-BERT (Xu et al.,2020b)	70.56	55.94	62.40	55.39	47.33	51.04	64.45	51.96	57.53	70.42	58.37	63.83
Span-ASTE-BERT (Ours)	72.89	70.89	71.85	63.44	55.84	59.38	62.18	64.45	63.27	69.54	71.17	70.26

8.4 国内机器学习开源平台

1. Paddle

Paddle 支持多种深度学习模型，包括深度神经网络（DNN）、卷积神经网络（CNN）、循环神经网络（RNN），以及神经图灵机（NTM）这样的复杂记忆模型。

Paddle 基于 Spark，与 Spark 的整合程度很高。

Paddle 支持 Python 和 C 语言。

Paddle 支持分布式计算，这使得 Paddle 能在多 GPU、多机器上进行并行计算。

2. Angel

Angel 第 1 代是基于 Hadoop 的深度定制版本“腾讯分布式数据仓库”，重点是“规模化”（扩展集群规模）。

Angel 第 2 代集成了 Spark 和 Storm，重点是“实时化”，提高了速度。

Angel 第 3 代能处理超大规模数据，重点是“智能化”，专门对机器学习进行了优化。

3. DTPAI

首先，DTPAI 集成了阿里巴巴核心算法库，包括特征工程、大规模机器学习、深度学习等。

其次，与百度、腾讯一样，阿里巴巴很重视旗下产品的易用性。阿里巴巴 ODPS 和 iDST 产品经理表示，DTPAI 支持鼠标拖曳的编程可视化，并支持模型可视化，而且广泛与 MapReduce、Spark、DMLC、R 等开源技术对接。

4. SeetaFace

SeetaFace 基于 C 语言，不依赖于任何第三方的库函数。作为一套全自动人脸识别系统，SeetaFace 集成了 3 个核心模块，即人脸检测模块（SeetaFace Detection）、面部特征点定位模块（SeetaFace Alignment）及人脸特征提取与对比模块（SeetaFace Identification）。